KB068018

AI 지도책

Atlas of AI: Power, Politics, and the Planetary Costs of Artificial Intelligence

by Kate Crawford

Originally published by Yale University Press

This Korean edition was published by SOSO(Ltd.) in 2022 by arrangement with Yale Representation Limited through Hobak Agency, South Korea.

이 책은 호박 에이전시(Hobak Agency)를 통한 저작권자와의 독점 계약으로 (주)소소 소소의책에서 출간되었습니다.

AI 지도책

★ 세계의 부와 권력을 재편하는 인공지능의 실체 ★

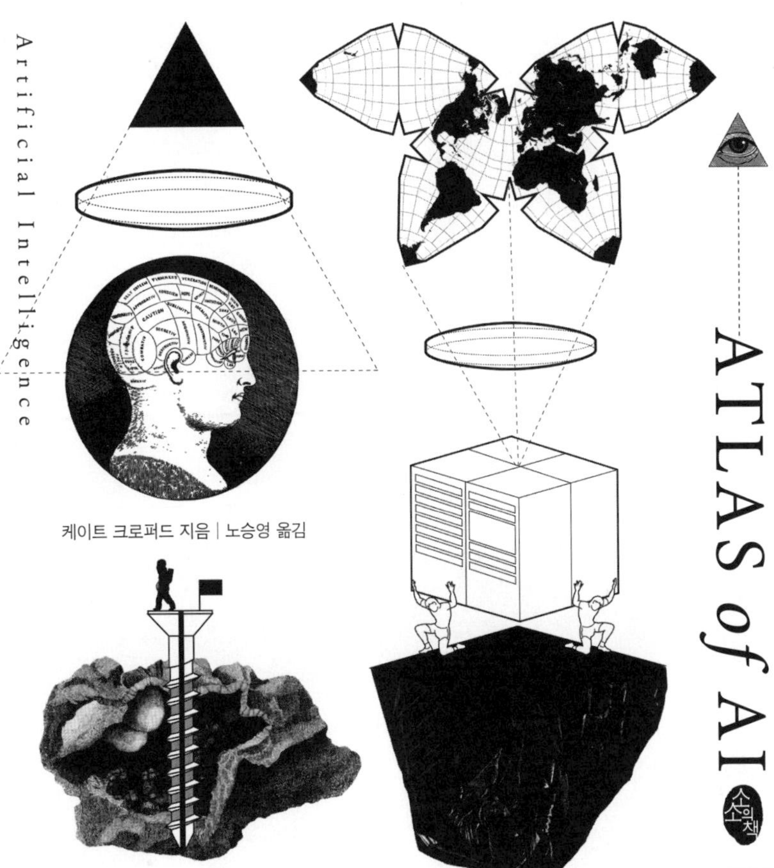

케이트 크로퍼드 지음 | 노승영 옮김

엘리엇과 마거릿에게

차례

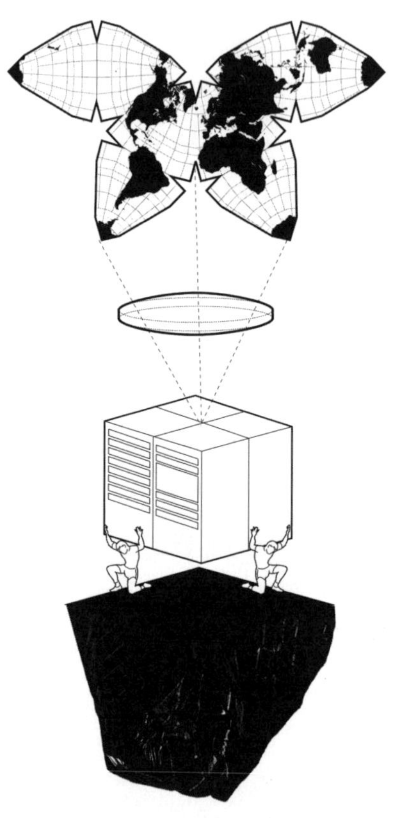

세상에서 가장 영리한 말

19세기 말 유럽은 한스라는 말에게 홀딱 빠져 있었다. '영리한 한스'는 그야말로 불가사의였다. 산수 문제를 풀고 시계를 볼 줄 알고 달력의 날짜를 판독하고 음을 구별하고 단어와 문장을 표현했다. 독일산 종마 한스가 어려운 문제의 답을 발굽으로 두드려 표시하고 매번 정답을 맞히는 광경을 보려고 사람들이 몰려들었다. "2 더하기 3은 뭐지?" 한스는 끈기 있게 발굽으로 땅바닥을 다섯 번 두드렸다. "오늘이 무슨 요일일까?" 한스는 발굽으로 특수 글자판의 글자를 두드려 정답을 맞혔다. 더 복잡한 문제도 거뜬히 풀었다. "내가 생각하는 숫자가 하나 있어. 그 숫자에서 9를 빼면 3이 남아. 몇이게?" 1904년 즈음 영리한 한스는 세계적으로 유명해졌으며 〈뉴욕 타임

스〉에서는 '베를린에서 온 경이로운 말, 말言을 제외하면 못하는 게 없다'라고 찬사를 보냈다.[1]

한스의 조련사는 은퇴한 수학 교사 빌헬름 폰 오스텐이었는데, 그는 오랫동안 동물의 지능에 매료되어 있었다. 폰 오스텐은 새끼 고양이와 새끼 곰에게 숫자를 가르치려다 실패했으며, 자신의 말을 상대로 시도하고서야 성공을 거두었다. 처음에 한스에게 숫자를 가르친 방법은 말의 다리를 쥔 채 숫자를 보여준 다음 그 숫자만큼 발굽으로 땅을 두드리게 하는 것이었다. 한스는 금세 간단한 덧셈을 정확히 풀었다. 그다음 폰 오스텐은 칠판에 알파벳을 쓰고서 글자에 해당하는 숫자만큼 발굽으로 두드리게 했다. 2년간의 훈련 끝에 폰 오스텐은 한스가 고도의 지능을 확고하게 획득한 것을 보고 깜짝 놀랐다. 그래서 동물도 논리적으로 생각할 수 있다는 증거가 발견되었다며 한스를 데리고 순회공연을 시작했다. 한스는 벨 에포크(19세기 말부터 제1차 세계대전이 시작되기 전까지의 기간을 이르는 말. 문화와 예술, 과학·기술 등 여러 방면에서 평화와 번영을 누린 시기 - 옮긴이) 시대에 입소문으로 선풍적 인기를 끌었다.

하지만 많은 사람들은 의혹을 품었으며 독일 교육위원회는 폰 오스텐의 과학적 주장을 검증할 조사위원회를 구성했다. 한스 위원회를 주도한 사람은 심리학자이자 철학자 칼 슈툼프와 그의 조수 오스카르 풍스트였으며 참석자는 서커스단 매니저, 퇴직 교사, 동물학자, 수의사, 기병대 장교 등을 망라했다. 하지만 한스에게 다양한 질문을 던져보니, 조련사가 있을 때나 없을 때나 한스는 정답을 맞혔으며 조사위원회는 속임수의 증거를 전혀 찾아내지 못했다. 풍스트는 훗날

빌헬름 폰 오스텐과 영리한 한스.

이렇게 말했다. '구경꾼 수천 명, 말 교배 전문가, 일급 서커스 조련사가 한스의 묘기를 주시했지만 공연이 진행되는 여러 달 내내 단 한 명도 질문자와 말 사이에서 어떤 규칙적인 신호도 발견할 수 없었다.'[2]

조사위원회는 한스가 훈련받은 방식이 동물 조련보다는 '초등학교에서 아이들을 가르치는 것'과 더 비슷했으며 '과학적 탐구의 가치가 있다'고 결론 내렸다.[3] 하지만 슈툼프와 풍스트는 여전히 의심이 가시지 않았다. 무엇보다 미심쩍은 사실은 질문자가 정답을 모르거나 멀찍이 서 있으면 한스가 좀처럼 정답을 맞히지 못했다는 것이다. 이 때문에 풍스트와 슈툼프는 의도되지 않은 신호로부터 한스가 정답을 추측한 것이 아닐까 하는 가설을 세웠다.

풍스트가 1911년에 출간한 책에서 언급했듯 그들의 직관은 들어맞았다. 한스가 땅을 두드리는 횟수가 정답에 도달하는 순간 질문자의 자세, 호흡, 표정이 미묘하게 바뀌었고 그것을 본 한스는 동작을 멈추었다.[4] 풍스트는 나중에 인간 피험자를 대상으로 이 가설을 시험하여 결론을 입증했다. 이 발견에서 그에게 가장 매혹적이었던 대목은 질문자가 자신이 한스에게 암시를 보내고 있음을 자각하지 못했다는 것이다. 풍스트에 따르면 영리한 한스 수수께끼의 해답은 질문자가 무의식적으로 제시한 힌트였다.[5] 한스는 주인이 보고 싶어 하는 결과를 내놓도록 훈련받았지만, 청중은 그렇게 느끼지 않았으며 한스가 대단한 지능을 가졌다고 상상했다.

영리한 한스 이야기는 욕망, 환상, 행동의 관계, 볼거리의 산업적 활용, 우리가 인간 아닌 동물을 의인화하는 방식, 편견이 생겨나는 과정, 지능의 정치적 성격 등 여러 측면에서 의미심장하다. 이런 개념적 함정을 심리학 용어로 '영리한 한스 효과' 또는 '관찰자 기대 효과'라고 하는데, 실험자의 비의도적인 단서가 피험자에게 영향을 미친다는 뜻이다. 한스와 폰 오스텐의 관계를 보면 우리는 어떻게 해서 편견이 복잡한 메커니즘을 통해 시스템에 스며드는지, 어떻게 해서 사람들이 스스로가 연구하는 현상에 얽매이는지 알 수 있다. 기계학습 분야에서 한스 이야기는 주어진 데이터에서 모형이 무엇을 배웠는지를 언제나 확신할 수는 없다는 경고로 쓰이고 있다.[6] 심지어 훈련에서 눈부신 성과를 보이던 시스템도 현실에서 새로운 데이터를 접하면 터무니없는 예측을 내놓을 수 있다.

이 현상은 이 책의 핵심 질문으로 이어진다. 그것은 지능이 어떻게 '만들어지는가', 이것이 어떤 함정을 만들어내는가라는 질문이다. 언뜻 보기에 영리한 한스 이야기는 말을 훈련하여 단서를 따라 행동하고 인간과 비슷한 인지능력을 흉내 내도록 함으로써 지능을 구성한 이야기다. 하지만 또 다른 층위에서는 지능을 만들어내는 행위가 그보다 훨씬 폭넓었음을 알 수 있다. 지능을 만들기 위해서는 학계, 학교, 과학, 대중, 군부를 비롯한 여러 기구의 승인이 필요했다. 그런가 하면 순회공연, 신문 기사, 강연을 진행하기 위한 감정적 투자와 경제적 투자에서 보듯 폰 오스텐과 그의 경이로운 말을 위한 시장도 존재했다. 한스의 능력을 검증하기 위해 관료적 기구가 구성되었다. 한스의 지능이 구성되기까지는 수많은 금전적·문화적·과학적 이해관계가 작동했으며, 그 관건은 이것이 참으로 놀라운 현상인지 여부였다.

여기서 우리는 두 가지의 뚜렷한 환상이 작동하는 것을 볼 수 있다. 첫 번째 환상은 인간 아닌 시스템(컴퓨터든 말이든)이 인간 정신과 비슷하다는 것이다. 이 관점에서는 훈련이나 자원을 충분히 투입한다면 (인간이 체화되고 관계 맺고 자신보다 넓은 체계 안에 놓이는 것과 같은 기본적 과정을 거치지 않고도) 인간과 비슷한 지능을 백지상태에서 만들어낼 수 있다고 가정한다. 두 번째 환상은 지능이 마치 자연적이며 사회적·문화적·역사적·정치적 힘과 구별된 것처럼 독자적으로 존재하는 무언가라는 것이다. 사실 지능 개념은 수백 년 동안 엄청난 해악을 끼쳤으며 노예제에서 우생학에 이르는 온갖 지배 방식을 정당화하는 데 동원되었다.[7]

이 두 가지 환상은 인공지능AI 분야에서 유난히 강력하게 작용한다. 20세기 중엽 이래로 인간 지능을 규격화하여 기계로 재현할 수 있다는 믿음이 진리처럼 받아들여졌기 때문이다. 한스의 지능이 인간 지능과 비슷한 것으로, 마치 초등학생을 가르치듯 공들여 육성된 것으로 간주된 것과 마찬가지로 AI 시스템은 단순하지만 인간과 비슷한 형태의 지능으로 거듭거듭 묘사되었다. 1950년 앨런 튜링은 이렇게 예견했다. '20세기 말이 되면 언어의 용법과 식자의 여론이 달라져서 기계가 생각한다는 말에 거부감이 없어질 것이(다).'[8] 1958년 수학자 존 폰 노이만은 '인간 신경계가 디지털이라는 사실은 자명하다'고 주장했다.[9] MIT의 마빈 민스키 교수는 기계가 생각할 수 있느냐는 질문에 이렇게 대답했다. "물론 기계는 생각할 수 있습니다. 우리는 생각할 수 있고, 우리는 '고깃덩어리 기계'입니다."[10] 하지만 모두가 동의하지는 않았다. 초창기 AI 발명가이며 최초의 챗봇 프로그램 엘리자ELIZA를 개발한 조지프 와이젠바움은 인간이 한낱 정보 처리 시스템이라는 발상이 너무 단순한 지능관이며 '아이처럼' 배우는 기계를 만들 수 있다는 '허황한 환상'을 AI 과학자들이 부추긴다고 생각했다.[11]

이것은 인공지능의 역사에서 핵심적인 논쟁 중 하나였다. 1961년 MIT에서는 '경영과 미래 컴퓨터'라는 제목의 기념비적 강연 시리즈를 주최했다. 그레이스 호퍼, J. C. R. 리클라이더, 마빈 민스키, 앨런 뉴얼, 허버트 사이먼, 노버트 위너 같은 쟁쟁한 전산학자들이 참여하여 디지털 컴퓨팅 분야의 급속한 발전에 대해 논의했다. 마지막 강연에서 존 매카시는 인간적 과제가 기계적 과제와 다르다는 것은 환각이라고 대담하게 주장했다. 복잡한 인간적 과제도 시간이 좀 더 걸릴 뿐 기계가 얼마든지 규격화하여 해결할 수 있다는 것이다.[12]

하지만 철학 교수 휴버트 드레이퍼스는 이에 반발하여 우려를 표명했다. '공학자 집단은 뇌가 정보를 처리하는 방식이 컴퓨터와 전혀 다를지도 모른다는 가능성을 고려조차 하지 않는다.'[13] 드레이퍼스는 후기 저작 『컴퓨터가 못하는 일What Computers Can't Do』에서 인간의 지능과 전문성이 여러 무의식적 절차와 잠재의식적 절차에 많이 의존하는 반면 컴퓨터의 경우 모든 절차와 데이터가 명시적이고 규격화되어야만 한다고 지적했다.[14] 이 때문에 지능의 측면 중에서 덜 규격화된 것들을 컴퓨터에 맞게 추상화하거나 제거하거나 어림해야 하며 컴퓨터는 상황에 대한 정보를 인간처럼 처리하지 못한다는 것이다.

1960년대 이후로 AI에 많은 변화가 일어났는데, 그중 하나는 기호 체계에서 (최근 열풍을 일으키는) 기계학습으로의 변화다. AI가 무엇을 할 수 있는가에 대한 초기 논쟁들은 여러 면에서 기억 너머로 사라졌으며 회의론은 사그라들었다. 2000년대 중엽 이후 AI는 학문 분야로서, 또한 산업으로서 빠르게 확대되었다. 이제 소수의 막강한 기술 기업이 AI 시스템을 지구적 규모로 운용하고 있으며 이 시스템은 다시 한 번 인간 지능과 맞먹거나, 심지어 이를 능가한다고 칭송받는다.

하지만 영리한 한스 이야기에서 보듯 우리는 지능을 너무 편협하게 고려하거나 인식한다. 한스가 배운 것은 더하기, 빼기, 철자라는 매우 제한된 범주의 과제를 흉내 내는 것이었다. 이것은 말이 무엇을 할 수 있고 인간이 무엇을 할 수 있는가에 대한 시각이 얼마나 지엽적인가를 보여준다. 한스는 이미 다른 종과의 소통, 공연, 적잖은 인내심 같은 놀라운 위업을 선보였지만 이것들은 지능으로 인정받지 못했다. 저술가이자 공학자인 엘런 울먼의 말마따나 마음이 컴퓨터와 같고 컴퓨터가 마음과 같다는 이 믿음은 '수십 년 동안 컴퓨터와 인지과학에 관한 사고에 영향을 미쳐' 이 분야에서 일종의 원죄가 되었다.[15] 이것은 데카르트적 이분법을 인공지능에 대입한 격이다. 그리하여 AI는 물질세계와의 관계가 모조리 단절된 비실체적 지능이라는 지엽적 개념으로 쪼그라든다.

AI란 무엇일까?

단순해 보이지만 결코 단순하지 않은 질문 하나를 던져보자. 인공지능이란 무엇일까? 길거리에서 아무나 붙잡고 물어보면 그들은 애플의 시리나 아마존의 클라우드 서비스, 테슬라의 자율주행차, 구글의 검색 알고리즘을 거론할 것이다. 심층 학습 전문가에게 물어보면 라벨 데이터labeled data(속성이나 특징, 분류, 그리고 포함하고 있는 객체가 무엇인가 등의 추가적인 정보를 알려주는 라벨이 붙어 있는 데이터 - 옮긴이)를 받아들이고 가중치와 역치를 부여받고 데이터를 (온전히 설명될 수 없는 방식으로) 분류하는 수십 개의 계층으로 신경망을 조직화하는 방법을 전문용어로 설명할 것이다.[16] 1978년 도널드 미치 교수는 전문가 시스템에 대해 논의하면서 AI란 지식을 정제하는 것이라고 표현했다. '인공지능은 (기계의 도움을 받지 않는) 인간 전문가가 이제껏 달성한, 또는 달성할 수 있었던 최고 수준을 훌쩍 뛰어넘는 신뢰도와 능력을 발휘하여 지식을 체계화하는 것이다.'[17] 가장 인기 있는 인공지능 참고서로 꼽히는 『인공지능 : 현대적 접근방식』에서 스튜어트 러셀과 피터 노빅은 AI란 지능적 주체를 이해하고 구축하려는 시도라고 천명한다. '……지능의 주된 초점(은) 합리적 행동이(다). 이상적으로, 지능적 에이전트는 주어진 상황에서 가능한 최선의 행동을 취한다.'[18]

인공지능을 정의하는 각각의 방식은 인공지능을 어떻게 이해하고 측정하고 평가하고 통제할 것인가에 대한 얼개를 짜는 것과 같다. AI를 기업 인프라에 대한 소비재 브랜드로 정의한다면 그 지평은 마케팅과 광고에 의해 결정된다. AI 시스템을 어느 인간 전문가보다 신뢰할 만하거나 합리적이고 '가능한 최선의 행동'을 취할 수 있는 행위자로 간주한다면 그것은 보건, 교육, 형사 같은 중대 사안에 대해 결정권을 부여해야 한다는 뜻이다. 구체적 알고리즘 기법이 유일한 관심사라면 그것은 기술의 지속적 발전만이 중요하며 이 접근법들의 연산 비용과 위기의 지구에 미치는 장기적 영향은 전혀 고려하지 않는다는 의미다.

이에 반해 이 책에서는 AI가 '인공'적이지도 않고 '지능'도 아니라고 주장한다. 오히려 인공지능은 체화되고 물질적인 지능이며 천연자원, 연료, 인간 노동, 하부 구조, 물류, 역사, 분류를 통해 만들어진다. AI 시스템은 자율적이지도 합리적이지도 않으며 대규모 데이터 집합이나 기존의 규칙 및 보상을 동원한 방대하고 (연산의 측면에서) 집약적인 훈련 없이는 아무것도 분간하지 못한다. 사실 우리가 아는 형태의 인공지능은 훨씬 폭넓은 정치적·사회적 구조에 전적으로 의존한다. 또한 AI를 대규모로 구축할 자본과 AI를 최적화할 방법이 필요한 탓에 AI 시스템은 궁극적으로 기득권에 유리하게 설계된다. 이런 의미에서 인공지능은 권력의 등기부인 셈이다.

이 책에서는 인공지능이 어떻게 만들어지는지를 가장 폭넓은 의미에서 들여다보고 인공지능을 빚어내는 경제적·정치적·문화적·역사적 힘을 탐구할 것이다. AI를 이 넓은 구조와 사회체제에 연결하면 우리는 인공지능이 순전히 기술적 영역에 속한다는 통념에서 벗어날 수 있다. 기본적 차원에서 AI는 기술적 행위이자 사회적 행위요, 제도이자 토대요, 정치이자 문화다. 연산 추론과 체화된 일은 서로 깊숙이 연결되어 있다. AI 시스템은 사회관계와 세계에 대한 이해를 반영하는 동시에 생산한다.

'인공지능'이라는 용어가 전산학계에서 거부감을 일으킬 수 있다는 사실은 언급해둘 만하다. 이 문구는 수십 년에 걸쳐 부침을 겪었으며 연구보다는 마케팅에서 더 많이 쓰인다(전문적 논의에서는 '기계학습'이 더 흔히 쓰인다). 하지만 자금 지원을 신청하는 기간이나 벤처 투자가들이 수표장을 들고 찾아올 때, 연구자들이 새 연구 결과에 대해 언론의 주목을 끌고 싶을 때는 AI라는 용어가 곧잘 동원된다. 이 때문에 AI라는 용어는 채택되기도 하고 거부되기도 하면서 의미가 끊임없이 달라진다. 이 책에서는 AI를 '정치, 노동, 문화, 자본을 아우르는 대규모의 산업적 구성물'이라는 의미로 쓴다. 반면에 기계학습을 언급할 때는 기술적 접근법(자주 언급되지는 않지만 이것은 사실 사회적·토대적 접근법이기도 하다)에 대해 이야기하는 것이다.

하지만 인공지능 분야가 알고리즘적 혁신, 점진적 제품 개량, 편의성 향상 같은 기술적 측면에 왜 그토록 집중해왔는지에는 중요한 '이유'가 있다. 이런 지엽적이고 추상적인 분석은 기술, 자본, 통치의 접점에 놓인 권력 구조에 훌륭히 이바지한다. AI가 어떻게 해서 기본적으로 정치적인지 이해하려면 신경망과 통계적 패턴 인식을 넘어서서 '무엇이 누구를 위해' 최적화되고 '누구에게' 결정권이 있는지 물어야 한다. 그런 뒤에야 우리는 그 선택들의 의미를 추적할 수 있다.

AI를 지도책으로 보아야 하는 이유

인공지능이 만들어지는 과정을 이해하는 데 어떻게 지도책이 도움이 될 수 있을까? 지도책은 특이한 책이다. 지구의 위성사진에서 군도群島의 확대사진에 이르기까지 해상도가 다양한 여러 지도를 모아놓았으니 말이다. 당신이 지도책을 펼치는 것은 특정 장소에 대한 구체적 정보를 찾기 위해서일 수도 있고 호기심에 이끌려 페이지를 뒤적거리며 뜻밖의 경로와 새로운 과정을 만나기 위해서일 수도 있다. 과학사가 로레인 대스턴의 말마따나 모든 과학 지도책의 목적은 관찰자가 특별히 의미심장한 세부 사항과 중요한 특징에 주목하도록 눈을 훈련시키는 것이다.[19] 지도책은 축척, 위도, 경도 같은 과학적 기준을 준수하며 세계를 바라보는 특별한 관점을 제공하면서 형식과 일관성의 감각을 보여준다.

하지만 지도책은 과학적 지도 모음인 것 못지않게 창조적 행위, 즉 주관적이고 정치적이고 심미적인 개입이기도 하다. 프랑스의 철학자 조르주 디디 위베르만은 지도책에 시각의 심미적 패러다임과 지식의 인식론적 패러다임이 깃들어 있다고 여긴다. 이 두 가지를 아우르는 지도책은 과학과 예술이 언제까지나 완전히 별개라는 통념에

이의를 제기한다.[20] 오히려 지도책은 별개의 조각들을 제각각의 방식으로 연결하고 '우리가 그것을 요약하거나 철저히 들여다본다는 생각도 없이 재편집하고 짜맞추어' 세계를 다시 읽을 수 있게 한다.[21]

지도학적 접근법이 어떻게 유익할 수 있느냐는 질문에 대해 내가 애용하는 설명은 물리학자이자 기술 비평가 어설라 프랭클린의 언급이다. '지도에는 목적이 있다. 그것은 여행자를 도와주고 알려진 것과 알려지지 않은 것의 간극을 메우는 데 유용해야만 한다. 지도는 집단적 지식과 통찰의 증거다.'[22]

지도의 장점은 열린 길, 즉 공유된 앎의 방식들을 우리에게 보여준다는 것이다. 우리는 이 길들을 섞고 합쳐 새로운 연결을 만들 수 있다. 그런가 하면 지배의 지도도 있다. 분쟁지역에서 강대국들의 직접적 개입으로 그어진 국경선이나 제국들의 식민지 개척 경로를 드러내는 지도들은 힘의 단층선에 따라 깎인 영토들을 보여준다. 지도책 비유를 통해 내가 주장하는 것은 인공지능 제국을 이해할 새로운 방법이 필요하다는 것이다. 인공지능을 추동하고 지배하는 국가와 기업, 지구에 흉터를 남기는 추출식 채굴, 데이터 대량 수집, 이를 떠받치는 불평등하고 착취적인 노동 관행 등을 설명하는 AI 이론이 필요하다. 이것들은 AI 내에서 이루어지는 권력의 지각 변동에 대한 설명이다. 지형학적 접근법은 인공지능이나 최신 기계학습 모형의 추상적 약속을 넘어선 새로운 관점과 규모를 제시한다. 그 목적은 연산의 다양한 지형을 주파하면서 이것들이 어떻게 연결되는지 살펴봄으로써 AI를 더 넓은 맥락에서 이해하는 것이다.[23]

지도책 비유가 적절한 이유는 또 있다. AI 분야는 지구를 연산의 형태로 파악하려고 공공연히 시도하고 있다. 이것은 비유라기보다는 AI 산업의 노골적 야심이다. AI 산업은 신과 같은 중앙 집중적 관점에서 인간의 동작, 소통, 노동을 바라보며 제 나름의 지도를 만들고 표준화하고 있다. 일부 AI 과학자들은 세계를 완전히 파악하고 다른 형태의 지식을 대체하려는 욕망을 천명하기도 했다. AI 교수 리페이페이는 자신이 추진하는 이미지넷ImageNet 프로젝트의 목표가 '사물의 세계를 통째로 지도화하는 것'이라고 설명한다.[24] 러셀과 노빅은 이렇게 말한다. '인공지능은 모든 지적 과제에 연관된다. 그런 만큼 진정으로 보편적인 분야라고 할 수 있다.'[25] 인공지능의 창시자 중 한 명이자 초창기 얼굴 인식 실험을 진행한 연구자 우디 블레드소는 직설적으로 말한다. "장기적으로 보자면 AI는 '유일한' 과학이다."[26] 이것은 세계에 대한 하나의 지도책을 만드는 것이 아니라 '단 하나의' 지도책을 만들어 지배적 관점을 확립하려는 욕망이다. 이 식민주의적 충동은 권력을 AI 분야에 집중시키는데, 세계를 어떻게 측정하고 정의하는가를 결정하는 동시에 이것이 본질적으로 정치적 활동임은 부인한다.

이 책은 보편성을 주장하려는 것이 아닌, 저자 나름의 서술이다. 나는 당신을 나의 탐구에 동행시킴으로써 나의 견해들이 어떻게 형성되었는지 보여주고자 한다. 우리는 광산의 갱도, 에너지를 집어삼키는 데이터 센터의 긴 통로, 두개골 보관소, 이미지 데이터베이스, 형광등 아래의 물류 창고 등 우리가 종종 방문하지만 잘 알지는 못하는 풍경을 맞닥뜨릴 것이다. 이 장소들을 둘러보는 목적은 단지 AI와 그 이념이 물질적 구성물임을 폭로하는 것이 아니라 (미디어학자 섀넌 매턴의 말마따나) '지도 제작의 불가피하게 주관적이고 정치적인 측면을 조명하는 것, 또한 헤게모니적이고 권위주의적인 – 종종 자연적이고 현실적인 것으로 간주되는 – 접근법의 대안을 제시하는 것'이다.[27]

시스템을 이해하고 책임을 지우기 위한 시도는 오랫동안 투명성이라는 이상을 토대로 삼았다. 내가 미디어학자 마이크 애너니와 함께 썼듯 시스템을 '볼' 수 있다면 그것이 어떻게 작동하는지, 그것을 어떻게 통제해야 하는지 알 수 있다.[28] 하지만 여기에는 심각한 난점이 있다. AI 분야에 존재하는 것은 열어야 할 하나의 블랙박스, 폭로해야 할 하나의 비밀이 아니라 수없이 얽힌 권력의 체계들이다. 그렇기에 완전한 투명성은 불가능한 목표다. AI가 세상에서 어떤 역할을 하는지 더 잘 이해하려면 물질적 구조, 맥락 환경, 지배적인 정치적 성격에 주목하여 그것들이 어떻게 연결되는지 추적해야 한다.

이 책에 담긴 나의 사상은 과학·기술 연구, 법학, 정치철학을 배경으로 10년 가까이 학계와 업계 AI 연구실에 몸담은 경험에서 영감을 얻었다. 그 기간 동안 여러 너그러운 동료와 집단을 접하면서 세상을 바라보는 관점이 달라졌다. 지도 제작은 언제나 공동 작업이며 이 책에서도 예외가 아니다.[29] 제프리 바우커, 벤저민 브래턴, 전희경, 로레인 대스턴, 피터 갤리슨, 이언 해킹, 스튜어트 홀, 도널드 매켄지, 아실 음벰베, 얼론드라 넬슨, 수전 레이 스타, 루시 서치먼을 비롯하여 사회기술체제를 이해하는 새로운 방법을 만들어낸 학자들에게 감사한다. 마크 안드레예비치, 루하 벤저민, 메러디스 브루사드, 시몬 브라운, 줄리 코언, 사샤 코스탄자초크, 버지니아 유뱅크스, 탈턴 길레스피, 마 힉스, 후텅후이, 여크 후이, 사피야 우모자 노블, 애스트라 테일러를 비롯하여 기술의 정치적 성격을 연구하는 저술가들과 여러 차례 직접 대화하고 그들의 최근 저서를 읽은 것은 이 책에 큰 도움이 되었다.

여느 책과 마찬가지로 이 책은 구체적 삶의 경험에서 탄생했기에 한계가 있을 수밖에 없다. 지난 10년간 미국에서 살고 일한 탓에 나의 관심사는 서구 권력 중심부의 AI 산업에 치우쳐 있다. 하지만 나의 목표는 완전한 지구 지도책을 만드는 것이 아니다(이런 발상 자체가 정복과 식민주의적 지배의 이미지를 불러일으킨다). 자신이 객관적이거나 통달했다고 주장하지 않고 자신이 특정 관점을 취하고 있음을 인정하는 (환경지리학자 서맨사 사빌의 말마따나) '겸손한 지리학'에 따르면 모든 저자의 견해는 국지적 관찰과 해석에 바탕을 둔 불완전한 견해일 수밖에 없다.[30]

지도책을 만드는 방법이 여러 가지이듯 AI가 세상에서 이용될 미래도 다양하다. AI 시스템의 범위가 확장되는 것은 불가피해 보일지 모르지만 여기에는 논란의 여지가 있으며 빈틈이 존재한다. AI 분야의 기본 시각은 독자적으로 생겨나는 것이 아니라 특정한 믿음과 관점의 집합으로부터 구성된다. 현대 AI 지도책의 주요 설계자들은 한 줌의 도시에 기반을 두고서 세계에서 가장 부유한 산업에 종사하는 소수의 균일한 집단이다. 중세 유럽의 지도 '마파 문디mappa mundi'에 좌표와 더불어 종교적·고전적 관념이 담겨 있듯, AI 업계에서 제작하는 지도는 세계를 중립적으로 반영하지 않는 정치적 개입이다. 이 책은 식민주의적 지도 제작 논리의 사고방식에 대항하며,

예루살렘을 세계의 중심에 두고서 기독교의 삼위일체를 형상화한
하인리히 뷘팅의 '마파 문디'('뷘팅의 토끼풀 잎 지도'라고 불린다).
출처 : 『성경 여행 축복 기도Itinerarium Sacrae Scripturae』(마그데부르크Magdeburg, 1581년)

AI가 세상에서 어떤 역할을 하는지 더 잘 이해하기 위해 다양한 이야기, 장소, 지식 저변을 아우른다.

연산의 지형학

21세기의 이 시점에 AI는 어떻게 개념화되고 구성되어 있을까? 인공지능으로의 전환에는 무엇이 결부되어 있으며 이 시스템이 세계의 지도를 제작하고 세계를 이해하는 방식에는 어떤 종류의 정치가 관여하고 있을까? 교육과 보건 의료, 금융, 정부 사업, 직장 내 교류와 고용, 통신 시스템, 사법 체계의 의사 결정 체계에 AI와 관련 알고리즘 시스템을 접목하면 어떤 사회적·물질적 결과가 발생할까? 이 책은 코드와 알고리즘을 설명하지 않으며 컴퓨터 시각이나 자연어 처리나 강화학습에 대한 최신 이론을 소개하지도 않는다. 그런 책은 얼마든지 있다. 이 책은 하나의 인구 집단에 대한 민족지적 설명도 아니고 직업이나 주거나 의료의 경험에 AI가 어떤 영향을 미치는가에 대한 기록도 아니다(그런 기록이 더 많이 필요한 것은 분명하지만).

이 책은 시야를 넓혀 인공지능을 '추출 산업'으로 규정한다. 현대 AI 시스템을 창조하려면 지구의 에너지와 광물자원, 값싼 노동력, 대규모 데이터를 추출해야 한다. 이 일이 벌어지는 현장을 관찰하기 위해 우리는 AI가 만들어지는 실제 과정을 보여주는 장소들을 여행할 것이다.

제1장은 현대 컴퓨터에 동력을 공급하는 데 필요한 여러 광물 채굴장 중 하나인 네바다의 리튬 광산에서 출발한다. 채굴은 AI에 추출의 정치적 성격이 결부되었음을 가장 적나라하게 보여주는 분야다. 희토류, 석유, 석탄에 대한 기술 부문의 수요는 엄청나지만 이 채굴의 진짜 비용을 AI 업계에서 부담하는 경우는 전혀 없다. 소프트웨어 부문을 보자면, 자연어 처리와 컴퓨터 시각의 모형을 구축하려면 에너지가 어마어마하게 필요하며 더 빠르고 효율적인 모형을 제작하려는 경쟁 때문에 AI의 탄소 발자국을 키우는 탐욕스러운 연산 기법이 도입되었다. 최초의 대서양 횡단 해저 케이블에 필요했던

라텍스를 생산하기 위해 수확된 말레이시아의 마지막 나무로부터 독성 잔류물이 모여 생성된 내몽골의 거대한 인공 호수에 이르기까지 우리는 지구적 연산 네트워크의 환경적·인간적 출생지를 추적하며 이 행위들이 어떻게 지구를 대규모로 변화시키는지 살펴본다.

제2장에서는 인공지능이 실은 인간 노동에 의해 만들어지고 있음을 보여준다. 우리는 데이터 시스템이 사람보다 더 똑똑해 보이도록 하는 마이크로태스크(단순 반복 작업)를 위해 클릭을 하면서 푼돈을 받는 디지털 삯꾼을 살펴본다.[31] 직원들이 거대한 물류 제국의 알고리즘에 장단을 맞춰야 하는 아마존 창고 내부를 둘러볼 것이며 동물 사체를 해체하고 가공하는 시카고의 도축 노동자들을 만나볼 것이다. 또한 기업주를 위해 감시와 통제를 강화하는 AI 시스템에 저항하는 노동자들의 목소리를 들어볼 것이다.

노동은 시간에 대한 이야기이기도 하다. 인간의 행동을 로봇과 조립 라인 기계의 반복적 동작에 맞게 조율하려면 언제나 인체를 시공간적으로 통제해야 했다.[32] 스톱워치의 발명에서 구글의 트루타임TrueTime에 이르는 시간 조율 기법은 작업장 관리의 핵심이다. AI 기술은 점점 세분화되고 정확해지는 시간 관리 메커니즘의 조건을 필요로 하는 동시에 만들어낸다. 시간 조율은 사람들이 무엇을 언제 어떻게 하는지에 대해 점점 더 세부적인 정보를 필요로 한다.

제3장은 데이터의 역할에 초점을 맞춘다. (개인적이거나 위험을 초래할 가능성이 있는 데이터를 비롯하여) 공개적으로 접근할 수 있는 모든 디지털 자료는 AI 모형을 생성하는 데 이용되는 훈련 데이터 집합을 위해 자유롭게 수집될 수 있다. 사람들의 셀카, 손짓,

운전 장면, 우는 아기, 1990년대 뉴스그룹 대화 등으로 가득한 거대한 데이터 집합들이 있으며, 이것들은 모두 얼굴 인식, 언어 예측, 대상 탐지 등의 기능을 수행하는 알고리즘을 개선하는 데 쓰인다. 이 데이터 집합들이 더는 사람들의 개인 자료가 아니라 단순한 '인프라'로 간주되면 이미지나 동영상의 구체적 의미나 맥락은 무의미한 것으로 치부된다. AI가 데이터를 이용하는 현재의 관행은 개인정보 유출과 감시 자본주의라는 심각한 문제 외에도 적잖은 윤리적·방법론적·인식론적 우려를 낳는다.[33]

이 모든 데이터는 어떻게 쓰일까? 제4장에서는 인공지능 시스템에서의 분류 행위(사회학자 캐린 노어 세티나가 '인식론적 기계'라고 부르는 것)를 살펴본다.[34] 우리는 현행 시스템이 어떻게 이분법적 성별, 획일적 인종 구분, 성격과 신용에 대한 미심쩍은 평가 등을 라벨의 주된 바탕으로 삼아 신원을 예측하는지 들여다본다. 그런 관행에서는 기호가 시스템을 대신할 것이고 대용물이 실재를 대신할 것이며 단순화된 모형toy model이 인간 주관성의 무한한 복잡성을 대신하도록 요구받을 것이다. 분류가 이루어지는 과정을 살펴보면서 우리는 기술 도식이 어떻게 위계를 강화하고 불평등을 증폭하는지 알 수 있다. 기계학습은 우리에게 규범적 추리 체계를 제시하는데, 이 체계는 (만일 우위를 차지한다면) 막강한 통치 근거로 작용한다.

여기서 우리는 파푸아뉴기니의 산악 마을들을 여행하며 감정 인식(표정에 개인의 내면적 감정 상태를 드러내는 열쇠가 들어 있다는 개념)의 역사를 탐구한다. 제5장에서는 보편적 감정 상태가 몇 개에 불과하며 이것을 얼굴에서 직접 읽어낼 수 있다는 심리학자 폴 에크먼의 주장을 검토한다. 기술 기업들은 이 개념을 감정 인식 시스템에 적용하고 있으며, 이를 비롯한 감정 탐지 및 인식 분야는 170억 달러 이상의 규모가 될 것으로 전망된다.[35] 하지만 감정 탐지는 적잖은 과학적 논란에 휩싸여 있으며, 불완전할 뿐 아니라 사람들을 오도할 우려도 있다. 이 수단들은 그 기초인 전제가 탄탄하지 못한데도 채용, 교육, 치안 체계에 속속 도입되고 있다.

제6장에서는 AI 시스템이 국가 권력의 도구로 이용되는 방식을 살펴본다. 과거와 현재 인공지능의 군사적 활용은 오늘날 우리가 보고 있는 감시, 데이터 추출, 위험 평가 등의 관행을 빚어냈다. 기술 부문과 군사 부문의 밀접한 관계는 강력한 국가주의적 의도에 들어맞도록 통제되고 있다. 한편 정보 부문에서 쓰이던 탈법적 도구들이 군사 분야에서 상업 기술 분야로 전파되어 교실, 경찰서, 직장, 고용지원센터에서 쓰이고 있다. AI 시스템을 빚어낸 군사적 논리는 이제 지방정부 운영의 일부가 되었으며, 더 나아가 국가와 국민의 관계를 왜곡하고 있다.

마지막 장에서는 인공지능이 어떻게 권력 구조의 역할을 하며 하부 구조, 자본, 노동을 결합하는지 평가한다. 교묘하게 통제받는 우버 운전자를 비롯하여 추적당하는 미등록 이민자, 주택 내 얼굴 인식 시스템에 항의하는 공영주택 임차인에 이르기까지 AI 시스템은 자본, 치안, 군사화의 논리에 따라 구축되며 이 조합은 기존의 권력 불균형을 더욱 확대한다. 이런 관점의 바탕은 추상과 추출이라는 쌍둥이 동기다. AI는 만들어지는 과정에서 물질적 조건을 추상화하며 저항할 힘이 가장 약한 사람들에게서 정보와 자원을 더 많이 추출한다.

하지만 우리는 이 논리에 이의를 제기할 수 있으며 억압을 영구화하는 시스템을 거부할 수 있다. 지구의 조건이 달라졌고 우리는 개인정보 보호, 노동권, 기후 정의, 인종 평등에 대한 요구에 귀를 기울여야 한다. 정의를 요구하는 이 상호 연결된 운동들이 우리의 인공지능 이해에 영향을 미친다면 지구 정치에 대한 다른 관념이 가능해진다.

추출, 권력, 정치

그렇다면 인공지능은 개념이자 하부 구조이자 산업이자 권력 행사의 형태이자 관점이다. 지구 전체를 아울러 공급사슬을 드리운 채 거대한 추출·물류 시스템을 바탕 삼아 고도로 조직화된 자본의 발현이기도 하다. 이 모든 것이 인공지능의 본질을 이루는 부분이다. '인공지능'이라는 용어에는 기대, 이념, 욕망, 공포의 복잡한 층이 겹쳐 있다.

AI는 비실체적 연산이라는 허깨비 힘으로 보일 수도 있지만 결코 추상적이지 않다. AI 시스템은 지구를 새로 빚는 동시에 세계가 지각되고 이해되는 방식을 변화시키는 물적 토대다.

유연성, 혼란, 시공간적 범위 같은 인공지능의 여러 측면과 씨름하는 것은 중요한 일이다. AI라는 용어가 남발되고 쉽게 재구성된다는 것은 폭넓은 방식으로 활용될 수 있다는 뜻이기도 하다. AI는 아마존 에코 같은 소비자용 기기에서 이름 모를 백엔드 처리 시스템까지, 전문적 기술 문서에서 세계 최대의 산업체까지 모든 것을 가리킬 수 있다. 하지만 여기에는 이점도 있다. '인공지능'이라는 용어의 폭넓은 의미는 지능의 정치적 성격에서 대규모 데이터 수집까지, 기술 부문의 산업적 집중에서 지정학적 군사력까지, 자연이 사라진 환경에서 현재진행형인 차별의 형태까지 이 모든 구성요소와 이것들이 어떻게 깊숙이 얽혀 있는지 들여다볼 권한을 우리에게 부여한다.

우리의 과제는 그 지형을 계속해서 눈여겨보고, '인공지능'이라는 용어의 (온갖 것을 담아 옮기는 용기와 같은) 가변적이고 유연한 의미에 주목하는 것이다. 이 또한 이야기의 일부이기 때문이다.

간단히 말하자면 인공지능은 이제 지식, 소통, 권력을 형성하는 주체다. 이 재구성은 인식론, 정의 원칙, 사회 조직화, 정치적 표현, 문화, 신체에 대한 이해, 주관성, 정체성, 즉 우리가 무엇이고 무엇이 될 수 있는가의 차원에서 일어나고 있다. 하지만 우리는 한발 더 나아가야 한다. 세계를 재편하고 세계에 개입하는 과정에서의 인공지능은 제3의 수단에 의한 정치다(이렇게 간주되는 일은 드물지만). 이 정치를 주도하는 AI 대가문은 대규모의 지구적 연산을 지배하는 대여섯 개의 기업으로 이루어졌다.

인공지능의 도구와 방법은 많은 사회 기구에 영향을 미치고 있으며 무엇에 가치를 부여하고 어떤 결정을 내릴지 좌우하는 동시에 복잡한 연쇄반응을 일으킨다. 기술 관료적 권력의 강화는 오래전부터 시작되었지만 이젠 그 속도가 더욱 빨라졌다. 한 가지 이유는 (한때 시장의 힘을 억제하는 고삐 역할을 하던 사회복지 시스템과 제도에 대한 자금 지원이 철회되는 등) 경제 긴축과 외주화의 시대에 산업자본이 일부 집단에 집중된 것이다. 우리가 정치적·경제적·문화적·과학적 위력으로서의 AI와 맞서야 하는 것은 이 때문이다. 얼론드라 넬슨, 투이 린 투, 얼리샤 헤들럼 하인스가 말하듯이 '기술을 둘러싼 투쟁은 경제적 계층 이동성, 정치적 운신의 폭, 지역사회 건설을 위한 더 큰 투쟁과 언제나 연결되어 있다'.[36]

우리는 기로에 서 있다. 이제 우리는 AI가 생산되고 채택되는 방식에 대해 곤란한 질문을 던져야 한다. 이렇게 물어야 한다. AI는 무엇인가? AI가 전파하는 정치는 어떤 형태인가? AI는 누구의 이익에 봉사하며 피해의 고통을 가장 크게 짊어지는 것은 누구인가? AI의 이용은 어디에 국한되어야 하는가? 이것은 쉽게 답할 수 있는 질문이 아니다. 그렇다고 해결할 수 없는 상황이나 돌이킬 수 없는 국면도 아니다. 디스토피아적 사고방식은 우리가 행동을 취하지 못하도록 마비시키고 시급히 필요한 개입을 방해할 수 있다.[37] 어설라 프랭클린의 말이 옳다. '기술의 실행 가능성은 민주주의와 마찬가지로 결국 정의의 실현과 권력의 제한에 달렸다.'[38]

이 책에서는 AI와 지구적 연산의 근본적 문제를 해결하려면 인식론에서 노동권까지, 자원 채굴에서 개인정보 보호까지, 인종 불평등에서 기후변화까지 모든 권력과 정의의 문제를 연결해야 한다고 주장한다. 그러려면 AI 제국에서 무엇이 진행되고 있는지 더 폭넓게 이해하고 여기에 무엇이 결부되었는지 파악하고 미래의 모습이 어떠해야 하는지에 대해 더 현명한 집단적 결정을 내려야 한다.

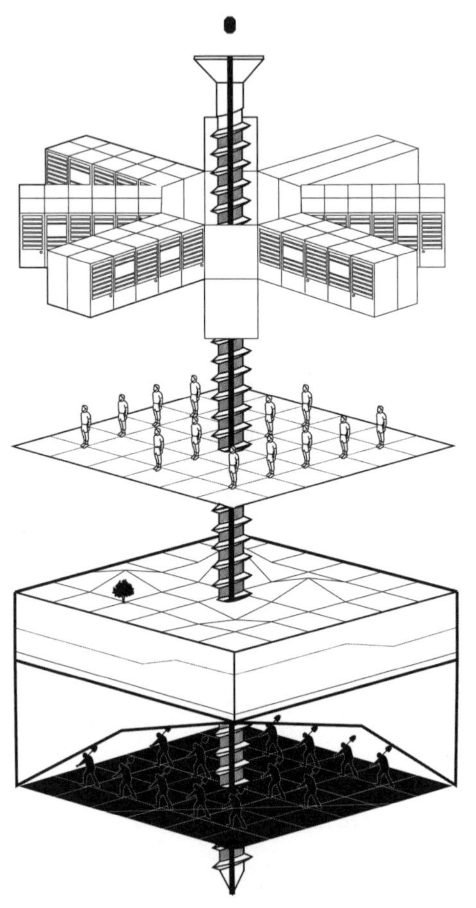

⋆1⋆ 지구

보잉 757기가 샌프란시스코 국제공항에 최종적으로 접근하면서 새너제이 상공에서 기체를 기울인다. 왼쪽 날개를 아래로 기울여 동체를 활주로와 나란히 맞추자 기술업계를 통틀어 가장 상징적인 장소가 조감도처럼 모습을 드러낸다. 아래는 대제국 실리콘밸리다. 애플 본사의 거대한 검정 동그라미가 뚜껑 연 카메라 렌즈처럼 펼쳐진 채 햇빛을 받아 반짝거린다. 저쪽에는 구글 본사가 미 항공우주국 모펏 연방 비행장 근처에 자리 잡았다. 이곳은 제2차 세계대전과 한국전쟁 당시 미 해군의 주력 비행장이었으나 이제는 구글이 60년간 임차하여 고위 임원들의 개인 전용기 주기장駐機場으로 쓰고 있다. 구글 근처에는 록히드 마틴의 대형 제조 공장이 늘어서 있는데, 지구의 일거수일투족을 내려다볼 궤도 위성 수백 기가 이곳에서 제작되고 있다. 다음으로 덤버턴 다리 옆에는 메타(이전의 '페이스북') 본사의 땅딸막한 건물들이 보인다. 본사를 둘러싼 드넓은 주차장은 레이븐스우드 슬라우의 유황 냄새 나는 짠물 연못과 맞닿아 있다. 이 시점視點에서 보이는 팰로앨토의 평범한 교외 골목길과 적당히 솟은 산업단지의 스카이라인만으로는 이곳의 진짜 부, 권력, 영향력을 실감하기 힘들다. 몇 가지 실마리만이 이곳이 세계 경제의 중심이자 지구 연산 인프라의 중심임을 알려준다.

내가 여기에 온 것은 인공지능이 무엇이고 무엇으로 만들어지는지 알기 위해서다. 그러려면 실리콘밸리에서 완전히 벗어나야 한다.

비행장 밖으로 나온 뒤 밴에 올라타 동쪽으로 차를 몬다. 샌머테이오-헤이워드 다리를 건너고 로런스 리버모어 국립연구소를 지나친다. 제2차 세계대전이 끝난 뒤 여기서 에드워드 텔러가 수소폭탄 연구를 지휘했다. 이내 센트럴 계곡 도시인 스톡턴과 맨테카 위로 시에라네바다 산맥이 솟아오른다. 여기서 길은 높은 화강암 절벽의 소노라 고속도로를 구불구불 따라가다 금영화가 점점이 박힌 푸른 계곡을 향해 산맥 동쪽을 타고 내려간다. 소나무 숲은 모노 호수의 염기성 물에 자리를 내주고 바싹 마른 사막은 베이슨앤드레인지의 지형으로 바뀐다. 연료를 채우려고 네바다 주 호손에 진입한다. 이곳은 세계 최대의 탄약창으로, 계곡에 가지런히 신전처럼 늘어선 흙투성이 건축물 수십 곳에 미군의 무기가 보관되어 있다. 네바다 265번 주도州道를 따라가다 보면 멀리 외딴 보르택VORTAC이 보인다. 볼링 핀 모양의 커다란 무선 송신탑으로, GPS 이전 시대에 설계되었다. 하는 일은 딱 하나다. 지나가는 모든 항공기에 '나 여기 있어요'라고 방송하여 황막한 지형에서 기준점이 되는 것이다.

실버 피크 리튬 광산. 사진 : 케이트 크로퍼드

나의 목적지는 네바다 주 클레이턴 밸리의 실버 피크 미인가 마을(인근 법정 자치단체에 소속되어 있지만 너무 외지거나 주민이 거의 없어 지자체의 관리를 받지 않고 대신 주민도 토지 개발 등 재산권 행사 때 행정적 인허가 절차로부터 자유로운 마을 - 옮긴이)이다. 주민 수는 (집계 방법에 따라 다르지만) 약 125명이다. 이곳은 네바다 주에서 가장 오래된 광촌鑛村 중 하나로, 1917년 금과 은이 모조리 채굴된 뒤로 버려지다시피 했다. 골드러시 시대의 건물 몇 채가 아직도 남아 사막의 햇볕 아래서 침식되고 있다. 규모가 작고 고물 차가 사람보다 많을지라도 이곳에는 무척 희귀한 무언가가 숨겨져 있다. 실버 피크는 거대한 리튬 지하호地下湖의 가장자리에 자리한다. 지표면 아래의 소중한 리튬 염수鹽水는 땅 위로 퍼올려지는데, 보는 각도에 따라 여러 빛으로 일렁이는 그 초록색 연못은 노천에서 증발되고 있다. 몇 킬로미터 밖에서도 그 연못들이 햇빛을 받아 빛나는 것을 볼 수 있다. 그런데 가까이 다가가면 사뭇 다른 장면이 펼쳐진다. 외계인처럼 생긴 검은색 파이프가 땅속에서 튀어나와 얕은 도랑을 오르내리며 소금쩍 땅을 따라 뱀처럼 구불구불 기어가서는 짠물 칵테일을 건조용 쟁반으로 나른다.

네바다 주 외딴 벽지, 이곳이 AI의 재료가 만들어지는 장소다.

AI를 위한 채굴

클레이턴 밸리와 실리콘밸리의 관계가 궁금하다면 19세기 금전金田(금광 지대)과 초창기 샌프란시스코의 관계를 떠올려보라. 채굴의 역사는 그 뒤에 남는 폐허가 그렇듯 기술 발전의 이야기에 으레 동반되는 고의적 기억상실증에 의해 곧잘 간과된다. 역사지리학자 그레이 브레킨이 지적하듯 샌프란시스코는 1800년대 캘리포니아와 네바다의 땅에서 금과 은을 캐내 얻은 수익으로 건설되었다.[1] 이 도시의 재료는 채굴이다. 캘리포니아와 네바다는 멕시코-아메리카 전쟁이 끝난 1848년 과달루페 이달고 조약에 따라 멕시코에서 미국에 양도되었다. 이곳이 매우 귀중한 금전이 될 것임은 당시에 이미 정착민들에게 알려져 있었다. 브레킨의 말마따나 이 사건은 '무역은 깃발을 따라가지만 깃발은 곡괭이를 따라간다'[2](상거래의 토대는 군대이고 군대의 토대는 광업이라는 뜻이다 - 옮긴이)라는 옛 격언의 교과서적 사례였다. 미국 영토가 쑥쑥 늘어나는 동안 수천 명이 보금자리에서 내몰렸다. 미국의 제국주의적 침략에 뒤이어 광산업자가 몰려들었다. 땅을 파헤친 탓에 물길이 오염되고 인근 숲이 파괴되었다.

예로부터 광업에서 이윤이 날 수 있었던 것은 환경 피해, 광부들의 질병과 사망, 지역사회 해체 같은 진짜 비용을 감당하지 않아도 되었기 때문이다. 광물학의 아버지로 불리는 게오르기우스 아그리콜라는 1555년에 이렇게 말했다. '광업으로 인한 손실이 광업에서 생산되는 금속의 가치보다 크다는 것은 누구나 아는 사실이다.'[3] 말하자면 광업에서 이익이 남는 것은 오로지 비용을 남들에게, 지금 살아 있는 사람들과 아직 태어나지 않은 사람들에게 떠넘기기 때문이다. 귀금속에 가격을 매기는 것은 쉬운 일이지만 야생지, 맑은 개울, 들이마실 수 있는 공기, 지역 주민의 건강이 가진 가치는 정확히 얼마큼일까? 이 가치는 한 번도 추정되지 않았으며, 이 때문에 손쉬운 계산법이 등장했다. 그것은 모든 것을 최대한 빨리 뽑아내라는 것이다. 지금으로 치면 '빨리 움직여서 깨뜨려라'(메타의 모토 - 옮긴이)이다. 그 결과는 센트럴 밸리 대학살이었다. 1869년 한 여행자는 이렇게 말했다. '토네이도, 홍수, 지진, 화산이 한꺼번에 덮쳤어도 사금 채취 공정보다 더 큰 피해를 입히고 더 넓은 폐허를 남길 순 없었을 것이다. (……) 캘리포니아에서 광업이 존중하는 권리는 하나도 없다. 광업은 유일한 지고의 관심사다.'[4]

샌프란시스코가 광산에서 막대한 부를 긁어모으는 동안 주민들은 그 모든 부가 어디에서 왔는지 쉽게 잊었다. 광산은 부가 흘러드는 도시로부터 멀리 떨어진 곳에 있었으며 이 공간적 거리 덕에 도시 주민들은 부의 원천인 산, 강, 노동자들에게 일어나는 일을 외면할 수 있었다. 하지만 광산을 떠올리게 하는 작은 단서들은 사방에 널려 있었다. 도시의 새 건물들은 센트럴 밸리 깊숙한 곳에서 쓰던 것과 똑같은 운송 및 생명 유지 기술을 이용했다. 광부를 갱도로 내려보내던 도르래 장치는 사람들을 도시 고층 빌딩 꼭대기로 올려 보내는 승강기에 (위아래가 바뀐 채) 설치되었다.[5] 브레킨은 샌프란시스코 마천루를 뒤집힌 갱내坑內 전경으로 생각해보라고 말한다. 땅속 구멍에서 끄집어낸 원광原鑛은 팔려나가 공중의 고층 건물을 짓는 데 쓰였다. 채굴 깊이가 깊어질수록 거대한 사무실 빌딩은 하늘로 더 높이 뻗어 올랐다.

샌프란시스코는 다시 한 번 부유해졌다. 예전에는 금광석이 부의 원천이었다면 이제는 하얀 리튬 결정 같은 원료의 채굴이 부를 떠받친다. 리튬은 광물 시장에서 '회색 금'으로 불린다.[6] 기술업계는 새로운 최고 이익 집단이 되었다. 이 도시에 사무실을 두고 있는 애플, 마이크로소프트, 아마존, 메타, 구글은 시가 총액 기준 세계 5대 기업이다. 광부들이 한때 천막생활을 하던 소마SoMa(사우스 오브 마켓South of Market의 약어 - 옮긴이) 지구의 스타트업 창고들을 지나쳐 걷다 보면 고급 승용차, 벤처 투자가의 후원을 받는 커피 체인점, 사설 노선을 운행하는 검은 유리창의 고급 버스가 보인다. 이 버스들은 마운틴뷰나 멘로파크의 사무실로 직원들을 실어 나른다.[7] 하지만 여기서 조금만 걸어가면 디비전 스트리트가 나오는데, 소마와 미션 지구를 가로지르는 다차선 간선도로인 이곳에는 천막이 다시 등장하여 갈 곳 없는 사람들의 거처가 되고 있다. 기술 붐의 여파로 샌프란시스코는 길거리 노숙자의 비율이 미국에서 가장 높은 지역 중 하나가 되었다.[8] 국제연합 주거권 특별 보고관은 이것을 '용납할 수 없는' 인권 침해로 규정했다. 인근에 사는 기록적인 수의 억만장자와 대조적으로 수천 명의 노숙자가 물, 위생, 보건 서비스 같은 생존의 기본 요건을 누리지 못한다는 이유에서다.[9] 채굴의 가장 큰 혜택은 부유한 소수가 독차지했다.

이번 장에서는 네바다, 새너제이, 샌프란시스코를 비롯하여 인도네시아, 말레이시아, 중국, 몽골에 이르기까지 사막과 바다를 횡단할 것이다. 또한 현재의 콩고 분쟁과 검은 인공 호수들에서 빅토리아 시대의 백색 라텍스 열풍까지 역사 속의 시간을 종단할 것이다. 암석에서 도시까지, 나무에서 거대 기업까지, 대양 항로에서 원자폭탄까지 규모도 다양할 것이다. 하지만 이 지구적 초시스템을 아우르는 것은 전쟁의 폭력, 오염, 멸종, 고갈을 일으키며 광물, 물, 화석연료를 끊임없이 소비하는 추출의 논리다. 대규모 연산의 영향은 대기, 대양, 지각, 지구의 심층 시간, 전 세계 빈곤층의 비참한 삶에서 찾아볼 수 있다. 이 모든 것을 이해하려면 연산을 위한 채굴의 지구적 규모를 파노라마적으로 조망해야 한다.

연산의 풍경

나는 최근 광업 호황의 속사정을 들여다보기 위해 어느 여름날 오후 데저트 밸리를 차로 통과하고 있다. 리튬 연못 근처로 안내해

달라고 말하자 흰색 USB 케이블에 연결된 채 대시보드에 어정쩡하게 앉아 있는 휴대폰이 길을 안내한다. 실버 피크의 넓고 마른 호수 바닥은 수백만 년 전 제3기 후기에 형성되었다. 지층이 힘을 받아 솟아오른 호수 주변의 융기선에는 검은색 석회암, 초록색 규암, 회색과 붉은색의 점판암이 박혀 있다.[10] 리튬은 제2차 세계대전 기간에 칼리 같은 전략 광물을 탐사하던 중 발견되었다. 이 무른 은빛 금속은 이후 소량으로만 채굴되다가 50년 뒤 기술 부문에서 애지중지하는 귀금속이 되었다.

2014년, 리튬 채굴 회사 록우드 홀딩스를 화학 제조 회사 앨버말 코퍼레이션이 62억 달러에 인수했다. 이곳은 미국 유일의 리튬 광산이다. 이 때문에 실버 피크는 일론 머스크를 비롯한 수많은 기술업계 거물들에게 초미의 관심사다. 이유는 단 하나, 충전용 배터리다. 리튬은 배터리 생산의 핵심 원료다. 이를테면 스마트폰 배터리에는 대개 약 8그램의 리튬이 들어 있다. 테슬라 전기차 모델 S의 배터리 팩에는 약 63킬로그램의 리튬이 들어간다.[11] 리튬 배터리는 자동차처럼 동력을 많이 잡아먹는 기계를 위한 것이 결코 아니었으나, 현재 대량 생산이 가능한 유일한 배터리다.[12] 모든 리튬 배터리는 수명이 있어서, 다 쓰고 나면 폐기물로 버려진다.

실버 피크에서 북쪽으로 약 320킬로미터 떨어진 곳에 테슬라 기가팩토리가 있다. 이곳은 세계 최대의 리튬 배터리 공장이다. 테슬라는 세계 1위의 리튬 이온 배터리 소비처로, 파나소닉과 삼성에서 배터리를 대량으로 구입하여 재포장한 뒤에 자사의 자동차와 가정용 충전기에 공급한다. 테슬라는 연간 2만 8,000톤 이상의 수산화

리튬을 소비하는 것으로 추산되는데, 이것은 전 세계 소비량의 절반에 해당한다.[13] 사실 테슬라는 자동차 회사라기보다는 배터리 업체라고 부르는 게 더 정확할지도 모르겠다.[14] 니켈, 구리, 리튬 같은 필수 광물이 조만간 부족해지면 테슬라는 큰 타격을 입는다. 그렇기에 실버 피크의 리튬 호수가 탐날 수밖에 없다.[15] 실버 피크 리튬 광산을 장악한다는 것은 미국 내 공급을 장악한다는 뜻이니 말이다.

많은 사람들이 밝혔듯 전기차는 이산화탄소 배출의 완벽한 해결책과는 거리가 멀다.[16] 배터리 공급사슬에서 이루어지는 채굴, 제련, 추출, 조립, 운송은 환경에 심각한 악영향을 끼치며 환경 파괴는 지역사회에 피해를 입힌다. 가정용 태양광 발전기로 에너지를 자체 생산하는 경우도 있지만, 대부분의 경우 전기차를 충전하려면 전력망에서 동력을 끌어와야 한다. 현재 미국에서 재생에너지원으로 생산되는 전기는 5분의 1도 안 된다.[17] 그럼에도 테슬라와 자웅을 겨루겠다는 자동차 제조사들의 투지는 조금도 사그라들지 않았다. 이 때문에 배터리 시장에서 경쟁이 점점 치열해지고 있으며 필수 광물의 고갈이 가속화하고 있다.

전 세계의 연산computation과 상거래는 배터리에 의존한다. '인공지능'이라는 용어를 들으면 알고리즘, 데이터, 클라우드 아키텍처 같은 개념이 떠오를지도 모르지만, 연산의 핵심 부품을 제작할 광물과 자원이 없다면 그 무엇도 제 역할을 할 수 없다. 충전용 리튬 이온 배터리는 휴대 기기와 노트북, 가정용 디지털 가전제품, 데이터 센터 백업 전원에 꼭 필요하다. 또한 인터넷을 떠받치며, 금융에서 소매업과 주식 거래에 이르기까지 인터넷에서 돌아가는 모든 상거래 플랫폼의 토대이기도 하다. 현대 생활의 많은 요소가 '클라우드'로 옮겨갔으나 이러한 광물 비용에 대한 고려는 거의 이루어지지 않았다. 우리의 직장 생활과 개인 생활, 의료 기록, 여가 시간, 오락, 정치적 관심사 등 이 모든 것이 우리가 한 손에 들고서 두드리는 장치 속 네트워크 컴퓨팅 아키텍처의 세계에서 일어나는데, 그 중심에는 리튬이 있다.

채굴이 AI를 만든다는 말은 문자 그대로, 그리고 동시에 비유적으로 참이다. 또한 데이터 마이닝이라는 새 추출 방식은 전통적 채굴이라는 옛 추출 방식을 포괄하면서 더욱 나아가게 한다. 인공지능 시스템에 동력을 공급하기 위한 스택(본디 컴퓨터 시스템에서 순차적으로 저장·처리되는 자료 목록을 일컬으나 이 책에서는 벤저민 브래턴의 『스택Stack』에서 언급한 개념을 빌려 산업 또는 사회의 계층 구조를 의미한다 - 옮긴이)은 데이터 모델링, 하드웨어, 서버, 네트워크의 다층적인 기술적 스택을 훌쩍 뛰어넘는다. AI의 풀스택(이용자 인터페이스 프런트엔드에서 데이터베이스 백엔드까지 소프트웨어의 모든 구성요소를 아우르는 개념 - 옮긴이) 공급사슬은 자본, 노동, 지구 자원에 손을 뻗치며 그 각각으로부터 엄청난 양을 요구한다.[18] 클라우드는 인공지능 산업의 뼈대이며 암석과 리튬 염수와 원유로 만들어진다.

이론가 유시 파리카는 저서 『미디어의 지질학A Geology of Media』에서 미디어를 마셜 매클루언의 관점, 즉 미디어가 인간 감각의 연장延長이라는 관점이 아니라, 지구의 연장이라는 관점에서 생각할 것을 제안한다.[19] 연산의 미디어는 현재 지구의 원료를 인프라와 기기로 탈바꿈시키는 것에서부터 석유와 가스로 이 새로운 시스템에 동력을 공급하는 것에 이르는 지질학적(또한 기후학적) 과정에 관여한다. 미디어와 기술을 지질학적 과정으로 간주하면 지금 순간의 기술을 운용하는 데 필요한 비재생성 자원이 급격히 고갈될 것임을 추론할 수 있게 된다. 네트워크 라우터에서 배터리와 데이터 센터에 이르기까지 AI 시스템의 확장된 네트워크에 속한 모든 요소는 수십억 년에 걸쳐 지구 내부에서 생성된 원료를 이용하여 만들어진다.

심층 시간의 관점에서 보자면 우리는 아마존 에코와 아이폰 같은 고작 몇 년 쓰고 버리는 기기를 만들어 현대 기술 시대라는 찰나를 떠받치려고 지구의 지질학적 역사를 뽑아내고 있는 셈이다. 미국 소비자기술협회의 발표에 따르면 스마트폰의 평균 수명은 4.7년에 불과하다.[20] 이 노후화 주기는 더 많은 기기의 구매를 유도하고 이윤을 끌어올리고 지속 불가능한 추출 관행을 부추긴다. 광물, 성분, 원료들의 개발 과정은 느릿느릿 진행되지만 그러한 과정만 끝나면 채굴, 처리, 혼합, 제련, (가공 과정에서 수천 킬로미터를 오가는) 물류 운송은 일사천리로 진행된다. 땅속에서 캐내 폐기물과 광미鑛尾를 버리고 남은 원광석은 기기로 만들어져 이용되다가 폐기된다. 그리고 결국 가나와 파키스탄 같은 나라의 전자 폐기물 하치장에 매립되고 만다. 탄생에서 사멸에 이르는 AI 시스템의 일생에는 인간 노동과 천연자원의 착취, 기업 권력과 지정학적 권력의 거대 집중 등 여러 프랙털적 공급사슬이 존재한다. 그리고 처음부터 끝까지 지속적인 대규모의 에너지 소비가 이 사슬을 굴러가게 한다.

샌프란시스코의 토대가 된 채굴 방식은 오늘날 그곳에 기반을 둔 기술 부문의 관행에서 그대로 반복된다.[21] AI의 대규모 생태계는 우리의 일상적 활동과 표정에서 데이터를 수집하는 활동부터 천연자원을 고갈시키는 활동, 이 거대한 지구적 네트워크를 구축하고 유지하기 위해 전 세계에서 노동을 착취하는 활동까지 여러 종류의 추출에 의존한다. AI는 널리 알려진 것보다 훨씬 많은 것을 우리와 지구로부터 뽑아낸다. 베이 에어리어는 AI 신화 체계의 중심이 되는 접점이지만, 기술 산업에 동력을 공급하는 과정에서 인간과 환경에 미친 피해의 다층적 유산을 보려면 미국에서 훌쩍 떨어진 곳으로 가야 할 것이다.

광물학적 층위

AI를 만들기 위해 지각에서 광물을 추출하는 곳은 네바다 주의 리튬 광산만이 아니다. 세계에서 리튬이 가장 풍부하여 그 때문에 정치적 긴장을 겪고 있는 볼리비아 남서부 살라르와 콩고 중부, 몽골, 인도네시아, 서오스트레일리아 사막 등 수많은 장소가 있다. 이곳들은 산업적 추출이라는 더 폭넓은 지리학의 측면에서 AI의 또 다른 출생지다. 이 지역들에서 채굴되는 광물이 없다면 현대의 연산은 아예 불가능하다. 하지만 이 원료들은 점차 공급이 달리고 있다.

2020년 미국 지질조사국 과학자들은 제조사들에 대해 '공급 위험도'가 큰 스물세 가지의 광물 목록을 발표했다. 이 광물을 구할 수 없으면 (기술 부문을 비롯한) 업계 전체가 멈춰 선다는 뜻이다.[22] 이러한 필수 광물로는 아이폰 스피커와 전기차 모터에 쓰이는 디스프로슘과 네오디뮴, 군용 적외선 장비와 드론에 쓰이는 저마늄, 리튬 이온 배터리의 성능을 향상시키는 코발트 등의 희토류가 있다.

희토류라고 하면 보통 란타넘, 세륨, 프라세오디뮴, 네오디뮴, 프로메튬, 사마륨, 유로퓸, 가돌리늄, 터븀, 디스프로슘, 홀뮴, 어븀, 툴륨, 이터븀, 루테튬, 스칸듐, 이트륨 등 열일곱 가지의 광물을 말한다. 이 광물들은 가공되어 노트북과 스마트폰에 들어가는데, 그 덕분에 기기를 더 작고 가볍게 만들 수 있다. 컬러 디스플레이, 스피커, 카메라 렌즈, 충전용 배터리, 하드 드라이브 등 많은 부품에서도 이러한 물질들을 찾아볼 수 있다. 광섬유 케이블과 무선 통신탑의 신호 증폭기에서부터 위성과 GPS 기술에 이르는 통신 시스템의 핵심 성분이기도 하다. 하지만 이들 광물을 땅에서 뽑아내는 데는 지역적·지정학적 폭력이 종종 수반된다. 광업은 예나 지금이나 무자비한 사업이다. 루이스 멈퍼드가 말한다. '광업은 전쟁의 원천을 제공하고 자본의 초기 축적을 가능하게 했으며 군사 비용을 조달하는 핵심 산업이었고 무기의 산업화를 강화함으로써 금융가들의 배를 불렸다.'[23] AI의 영업적 득실을 이해하려면 광업으로 인해 발생하는 전쟁, 기근, 죽음을 고려해야 한다.

최근의 미국 법령은 열일곱 가지의 희토류 중 일부를 규제하고 있지만 채굴과 연관된 피해는 슬쩍 언급할 뿐이다. 2010년 제정된 도드-프랭크 법은 2008년 금융 위기를 겪은 뒤 금융 부문의 개혁에 초점을 맞추었다. 이른바 '분쟁 광물'에 대한 조항이 구체적으로 들어 있는데, 이것은 분쟁지역에서 채굴되어 그 판매 대금이 분쟁에 투입되는 천연자원을 일컫는다. 콩고민주공화국 주변 지역에서 금, 주석, 텅스텐, 탄탈럼을 이용하는 기업들은 광물이 어디서 왔는지와 판매 대금이 지역의 무장 민병대에 지원되는지 여부를 추적하여 보고할 의무를 지게 되었다.[24] '분쟁 광물'이라는 용어는 '분쟁 다이아몬드'와 마찬가지로 광업 부문의 지독한 고통과 만연한 살육을 가면처럼 가린다. 광업에서 발생한 이윤은 수십 년간 콩고 지역 분쟁의 군사 작전에 자금줄이 되어 수천 명의 죽음과 수백만 명의 실향에 한몫했다.[25] 그뿐만 아니라 광산 내의 작업 여건은 종종 현대판 노예제를 방불케 했다.[26]

4년여의 지속적 노력 끝에야 인텔은 자사의 공급사슬에 대한 기초적 현황을 파악했다.[27] 인텔의 공급사슬은 복잡하다. 100여 개국 1만 6,000여 공급업체가 인텔의 생산 공정, 장비, 공장 기계, (물류 및 포장 서비스에 직접 투입되는) 원료를 공급한다.[28] 더욱이 인텔과 애플은 광물의 분쟁 관련 여부를 판정할 때 실제 광산이 아니라 제련소만 감사監査했다는 비판을 받았다. 이 기술업계의 거인들은 콩고 외부에 있는 제련소를 평가했으며 현지인이 감사를 실시하는 경우가 비일비재했다. 이런 탓에 기술업계에서 자사의 광물이 분쟁과 무관하다며 내놓은 입증 자료마저 의심을 사고 있는 형편이다.[29]

네덜란드에 기반을 둔 기술 기업 필립스도 자사의 공급사슬이 분쟁과 무관하도록 노력한다고 주장했다. 필립스는 인텔과 마찬가지로 공급업체가 수만 곳에 이르는데, 각 업체는 제조 공정에 필요한 부품을 제공한다.[30] 이 공급업체들은 각각 수천 곳의 부품 제조사와 연결되어 있으며 이 제조사들은 수십 곳의 제련소에서 가공한 원료를 공급받는다. 한편 제련소에 원료를 공급하는 무역상의 숫자는 알려지지 않았는데, 이들은 합법적 채굴업체와 불법적 채굴업체를 가리지 않고 직접 상대하며 컴퓨터 부품에 들어가는 다양한 광물을 수급한다.[31]

컴퓨터 제조사 델에 따르면 분쟁과 무관한 전자 기기 부품을 생산하고 싶어도 금속 및 광물 공급사슬의 복잡성이 어마어마한 걸림돌이라고 한다. 원료가 공급사슬의 수많은 주체를 통해 세탁되기 때문에, 출처를 파악하는 것은 불가능하다(적어도 완성품 제조사들은 그렇게 주장한다). 이 덕에 그들은 자사의 이윤을 끌어올려주는 착취 관행을 그럴듯하게 부인할 수 있었다.[32]

19세기 샌프란시스코를 떠받친 광산과 마찬가지로 기술 부문을 위한 채굴은 실제 비용을 시야에서 몰아냄으로써 이루어진다. 기업들이 도급업체와 공급업체를 제3자로 내세워 스스로를 보호하는 수법에서나 상품을 소비자에게 마케팅하고 광고하는 방식에서 보듯 공급사슬에 대한 외면은 자본주의에 깊숙이 배어 있다. 이 관행은 그럴듯한 부인을 넘어서서 나쁜 신앙을 열성적으로 실천하는 꼴이 되었다. '오른손이 하는 것을 왼손이 모르게 하'려면 점점 적극적이고 정교하고 복잡한 형태의 거리 두기를 구사해야 하기 때문이다.

광업이 전쟁에 자금을 지원하는 것이 해로운 추출의 가장 극단적 사례로 꼽히긴 하지만 대부분의 광물이 전쟁 지역에서 직접 수급되는 것은 아니다. 하지만 그렇다고 해서 인간적 고통과 환경 파괴로부터 자유롭지는 못하다. 분쟁 광물에 주목하는 일이 중요하기는 하지만, 이것은 광업 전반의 피해로부터 관심을 돌리는 데 이용되기도 했다. 연산 시스템을 위한 광물이 채굴되는 주요 지역을 찾아가보면 산酸으로 표백된 강, 자연이 사라진 풍경, 한때 현지 생태계에 필수적이었던 동식물의 멸종 등에 대한 억눌린 이야기를 들을 수 있다.

검은 호수와 흰 라텍스

내몽골 최대 도시 바오터우에는 유독한 검은색 진흙으로 메워진 인공 호수가 있다. 유황 냄새를 풍기는 그 호수는 끝이 보이지 않는다. 지름은 9킬로미터를 넘는다. 그 검은 호수에는 원광석 가공 과정에서 발생한 부산물 가루가 1억 8,000만 톤 이상 쌓여 있다.[33] 폐기물은 인근의 바이윈 광산에서 유출되었는데, 이곳의 희토류는 전 세계 매장량의 70퍼센트에 이르는 것으로 추정된다. 바이윈 광산은 세계 최대의 희토류 매장지다.[34]

중국은 전 세계 희토류의 95퍼센트를 공급한다. 저술가 팀 모건의 말에 따르면 중국의 시장 지배는 지질학적 이점 때문이라기보다는 채굴의 환경 비용을 감내하려는 국가적 결의 때문이다.[35] 네오디뮴과 세륨 같은 희토류는 비교적 흔하지만, 이것들을 쓸 만하게 만들려면 대량의 황산과 질산에 녹이는 위험한 공정을 거쳐야 한다. 이 산성 용액은 엄청난 양의 독성 폐기물이 되어 죽음의 호수 바오터우를 메운다. 환경 연구자 마이라 허드가 '우리가 잊고 싶어 하는 폐기물'이라고 부르는 것으로 가득한 장소는 이곳만이 아니다.[36]

오늘날까지 희토류의 전자, 광학, 자력 측면에서의 쓰임새는 어느 금속도 넘볼 수 없지만, 유용 광물 대비 폐기물 독소의 비율은 상상을 초월한다. 천연자원 전략가 데이비드 에이브러햄은 중국 장시江西의 디스프로슘과 터븀 채굴을 이렇게 묘사한다(두 광물은 각종 첨단 기기에 쓰인다). '채취된 점토의 희토류 함유량은 단지 0.2퍼센트에 불과하다. 이것의 의미는 99.8퍼센트는 광미라고 불리는 찌꺼기 또는 폐기물이라는 것이다. 이 광미는 언덕이나 냇가에 버려진다.'[37] 이렇게 버려진 폐기물은 암모늄 같은 새로운 오염물질을 만들어낸다. '중국 희토류협회의 추정치에 의하면 이 같은 희토류 1톤을 정제해내기 위해서는 그 과정에서 7만 5,000리터의 산성 폐기물과 방사성 폐기물 1톤이 산출된다고 한다.'[38]

바오터우 남쪽으로 약 4,800킬로미터 떨어진 곳에는 인도네시아의 소도小島 방카 섬과 벨리퉁 섬이 수마트라 연안에 자리 잡고 있다. 두 섬에서는 반도체에 쓰이는 주석이 생산되는데, 생산량이 인도네시아 전체의 90퍼센트에 이른다. 인도네시아는 중국에 이어 세계 2위의 주석 생산국이다. 인도네시아의 국영 주석 회사 PT 띠마는 삼성 같은 기업에 주석을 직접 공급하기도 하고 청난이나 션마오 같은 땜납 제조사에 공급하기도 하는데, 이 제조사들은 소니, LG, 폭스콘에 원료를 공급하고 이 회사들은 다시 애플, 테슬라, 아마존에 부품을 공급한다.[39]

이 작은 섬에서는 정식으로 고용되지도 않은 회색시장 광부들이 임시 부교浮橋에 앉아 대나무 작대기로 바다 밑바닥을 긁은 뒤에 물속에 잠수하여 진공청소기처럼 생긴 거대한 튜브로 해저 지면의 주석을 빨아들인다. 이 광부들에게서 주석을 사들인 중간상은 승인된 광산에서 일하는 광부들에게서도 주석 원광석을 사들인 뒤에 이것들을 합쳐 띠마 같은 회사에 판매한다.[40] 규제가 전무한 탓에 작업 과정은 작업자와 환경을 보호하는 공식 조치 없이 진행된다. 탐사 기자 케이트 호덜이 말한다. '주석 채굴은 짭짤하지만 파괴적인 업종으로, 섬의 풍광에 생채기를 내고 공장과 숲을 밀어버리고 물고기와 산호초를 죽이고 야자나무가 늘어선 아름다운 해변의 관광업에 타격을 입혔다. 그 피해는 공중에서 가장 잘 보인다. 메마른 주황색 흙의 드넓은 들판 사이사이로 무성한 숲이 조각난 채 옹송그리고 있다. 광산에 점령당하지 않은 땅은 무덤이 마맛자국처럼 들어서 있는데, 많은 무덤에는 수백 년간 주석을 파다 죽은 광부의 시신이 묻혀 있다.'[41] 뒤뜰, 숲, 도로변, 해변 등 어디에나 광산이 있다. 이것은 폐허의 풍경이다.

코앞에 있는 세상, 우리가 매일같이 보고 냄새 맡고 만지는 세상에 초점을 맞추는 것은 생명의 공통된 성향이다. 그럼으로써 우리는 우리가 속한 공동체가 있는 곳, 우리가 구석구석 알고 있는 곳에 단단히 자리 잡는다. 하지만 AI의 공급사슬을 온전히 보려면 지구적 범위의 패턴을 찾아야 한다. 역사와 구체적 피해가 장소마다 다르면서도 어떻게 해서 (다양한 채굴의 힘에 의해) 서로 밀접하게 연결되는지 예리하게 감지해야 한다.

이 패턴은 공간을 가로질러 살펴볼 수 있지만 시간을 가로질러 찾을 수도 있다. 대서양 횡단 전신선은 대륙 간에 데이터를 운반하는 필수 기반 시설이며 전 세계적 통신과 자본의 상징이다. 제 나름의 채굴, 분쟁, 환경 파괴 패턴을 가진 식민주의의 물질적 산물이기도 하다. 19세기 말 팔라퀴움 구타Palaquium gutta라는 동남아시아산 나무가 케이블 열풍의 주역이 되었다. 말레이시아에 주로 서식하는 이 나무에서는 구타페르카라는 유백색의 천연 라텍스가 생산된다. 영국의 과학자 마이클 패러데이가 1848년 〈필로소피컬 매거진〉에 구타페르카가 절연재로 쓰일 수 있다는 연구 결과를 발표한 뒤 이 원료는 공학업계의 총아가 되었다. 공학자들은 전신선을 어떻게 피복해야 해저의 혹독하고 시시각각 변하는 조건을 이겨낼 수 있을 것인가의 문제를 구타페르카로 해결할 수 있으리라 생각했다. 꼬인 구리선에 물이 침투하지 못하도록 보호하면서 전류를 흐르게 하는 방법은 무른 유기물 나무 수액을 네 겹 입히는 것이었다.

국제 해저 전신 사업이 성장하면서 팔라퀴움 구타 나무둥치의 수요도 커졌다. 역사가 존 털리는 현지의 말레이인, 중국인, 다야크족 인부들이 나무를 베어 넘어뜨리고 라텍스를 서서히 조금씩 채취하는 위험한 작업에 비해 쥐꼬리만 한 임금을 받았다고 기록한다.[42] 라텍스는 가공된 뒤에 싱가포르 무역 시장을 통해 영국 시장에 팔려나가, 무엇보다도 기다란 해저 케이블 피복으로 제작되어 전 세계를 둘러쌌다. 미디어학자 니콜 스타로시엘스키가 말한다. '군사 전략가들은 케이블을 식민지와의 가장 효율적이고 안전한 통신 수단으로 생각했으며 암묵적으로는 식민지를 통제하는 수단으로 여겼다.'[43] 오늘날 해저 케이블의 노선은 제국의 중심과 주변부를 연결하던 초기 식민지 네트워크와 여전히 일치한다.[44]

다 자란 팔라퀴움 구타에서는 약 0.3리터의 라텍스를 뽑아낼 수 있었다. 하지만 1857년 최초의 대서양 횡단 케이블은 길이가 약 2,900킬로미터에 무게가 2,000톤으로, 약 250톤의 구타페르카가 필요했다. 구타페르카 1톤을 생산하는 데만도 약 90만 그루의 나무가 필요했다. 말레이시아와 싱가포르의 밀림이 헐벗게 되었으며 1880년대 초 팔라퀴움 구타는 자취를 감추었다. 영국은 공급사슬을 확보하려는 최후의 시도로 1883년 금지 조치를 통과시켜 라텍스 채취를 중단했지만 팔라퀴움 구타는 거의 멸종했다.[45]

팔라퀴움 구타.

지구적 정보 사회의 여명기인 빅토리아 시대의 구타페르카 재앙은 기술이 원료, 환경, 노동 관행과 어떻게 얽혀 있는가를 보여준다.[46] 빅토리아 시대의 사람들이 초창기 케이블을 위해 생태 재앙을 앞당긴 것과 마찬가지로 현대의 광업과 국제적 공급사슬은 우리 시대의 아슬아슬한 생태적 균형을 더욱 위험에 빠뜨리고 있다.

지구적 연산의 과거 역사에는 어두운 역설이 있다. 현재의 대규모 AI 시스템은 환경적·데이터적·인간적 형태의 추출을 몰아붙이고 있지만, 알고리즘적 연산은 빅토리아 시대 이후로 전쟁, 인구, 기후변화를 관리하고 통제하려는 오랜 욕망에서 생겨났다. 역사가 시어도러 드라이어에 따르면 수리통계학의 창시자인 영국의 과학자 칼 피어슨은 계획과 관리의 불확실성을 해소하기 위해 표준 편차와 상관 및 회귀 기법을 비롯한 새로운 자료 구성 수단을 개발하고자 했다. 한편 그의 방법은 인종학과 깊이 얽혀 있었는데, 피어슨은 통계학자이자 우생학의 창시자인 자신의 멘토 프랜시스 골턴 경과 더불어 통계학이 '인종의 모든 특징에 대해 선택 과정으로 어떤 효과를 얻을 수 있는지 탐구하는 첫 단계'가 될 수 있으리라 믿었다.[47]

드라이어가 말한다. '1930년대 말이 되자 회귀 기법, 표준 편차, 상관관계 같은 자료 구성법은 세계 무대에서 사회적·국가적 정보를 해석하는 지배적 도구가 되었다. 세계 무역의 접점과 경로를 추적함으로써 양차 대전 사이의 수리통계학 운동은 거대 제국이 되었다.'[48] 이 기획은 제2차 세계대전 이후 계속 확장되었으며, 대규모 산업적 영농의 생산성을 끌어올리기 위한 갈수기 일기예보 등의 영역에 새 연산 시스템이 도입되었다.[49] 이 관점에서 보자면 알고리즘 연산, 전산통계학, 인공지능은 20세기에 사회적·환경적 과제를 해결하기 위해 개발되었지만 이후에는 산업적 추출과 착취를 배가하여 환경 자원을 더욱 고갈시키고 말았다.

청정 기술이라는 환상

광물은 AI의 뼈대이지만 AI의 혈액은 여전히 전기에너지다. 하지만 첨단 연산 행위가 탄소 발자국, 화석연료, 오염의 관점에서 평가되는 일은 드물다. '구름(클라우드)' 등의 비유는 자연 친화적 녹색 산업이라는 고상하고 섬세한 분위기를 풍긴다.[50] 서버는 별 특징이 없는 데이터 센터에 숨겨져 있으며 그 오염 실태는 연기를 내뿜는 석탄 화력발전소 굴뚝에 비해 훨씬 알아보기 힘들다. 기술 부문의 산업들은 자사의 환경 정책, 지속 가능성 사업, (AI를 문제 해결 도구로 이용하여) 기후 관련 문제를 해결하겠다는 계획 등을 열심히 홍보한다. 이것은 탄소를 전혀 배출하지 않는 지속 가능한 산업이라는 대외적 이미지 연출의 일환이다. 실제로는 아마존 웹서비스나 마이크로소프트 애저 같은 연산 인프라를 운영하기 위해서는 막대한 양의 에너지가 필요하며 이런 플랫폼에서 동작하는 AI 시스템의 탄소 발자국은 점점 증가하고 있다.[51]

후텅후이는 『클라우드의 과거 역사A Prehistory of the Cloud』에서 이렇게 썼다. '클라우드는 자원 집약적인 추출식 기술로, 물과 전기를 연산 능력으로 전환하며 상당한 규모의 환경 피해를 일으키지만 이것을 눈에 보이지 않도록 치운다.'[52] 이 에너지 집약적 인프라의 문제를 해결하는 것은 중대 관심사가 되었다. AI 업계가 데이터 센터의 에너지 효율을 높이고 재생에너지 비중을 늘리려고 나름 노력한 것은 사실이다. 하지만 전 세계 연산 인프라의 탄소 발자국은 이미 항공업계의 최고치에 도달했으며 더욱 빠르게 증가하고 있다.[53] 수치에 편차가 있긴 하지만, 로트피 벨히르와 아메드 엘멜리기 같은 연구자들은 2040년이 되면 기술 부문이 전 세계 온실가스 배출량의 14퍼센트를 차지할 것이라고 추정하며 스웨덴 연구진은 2030년이 되면 데이터 센터의 전기 수요만도 약 열다섯 배 증가할 것이라고 예측한다.[54]

AI 모형을 제작하는 데 필요한 연산 능력을 면밀히 들여다보면 속도와 정확성 면에서 기하급수적 성장을 이루려는 욕구 때문에 지구가 막대한 비용을 치르고 있음을 알 수 있다. AI 모형을 훈련하기 위한 연산 처리 수요와 이에 따르는 에너지 소비는 아직도 새로운 탐구 분야다. 이 분야의 초창기 문헌 중 하나는 매사추세츠 대학교 애머스트 캠퍼스의 AI 연구자 에마 스트루벨 연구진이 2019년에 발표한 논문이다. 연구진은 자연어 처리NLP 모형의 탄소 발자국을 이해하는 데 중점을 두고서 수십만 연산 시간 동안 AI 모형을 가동하여 잠재적 추정치를 파악하기 시작했다.[55] 최초의 수치는 충격적이었다. 스트루벨 연구진은 NLP 모형을 하나만 가동했는데도 30만 킬로그램의 이산화탄소가 배출된다는 사실을 발견했다. 이것은 휘발유 자동차 다섯 대를 (제조 과정을 포함하여) 수명이 다할 때까지 몰거나 뉴욕에서 베이징까지 비행기로 125차례 왕복하는 것과 맞먹는다.[56]

설상가상으로 연구자들은 이 모형이 최소한의 낙관적 추정치라고 언급했다. 여기에는 애플과 아마존 같은 회사들이 시리와 알렉사 같은 AI 시스템을 더 사람처럼 들리게 하려고 인터넷 전체에서 데이터 집합을 긁어모아 자사의 NLP 모형을 훈련시키는 실제 상업적 규모가 반영되어 있지 않다. 기술 부문의 AI 모형에서 소비하는 정확한 에너지양은 알려져 있지 않다. 이 정보는 기업 비밀로서 철통같이 보호받는다. 여기서도 데이터 경제는 환경을 계속해서 외면하는 바탕 위에 존재하고 있음을 알 수 있다.

AI 분야에서는 클수록 좋다는 신념에 따라 성능을 향상시키기 위해 연산 주기를 극대화하는 것이 표준 관행이다. 딥마인드의 리치 서튼이 말한다. '연산을 효율화하는 방법은 궁극적으로 볼 때 단연 가장 효과적이다.'[57] AI 훈련 과정에서의 무차별 테스트brute-force testing 연산 기법이나 더 나은 결과를 얻을 때까지 체계적으로 더 많은 데이터를 수집하고 더 많은 연산 주기를 동원하는 연산 기법은 에너지 소비의 가파른 증가를 이끌었다. 오픈AI의 추산에 따르면 2012년 이후 AI 모형 하나를 훈련하는 데 필요한 연산의 양은 해마다 열 배씩 증가했다. 그 이유는 개발자들이 '더 많은 칩을 병렬적으로 이용할 방법을 거듭거듭 찾아내고 여기에 드는 경제적 비용을 기꺼이 감수하기' 때문이다.[58] 경제적 비용의 측면에서만 생각하다 보면 효율을 증대하려고 연산 주기를 늘릴 때 폭넓은 지역적·환경적 피해가 발생한다는 것을 알아차리기 힘들다. 하지만 '연산 극대화주의' 경향은 생태계에 극심한 영향을 끼친다.

데이터 센터는 세계 최대의 전기 소비처 중 하나다.[59] 이 다층적인 기계에 동력을 공급하려면 석탄, 가스, 원자력, 재생에너지 등의 전력이 필요하다. 일부 기업은 대규모 연산의 에너지 소비에 대해 점차 적극적으로 대응하고 있는데, 애플과 구글은 탄소 중립(탄소 배출권을 구입하여 자사의 탄소 배출을 상쇄한다는 뜻)을 공언하고 있으며 마이크로소프트는 2030년까지 탄소 네거티브를 실현하겠다고 약속했다. 하지만 사내 직원들은 환경 죄책감을 덜기 위해 면죄부를 살 것이 아니라 총 배출량을 감축하라고 요구했다.[60] 게다가 마이크로소프트, 구글, 아마존은 모두 화석연료 기업들이 땅속에서 연료를 찾아내고 채굴하는 일을 지원하기 위해 자사의 AI 플랫폼, 엔지니어링 인력, 인프라에 대한 이용 권한을 부여함으로써 인류발 기후변화에 가장 큰 책임이 있는 산업을 더욱 육성하고 있다.

미국 바깥에서는 이산화탄소 구름이 더 많이 솟아오르고 있다. 중국의 데이터 센터 산업은 동력의 73퍼센트를 석탄에서 얻으며 2018년에만 약 9,900만 톤의 이산화탄소를 배출했다.[61] 중국 데이터 센터 인프라의 전기 소비량은 2023년에 3분의 2가 증가할 것으로 예측된다.[62] 그린피스는 중국 최대의 기술 기업들이 어마어마한 에너지를 소비한다며 경보를 울렸다. '알리바바, 텐센트, GDS를 비롯한 중국 유수의 기술 기업들은 청정에너지 비중을 부쩍 늘리고 에너지 이용 현황을 공개해야 한다.'[63] 석탄 화력발전의 영향은 국경을 초월하여 어디에나 영구적 흔적을 남긴다. 자원 채굴과 그 영향의 지구적 성격은 한 국가가 대처할 수 있는 규모를 훌쩍 넘어선다.

물은 연산의 진짜 비용에 대해 또 다른 이야기를 들려준다. 미국의 물 이용 역사는 분쟁과 이면계약으로 가득하며 연산과 마찬가지로 물과 관련한 계약 조건은 비밀에 부쳐진다. 미국 최대의 데이터 센터 중 하나는 유타 주 블러프데일에 있으며 국가안보국 소속이다. 2013년 후반에 설립된 '국가 정보공동체 종합 사이버 보안 이니셔티브 데이터 센터Intelligence Community Comprehensive National Cybersecurity Initiative Data Center'를 직접 방문하는 것은 불가능하다. 하지만 나는 인근 교외를 차로 통과하다가 세이지브러시가 무성한 언덕 사이로 길이 나 있는 것을 발견했다. 덕분에 11만 제곱미터가 넘는 넓이의 대규모 시설을 가까이서 볼 수 있었다. 이곳은 「시티즌포Citizenfour」 같은 영화에 등장하고 국가안보국 관련 기사 수천 건에 실리면서 다음 시대를 맞이한 정부의 데이터 수집을 보여주는 일종의 상징적인 힘을 가지고 있다. 하지만 개인적으로 보기엔 평범하고 볼품없게 생겼다. 마치 거대한 창고용 컨테이너와 정부의 사무용 건물을 합쳐놓은 것 같았다.

가뭄으로 바싹 마른 유타 주에 데이터 센터가 자리 잡은 탓에, 물을 둘러싼 갈등은 데이터 센터가 공식적으로 설립되기도 전에 시작되었다.[64] 현지 언론인들은 1일 640만 리터의 물 소비량 추정치가 정확한지 검증하고 싶어 했으나 국가안보국은 처음에 이용량 자료 공개를 거부하고 모든 내용을 공식 기록에서 삭제했으며 물 이용량이 국가 안보 사안이라고 주장했다. 감시 반대 운동가들은 물과 에너지가 감시에 이용되는 것을 막기 위해 소책자를 제작했으며 물 이용을 법적으로 통제하여 시설이 폐쇄되도록 한다는 전략을 세웠다.[65] 하지만 블러프데일 시는 시설이 이 지역에 경제성장을 가져다주리라는 약속을 믿고서 평균가보다 훨씬 싼 값에 수년 동안 물을 공급하기로 국가안보국과 계약을 맺은 뒤였다.[66] 물의 지정학은 이제 데이터 센터, 연산, 권력의 메커니즘 및 정치와 모든 측면에서 깊숙이 얽혀 있다. 국가안보국의 데이터 보관소가 내려다보이는 건조한 언덕에 서면 물에 대한 모든 논쟁과 혼란이 납득된다. 이곳 지형에는 제약이 있으며, 서버를 냉각하는 데 쓰이는 물은 이 물이 있어야 살 수 있는 지역사회와 동식물 서식처로부터 빼앗은 것이다.

채굴 부문의 더러운 작업이 그로부터 가장 큰 이익을 누리는 기업과 도시 주민으로부터 훌쩍 떨어져 있는 것과 마찬가지로 대부분의 데이터 센터도 사막에 있든 반半공업적 준準교외에 있든 주요 인구 밀집 지역으로부터 훌쩍 떨어져 있다. 이 현상은 클라우드에 대한 우리의 감각이 시야에서 사라지고 추상화되는 데 한몫하지만, 사실 클라우드는 지극히 물질적이며 제대로 파악되지도 설명되지도 않은 채 환경과 기후에 영향을 미친다. 클라우드(구름)는 지구의 현상이며 클라우드를 계속 성장시키기 위해서는 끊임없이 움직이는 물류와 운송의 자원과 층위가 확장되어야만 한다.

물류의 층위

지금까지 우리는 희토류에서 에너지까지 AI의 물질적 재료를 살펴보았다. 물건, 장소, 사람 같은 AI의 구체적 물질성을 분석의 근거로 삼으면 우리는 각 부분이 어떻게 권력의 더 폭넓은 시스템 내에서 작동하는지 더 잘 이해할 수 있다. 광물, 연료, 설비, 직원, 그리고 소비자용 AI 기기를 전 세계로 나르는 지구적 물류 기계를 예로 들어보자.[67] 아마존 같은 기업에서 볼 수 있는 물류와 생산의 어마어마한 규모는 표준화된 금속 용기, 즉 화물 컨테이너가 개발되고 널리 보급되지 않았다면 가능하지 않았을 것이다. 해저 케이블과 마찬가지로 화물 컨테이너는 국제적 통신 산업, 운송, 자본을 결합하여 수학자들이 '최적 운송'이라고 부르는 것을 물질적으로 실현한다. 이 경우 최적 운송은 전 세계의 교역로를 넘나드는 공간과 자원의 최적화를 일컫는다.

표준화된 화물 컨테이너(그 자체도 탄소와 철이라는 토양의 기본 원소를 강철로 주조하여 제작되었다) 덕분에 현대 해운업이 폭발적으로 성장할 수 있었으며, 이 덕에 지구를 하나의 거대한 공장으로 구상하고 모형화할 수 있게 되었다. 화물 컨테이너 하나하나는 레고 조각 같은 균일한 가치 단위이며, 더 큰 운반 체계의 모듈화된 부분으로서 수천 킬로미터를 이동하여 최종 목적지에 도달한다. 2017년 해상 무역용 컨테이너선 용량은 2억 5,000만 적재중량톤(선박이 짐을 만재한 상태의 배수량으로부터 배의 자체 무게를 뺀 중량을 톤 단위로 나타낸 것으로서 배가 실을 수 있는 화물, 승무원, 연료, 식료품 등의 중량이다. 화물선의 톤수를 나타내는 데 사용한다 - 옮긴이)에 육박했으며 이를 지배한 것은 덴마크의 머스크, 스위스의 지중해해운회사, 프랑스의 CMA CGM 그룹을 비롯한 대형 해운 회사로, 각 회사마다 수백 척의 컨테이너선을 보유하고 있다.[68] 이 상업적 운송업의 관점에서 해상 화물 운송은 지구적 공장의 혈관계를 누비는 비교적 값싼 방법이지만, 여기에는 훨씬 큰 외부 비용이 가려져 있다. 대중문화와 대중매체는 AI 인프라의 물리적 현실과 비용을 외면하려 드는 것과 마찬가지로 해운업도 좀처럼 다루지 않는다. 저술가 로즈 조지는 이 상황을 '해맹海盲'이라고 부른다.[69]

최근 몇 년간 해운 선박은 전 세계 연간 이산화탄소 배출량의 3.1퍼센트를 차지했는데, 이것은 독일의 총 배출량을 웃도는 수치다.[70] 대부분의 컨테이너 해운사는 내부 비용을 최소화하기 위해 저질 연료를 어마어마하게 많이 이용하며, 이는 황을 비롯한 유독 성분의 대기 중 농도 증가로 이어진다. 컨테이너선 한 척이 내뿜는 오염물질은 자동차 5,000만 대와 맞먹는 것으로 추정되며 화물선 산업에서 발생하는 오염으로 인한 간접적 사망 건수는 연간 6만 건에 이른다.[71]

세계선사협의회 같은 업계 친화적 단체조차도 해마다 컨테이너 수천 개가 유실되어 바다 밑바닥에 가라앉거나 바다 위를 떠다닌다는 사실을 인정한다.[72] 일부 컨테이너에는 유독 성분이 들어 있다가 바닷물에 스며들기도 하고, 또 어떤 컨테이너에서는 노란색 고무오리 수천 개가 달아나 수십 년째 전 세계 해안에 쓸려오기도 한다.[73] 일반적으로 해운 노동자는 여섯 달 가까이 바다에서 지내는데, 근무시간이 길고 외부와의 연락이 단절되는 경우가 비일비재하다.

여기서도 지구적 물류의 가장 심각한 비용을 감당하는 것은 지구 대기, 해양 생태계, 저임금 노동자다. 기업들이 내세우는 허구적 AI 이미지는 연산 인프라를 구축하는 데 필요한 재료나 여기에 동력을 공급하는 데 필요한 에너지의 영구적 비용과 오랜 역사를 제대로 서술하지 못한다. 환경친화적이라고 묘사되는 클라우드 기반 연산이 급속히 성장하고 있지만, 역설적으로 이 때문에 자원 채굴의 영역이 팽창했다. 이 숨겨진 비용을, 행위자와 시스템의 폭넓은 집합을 고려할 때만 우리는 자동화 증가라는 변화가 무엇을 의미할 것인지 이해할 수 있다. 이를 위해서는 AI가 현실 문제와 전혀 무관하다는 식의 기술적 허구에 이의를 제기해야 한다. 'AI'로 이미지 검색을 실행하면 반짝이는 뇌와 푸른빛 이진수 코드가 우주를 떠다니는 사진 수십 장이 출력되듯, 이 기술의 물질성을 부각하는 데는 거센 저항이 따른다. 이에 맞서 우리는 땅에서, 채굴에서, 산업적 권력의 역사에서 출발하여 이 패턴이 노동과 데이터의 시스템에서 어떻게 반복되는지 살펴본다.

거대기계로서의 AI

1960년대 후반 역사가이자 기술철학자 루이스 멈퍼드는 크기를 막론하고 모든 시스템이 수많은 개별적 인간 행위자의 작업으로 이루어진다는 사실을 강조하기 위해 거대기계megamachine 개념을 발전시켰다.[74] 멈퍼드가 보기에 맨해튼 프로젝트는 대표적인 현대판 거대기계로, 그 복잡한 실상은 대중에게뿐 아니라 (미국 전역에 분산된) 보안 시설에서 근무한 수천 명에게도 비밀에 부쳐졌다. 총 13만 명의 직원이 철저히 비밀을 유지한 채 군부의 지휘하에 일하면서 1945년 히로시마와 나가사키를 폭격하여 (줄잡아) 23만 7,000명의 목숨을 앗은 무기를 개발했다. 원자탄의 토대는 복잡하고 은밀한 공급사슬, 물류, 인간 노동이었다.

인공지능은 또 다른 종류의 거대기계다. 전 세계에 뻗어 있지만 분명히 드러나지 않는 산업 인프라, 공급사슬, 인간 노동에 의존하는 기술적 접근법의 집합인 것이다. 우리가 보았듯 AI의 범위는 데이터베이스와 알고리즘, 기계학습과 선형 대수학을 훌쩍 뛰어넘는다. 이것은 은유적이다. AI는 제조, 운송, 물리적 작업에 의존하고, 데이터 센터와 대륙을 가로지르는 해저 케이블에 의존하고, 개인용 기기와 여기에 들어가는 원료에 의존하고, 공기를 통과하는 전송신호에 의존하고, 인터넷에서 긁어모은 데이터 집합에 의존하고, 끊임없는 연산 주기에 의존한다. 이 모든 것에는 비용이 따른다.

우리는 도시와 광산의 관계, 기업과 공급사슬의 관계, 그리고 이것을 연결하는 추출의 지형학을 살펴보았다. 생산, 제조, 물류가 기본적으로 얽혀 있음을 알면 AI를 떠받치는 광산이 어디에나 있음을 깨닫는다. 광산은 각각의 장소에 자리 잡을 뿐 아니라 지구의 지리를 가로질러 확산하고 흩어져 있다. 마젠 라반은 이 현상을 '지구적 광산'이라고 부른다.[75] 이것은 기술 산업을 지탱하는 광업이 여러 구체적 장소에서 벌어지고 있음을 부정하려는 것이 아니다. 오히려 라반은 지구적 광산이 추출을 새로운 구성으로 확대하고 재구성하여 광업을 전 세계의 새로운 공간과 상호작용으로 확장시킨다고 주장한다.

AI 시스템의 깊숙한 물질적·인간적 뿌리를 이해하는 새로운 방법을 찾는 것은 인류발 기후변화의 영향이 이미 훌쩍 진행된 역사의 지금 순간에 꼭 필요한 일이다. 하지만 말하기는 쉬워도 실천하기는 힘든 법이다. 한 가지 이유는 AI 시스템의 사슬을 이루는 많은 산업이 현실에서 발생하는 비용을 숨기기 때문이다. 게다가 인공지능 시스템을 구축하는 데 필요한 규모는 너무 복잡하고 지식재산권법 때문에 너무 모호하고 물류적·기술적 복잡성에 너무 얽혀 있어서 전모를 파악하기가 쉽지 않다. 하지만 이 책의 목표는 이 복잡한 덩어리를 투명하게 만드는 것이 아니다. 우리는 '내부'를 들여다보려고 애쓰기보다는 다양한 시스템을 '가로질러' 연결함으로써 이것들이 서로 어떻게 연관되어 작동하는지 이해하고자 한다.[76] 그러므로 우리의 경로는 AI의 환경 비용과 노동 비용에 대한 이야기를 따라가며 이것을 일상생활 전반에 얽혀 있는 추출과 분류라는 맥락에 놓을 것이다. 이 문제들을 아울러 생각함으로써 우리는 더 큰 정의를 향해 노력할 수 있을 것이다.

블레어의 폐허. 사진 : 케이트 크로퍼드

나는 실버 피크를 한 번 더 찾아간다. 도시에 닿기 전에 밴을 길가에 대고 풍상에 찌든 표지판을 읽는다. 이곳은 네바다 주 역사 유산 174호로, 블레어라는 소도시의 탄생과 사멸을 보여준다. 1906년 피츠버그 실버 피크 금광 회사가 이 지역 광산들을 매입했다. 그러자 호황을 기대한 토지 투기꾼들이 실버 피크 인근의 모든 용지와 물 이용권을 사들여 가격을 천정부지로 올려놓았다. 이 때문에 회사는 북쪽으로 약 3킬로미터 떨어진 지역을 탐사하여 블레어라는 새 도시를 건설하기로 했다. 그들은 침출 채광을 위해 네바다 주 최대인 100개의 시안화물 공장을 지었으며 블레어 교차로와 토너파-골드필드 간선도로를 연결하는 실버 피크 철로를 깔았다. 잠시 동안 도시는 번성했다. 작업 여건은 열악했지만 미국 방방곡곡에서 수백

명이 일자리를 얻으려고 찾아왔다. 하지만 채광이 대규모로 진행된 탓에 시안화물이 땅을 오염시키기 시작했으며 금과 은의 광층鑛層은 바닥을 드러내기 시작했다. 1918년이 되자 블레어는 버려지다시피 했다. 이 모든 일이 벌어지기까지 12년도 채 걸리지 않았다. 폐허는 현지 지도에 표시되어 있다. 45분만 걸어가면 나온다.

사막의 찌는 듯한 열기가 느껴지는 날이다. 유일하게 들리는 소리는 매미의 쉿소리와 이따금 지나가는 제트여객기의 굉음뿐이다. 언덕 위로 올라가보기로 마음먹는다. 긴 흙길 꼭대기의 석조 건물이 모여 있는 곳에 도착할 즈음에는 열기 때문에 기진맥진했다. 한때 금광 노동자의 집이었던 곳의 무너진 잔해 속으로 피신한다. 남은 것은 별로 없다. 부서진 그릇들, 유리병 조각, 녹슨 통조림 몇 개가 고작이다. 블레어에 생기가 넘치던 시절에는 술집 여러 곳이 인근에서 성업했고 2층짜리 호텔이 손님을 맞았다. 하지만 지금은 부서진 건물 토대가 모여 있을 뿐이다.

창문이 있던 구멍을 통해 계곡까지 훤히 내다보인다. 실버 피크도 조만간 유령도시가 되리라는 생각이 엄습한다. 지금은 리튬 수요가 커서 채광이 공격적으로 진행되고 있지만 이게 얼마나 갈지는 아무도 모른다. 가장 낙관적인 추산은 40년이지만, 훨씬 일찍 끝날지도 모른다. 그러면 (매립지로 갈 운명인 배터리를 위해 채굴되던) 클레이턴 밸리 아래의 리튬 웅덩이는 말라버릴 것이다. 그러면 실버 피크는 이제는 말라버린 옛 소금 호수의 가장자리에서 예전처럼 텅 비고 고요한 장소로 돌아갈 것이다.

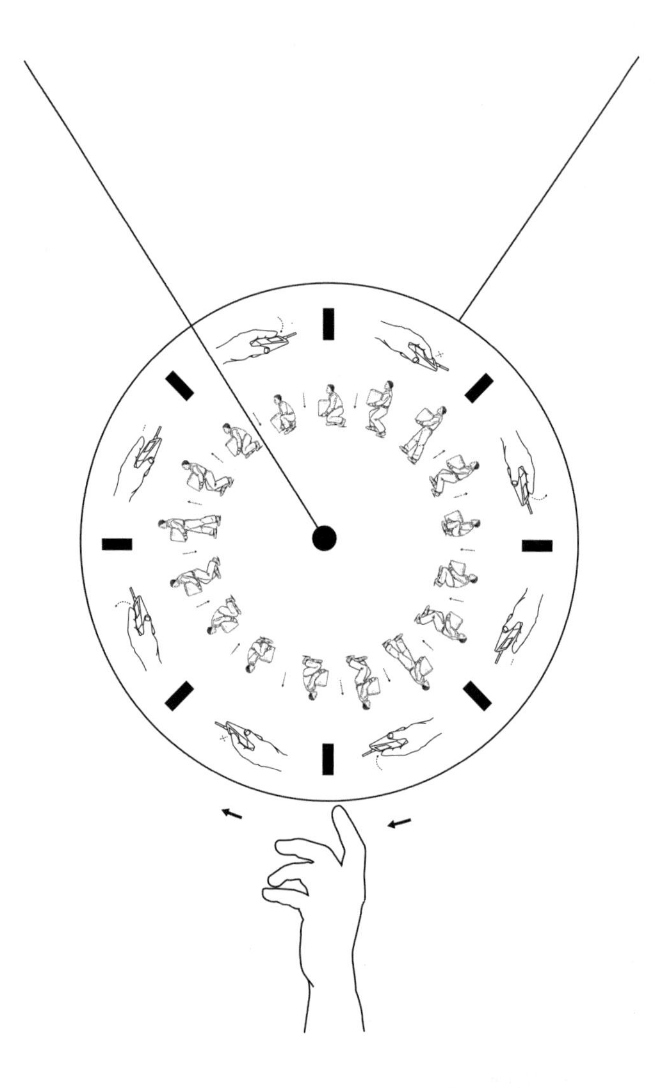

2 노동

뉴저지 주 로빈스빌에 있는 거대한 아마존 물류 센터fulfillment center에 들어서자 '시간기록계TIME CLOCK'라는 커다란 표시판이 보인다. 표시판은 11만 제곱미터의 넓은 공장 내부에 늘어선 연노랑색 콘크리트 기둥 중 하나에서 비죽 튀어나와 있다. 이곳은 소형 제품을 보관하는 주요 물류 창고로, 미국 북동부의 중심 물류 거점이다. 현대 물류와 표준화의 아찔한 장관을 연출하는 이 시설은 물품 배달을 가속화하도록 설계되었다. 시간기록계 수십 개가 통로를 따라 규칙적 간격을 두고 나타난다. 작업은 초 단위로 감시되고 기록된다. 작업자('사우associate'로 불린다)들은 출근하자마자 스스로 스캔을 받아야 한다. 형광등 조명이 비치는 띄엄띄엄한 휴게실에도 시간기록계가 설치되어 있다. 드나들 때마다 모든 스캔 결과가 추적된다는 사실을 강조하며 표시판이 더 많이 달려 있다. 창고에서 물품이 스캔

되는 것과 마찬가지로 작업자들도 최대한의 효율을 위해 스캔된다. 휴식 시간은 매 교대당 15분에 불과하며 식사 시간은 30분에 무급이다. 매 교대당 근무시간은 열 시간이다.

이곳은 신규 물류 센터 중 하나로, 제품을 담은 트레이를 가득 실은 육중한 적재대가 로봇에 의해 운반된다. 연주황색 키바 로봇들이 활기찬 물벌레처럼 콘크리트 바닥을 매끄럽게 미끄러지는데, 프로그래밍된 절차에 따라 천천히 회전하더니 트레이를 기다리는 다음 작업자를 향해 경로를 고정한다. 그런 다음 최대 1,400킬로그램까지 나가는 제품의 탑을 짊어진 채 앞으로 나아간다. 땅바닥을 부산하게 기어다니는 이 로봇 군단은 일종의 '수고롭지 않은 효율성effortless efficiency'을 상징한다. 로봇들은 운반하고 회전하고 전진하고 반복한다. 낮게 웅웅거리는 소리가 나긴 하지만, 공장의 동맥 역할을 하는 고속 컨베이어벨트의 굉음에 묻혀 거의 들리지 않는다. 이 공간에서는 23킬로미터 길이의 컨베이어벨트가 쉼 없이 움직이며 이 때문에 귀청이 터질 듯한 소음이 끊임없이 울려 퍼진다.

로봇들이 철망 뒤에서 일사불란하게 알고리즘 춤사위를 펼치는 동안 공장 작업자들은 훨씬 분주하다. '집품률picking rate'(할당된 시간 안에 선별하여 포장해야 하는 물품 개수)을 맞춰야 한다는 불안에 시달리고 있는 게 분명하다. 물류 센터에서 만난 많은 작업자는 일종의 지지용 붕대를 두르고 있다. 무릎 보호대, 팔꿈치 붕대, 손목 보호대가 보인다. 많은 사람이 부상을 입은 것처럼 보인다는 생각이 들 즈음 공장 안내를 맡은 아마존 직원이 일정한 간격으로 설치된 자동판매기를 가리킨다. "필요한 사람은 누구나 이용할 수 있도록 일반의약품

뉴저지 주 로빈스빌 군구에 있는 아마존 물류 센터의 작업자들과 시간기록계.
AP 사진 / 훌리오 코르테스

진통제가 비치되어 있어요."

로봇은 아마존 물류 시스템의 핵심 부분이 되었다. 기계는 정성껏 관리받는 반면에 기계와 함께 작업하는 사람의 몸은 뒷전인 듯하다. 인간 작업자들이 여기에 있는 것은 로봇이 할 수 없는 특수하고 자질구레한 작업을 처리하기 위해서다. 그들은 휴대폰 케이스에서 식기세척기용 세제에 이르기까지 주문 고객들이 집에 배달시키고 싶어 하는 불규칙한 형태의 물건을 최단 시간에 집어 들어 눈으로 점검한다. 인간은 주문 물품을 운반 상자와 트럭에 실어 소비자에게 배달하는 데 필요한 결합 조직이다. 하지만 아마존 기계 중에서 가장 귀중하거나 신뢰받는 요소는 아니다. 하루 일과가 끝나면 모든 사우는 일렬로 늘어선 금속 탐지기를 통과해야 한다. 듣자 하니 이것은 효과적인 절도 방지 조치라고 한다.

인터넷의 여러 층위를 통틀어 가장 일반적인 측정 단위 중 하나는 네트워크 패킷이다. 이것은 한 지점에서 다른 지점으로 전송되는 데이터양의 기본 단위다. 반면에 아마존의 기본 측정 단위는 갈색 골판지 상자다. 이것은 평범한 국내용 화물 운반 용기로, 사람의 미소를 본뜬 곡선 화살표가 새겨져 있다. 각각의 네트워크 패킷에는 '생존 시간time to live'(패킷 유지 시간)이라는 시간 표시timestamp가 있다. 데이터는 생존 시간이 만료되기 전에 목적지에 도달해야 한다. 아마존의 골판지 상자에도 고객의 배송 요청에서 개시되는 '생존 시간'이 있다. 상자가 늦게 도착하면 아마존의 브랜드가 타격을 입으며 궁극적으로 이윤이 낮아진다. 따라서 골판지 상자와 종이 우편 봉투에 가장 알맞은 크기, 무게, 강도 데이터에 대한 맞춤형 기계학습 알고리즘을 제작하는 데 어마어마한 노력을 기울였다. 이 알고리즘의 이름은 공교롭게도 '매트릭스matrix'다.[1] 제품이 파손되었다는 신고가 접수될 때마다 이것은 앞으로 어떤 상자를 이용해야 하는가에 대한 자료점data point이 된다. 다음번에 제품을 배송할 때는 사람이 입력하지 않아도 매트릭스에 의해 새로운 종류의 상자가 자동으로 할당된다. 이렇게 하면 파손을 방지하고 시간을 절약하여 이윤을 늘릴 수 있다. 하지만 작업자들은 정책 변경에 끊임없이 적응해야 하는데, 이 때문에 자신의 지식을 현실에 적용하거나 업무를 몸에 익히기가 힘들어진다.

시간 통제는 아마존 물류 제국의 일관된 주제이며 작업자들의 몸은 연산 시스템의 장단에 맞춰 통제된다. 아마존은 미국 2위의 민간 고용주이며 많은 기업이 아마존의 접근법을 모방하려고 안간힘을 쓴다. 많은 대기업은 더 적은 수의 직원에게서 더 많은 양의 노동을 뽑아내려는 시도의 일환으로 자동화 시스템에 거액을 투자하고 있다. 노무 관리를 연산의 측면에서 바라보는 현재의 경향에서는 효율, 감시, 자동화의 논리가 하나로 수렴한다. 아마존의 인간-로봇 하이브리드 유통 창고는 자동화 효율 추구에서 불거지는 상충 관계를 이해하기 위한 핵심 장소다. 그곳을 출발점으로 우리는 AI 시스템에서 노동, 자본, 시간이 어떻게 얽혀 있는가의 질문을 들여다볼 수 있다.

이번 장에서는 인간이 로봇으로 대체될 것인지를 논쟁하기보다는 감시, 알고리즘적 평가, 시간 조정이 증가함에 따라 작업 경험이 어떻게 달라지는지에 초점을 맞춘다. 달리 표현하자면, 나의 관심사는 로봇이 인간을 대체할 것인가가 아니라 인간이 로봇처럼 취급받는 경향이 어떻게 증가할 것이며 이것이 노동의 역할과 관련하여 무엇을 의미하는가다. 노동의 여러 형태가 '인공지능'이라는 용어에 둘러싸인 탓에, 실제로는 사람들이 단순 작업을 수행하면서 기계가 그 작업을 할 수 있다는 인상을 떠받친다는 사실이 숨겨진다. 하지만 대규모 연산은 신체의 착취에 깊이 뿌리내리고 있으며 이를 토대로 작동한다.

노동의 미래를 인공지능의 맥락에서 이해하고 싶다면 우선 과거와 현재의 노동자 경험을 이해해야 한다. 노동자에게서 가치를 최대한 추출하기 위한 방법은 헨리 포드의 공장에서 이용하던 고전적 기법을 수정한 것에서 추적, 은근한 유도, 평가를 더욱 세분화하기 위해 설계된 다양한 기계학습 이용 도구에 이르기까지 다양하다. 이번 장에서는 새뮤얼 벤담의 감시 구조물에서 찰스 배비지의 시간 관리 이론, 프레더릭 윈즐로 테일러의 인체 미시관리에 이르는 과거와 현재의 노동 지리를 섭렵한다. 그 과정에서 외주 노동, 시간 사유화, 끝없이 이동하고 상자를 들어올려 정돈하는 작업 등의 지극히 인간적인 수고가 어떻게 AI를 떠받치는지 알게 될 것이다. 우리는 기계화된 공장의 계보로부터 (제품, 공정, 인간을 막론하고) 균일성, 표준화, 호환성의 증대를 중요시하는 모형이 모습을 드러냄을 볼 수 있다.

작업장 AI의 과거 역사

작업장 자동화는 곧잘 미래의 이야기처럼 들리지만 이미 오래전 현대적 노동에 정착한 경험이다. 일관되고 표준화된 생산 단위를 강조하는 제조업 조립 라인은 소매업에서 식당에 이르는 서비스 산업에서 유사점을 찾을 수 있다. 비서 업무는 1980년대 이후로 점차 자동화되었으며 이제는 시리, 코타나, 알렉사처럼 고도로 여성화된 AI 비서가 감쪽같이 모방하고 있다.[2] 자동화를 밀어붙이는 힘의 위협을 덜 받는다고 알려진 화이트칼라 직원(이른바 '지식노동자') 또한 작업장 감시, 업무 자동화, 업무 시간과 여가 시간의 구분 해체(여성주의 노동 이론가 실비아 페데리치와 멜리사 그레그가 밝혔듯 여성은 업무와 여가의 명확한 구분을 경험한 적이 처음부터 드물었다)에 점차 시달리고 있다.[3] 모든 유형의 노동은 소프트웨어 기반 시스템에 의해 해석되고 이해될 수 있도록 스스로를 적잖이 변경해야 했다.[4]

AI 시스템의 확장과 공정 자동화에 대해 흔히 들을 수 있는 문구는 지금이 인간과 AI가 호혜적으로 협력하는 시대라는 것이다. 하지만 이 협력은 공정한 협상의 결과물이 아니다. 계약의 토대는 현저한 권력 불균형이다. 알고리즘 시스템과 협력하지 '않는' 선택이라는 것이 과연 가능하겠는가? 기업이 새로운 AI 플랫폼을 도입할 때 직원들이 거부할 수 있는 경우는 거의 없다. 이것은 협력이라기보다는 강제 짝짓기에 가깝다. 노동자들은 기술을 새로 배우고 변화에 발맞추고 새로운 기술 발전을 무조건 수용해야 한다.

AI의 작업장 침투는 기존에 정착된 노동 형태와의 완전한 결별이라기보다는 1890년대와 20세기 초에 확립된 산업적 노동 착취라는 오래된 관행의 귀환으로 이해해야 마땅하다. 당시에 이미 공장 노동은 기계와의 관계 속에서 사유되었고 작업은 최소한의 기술과 최대한의 발휘를 요하는 더 작은 단위로 점차 세분화되고 있었다. 사실 현재의 노동 자동화 확대는 산업자본주의에 내재한 더 폭넓은 역사적 역학 관계를 계승한 셈이다. 최초의 공장이 등장한 뒤로 노동자들은 강력해져만 가는 도구, 기계, 전자 시스템을 맞닥뜨렸다. 이것은 노동 관리 방식이 달라지는 한편 고용주에게 더 많은 가치가 이전되는 데 한몫한다. 우리가 목격하는 것은 옛 주제의 새 후렴구다. 결정적 차이는 예전에 접근 불가능하던 작업 주기와 인체 데이터의 내밀한 부분들을 이제 (최후의 미시행동에 이르기까지) 관찰하고 평가하고 조절할 수 있게 되었다는 것이다.

작업장 AI에는 많은 과거 역사가 있는데, 그중 하나는 산업혁명을 통해 통상적 생산 활동이 두루 자동화된 것이다. 18세기 정치경제학자 애덤 스미스는 『국부론』에서 제조업의 분업과 하위 분업을 생산성 향상과 기계화 증진의 바탕으로 처음 지목했다.[5] 그는 어느 물품에 대해서든 다양한 생산 단계를 파악하고 분석함으로써 그것을 더욱더 작은 단계로 나눌 수 있으며, 그렇게 함으로써 오로지 숙련된 전문가에 의해서 만들어지던 제품이 이제는 특정 작업을 위해 맞춤형으로 제작된 도구를 갖춘 저숙련 노동자 집단에 의해 만들어질 수 있게 되었다고 말했다. 이로써 공장의 산출은 이에 비례하는 노동 비용의 증가 없이도 현저히 확대될 수 있었다.

기계화의 발전은 중요한 요인이었지만, 이것이 가능했던 것은 산업사회의 생산 능력을 대규모로 증가시킬 수 있는 화석연료 에너지의 증가와 맞물렸기 때문이다. 이러한 생산 증가는 작업장에서 노동의 역할이 기계에 의해 대폭 변화되는 현상과 나란히 일어났다. 공장 기계는 처음에 노동 절감 장비로 간주되었으며 노동자들의 일을 줄여주려는 의도였으나 금세 생산 활동의 중심이 되어 작업의 속도와 성격에 영향을 미쳤다. 석탄과 석유를 동력원으로 이용하는 증기기관은 꾸준한 기계 운동을 가능케 하여 공장의 작업 속도를 끌어올릴 수 있었다. 이전의 작업은 주로 인간 노동의 산물이었으나 이제는 점점 기계와 비슷한 성격을 띠었으며 노동자들은 기계의 요구, 기계의 독특한 장단과 가락에 자신을 맞춰야 했다. 카를 마르크스는 애덤 스미스를 밑바탕 삼아 일찍이 1848년부터 자동화가 최종 산물의 생산을 노동으로부터 추상화하여 노동자를 '기계의 부속물'로 전락시킨다고 주장했다.[6]

노동자의 신체와 기계가 속속들이 통합된 탓에 초기 기업가들은 종업원을 마치 '여느 자원처럼 관리하고 통제할 원료'로 치부할 수 있었다. 공장 소유주는 현지에서의 정치적 영향력과 용역 직원들을 동원하여 노동자들이 공장 도시 내에서 이동하는 것을 통제하려 들었으며, 심지어 기계화가 덜 된 나라로 이주하는 것을 막기까지 했다.[7]

또한 이것은 시간 통제의 증가를 의미했다. 역사가 E. P. 톰프슨은 기념비적 논문에서 산업혁명이 어떻게 더 철저한 노동 동기화와 더 엄격한 시간 규율을 요구했는지 탐구한다.[8] 산업자본주의로의 전환은 새로운 노동 분업, 감독, 시간 측정, 벌금, 근무시간 기록을 동반했으며 이런 기술들은 사람들이 시간을 경험하는 방식에도 영향을 미쳤다. 문화도 막강한 수단이었다. 18세기와 19세기 동안 사람들에게 근면을 설파하는 선전은 규율의 중요성에 대한 소책자와 에세이, 최대한 일찍 일어나고 열심히 일하는 것을 미덕으로 간주하는 설교 등의 형태로 이루어졌다.[9] 이제 시간의 이용은 도덕적 측면과 경제적 측면에서 고려되었으며, 시간은 선용할 수도 있고 허비할 수도 있는 화폐로 이해되었다. 하지만 작업장과 공장의 시간 규율이 엄격해지자 더 많은 노동자가 반발하기 시작했다. 시간 자체에 대해 반대 운동을 벌인 것이다. 1800년대가 되자 노동운동은 (열여섯 시간에 이르던) 노동 시간의 단축을 강력히 요구했다. 시간 자체가 투쟁의 핵심 영역이 되었다.

초기 공장에서 노동력의 효율과 규율을 유지하려면 새로운 감시·통제 시스템을 도입하는 수밖에 없었다. 산업적 제조업의 초창기에 등장한 그런 발명품 중 하나는 감시 구조물inspection house이었다. 이 시설은 원형으로 배치되었으며 감독관은 건물 중앙에 우뚝 솟은 망루의 사무실에서 공장 노동자를 모조리 감시할 수 있었다. 1780년대 러시아에서 영국의 선박공학자 새뮤얼 벤담이 포템킨 공의 의뢰로 개발한 이 시설 덕에 전문 감독관들은 미숙련 인부들(대부분 포템킨이 벤담에게 임대한 러시아 농민이었다)을 감시하며 불량한 작업 태도의 징후를 그때그때 포착할 수 있었다. 한편 벤담 또한 감독관들을 감시하며 미흡한 규율의 징후를 포착할 수 있었다. 감독관들은 대부분 영국에서 선발된 배무이(선박 장인 - 옮긴이)였는데, 술을 좋아하고 걸핏하면 서로 주먹다짐을 벌여 벤담에게 큰 골칫거리였다. 벤담은 이렇게 불평했다. '나의 오전 업무는 주로 감독관들의 다툼을 처리하는 것이다.'[10] 그는 불만이 커지자 감독관뿐 아니라 작업장 전체에 대한 감시 능력을 극대화할 수 있도록 설계 변경에 착수했다. 형인 공리주의 철학자 제러미 벤담은 러시아를 방문했다가 새뮤얼의 감시 구조물을 보고서 영감을 받아 유명한 판옵티콘 개념을 창안했다. 판옵티콘은 중앙 감시탑에서 간수들이 감방의 재소자들을 감독할 수 있는 시범 교도소의 설계안이다.[11]

미셸 푸코의 『감시와 처벌』 이후로 교도소를 오늘날 감시 사회의 원점으로, 제러미 벤담을 그 이념적 선구자로 간주하는 태도가 보편화되었다. 하지만 판옵티콘의 실제 원조는 초기 제조 시설이라는 맥락에서 새뮤얼 벤담이 구현한 설계였다.[12] 판옵티콘은 교도소를 위한 개념으로 구상되기 오래전 작업장 메커니즘에서 출발했다.

새뮤얼 벤담의 감시 구조물 설계는 우리의 집단적 기억에서 거의 사라졌지만 그 뒤의 이야기는 우리가 공유하는 어휘의 일부로 남아 있다. 감시 구조물은 벤담의 고용주 포템킨 공이 추진한 전략의 일환이었다. 그는 농촌 국가 러시아를 근대화하고 농민을 근대식 제조업 노동력으로 탈바꿈시킬 잠재력을 과시하여 예카테리나 2세 궁정의 총애를 사고자 했다. 감시 구조물은 그곳을 방문하는 고위 관리와 금융업자들을 위한 볼거리로 건설되었는데, 이른바 포템킨 마을도 마찬가지였다. 포템킨 마을은 가난한 농촌 풍경을 시야에서 가려 관찰자를 현혹하기 위해 설계된 장식용 허울에 불과했다.

계보는 여기에서 그치지 않는다. 그 밖에도 많은 노동의 역사가 감시와 통제의 관행을 빚어냈다. 아메리카 대륙의 식민지 대농장은 강제 노동을 동원하여 사탕수수 같은 환금작물을 재배했으며 노예주들은 상시 감시 체제에 의존했다. 니컬러스 머조프가 『볼 권리The Right to Look』에서 묘사하듯 대농장 경제에서 핵심적 역할을 맡은 것은 감독관이었다. 그들은 식민지 노예 대농장에서 생산 과정을 감시했으며 그들의 감독은 극심한 폭력 체제 내에서 노예노동의 질서를 세우는 것을 의미했다.[13] 1814년 한 농장주는 이렇게 말했다. '감독관의 역할은 노예가 한순간도 가만히 있도록 내버려두지 않는 것이다. 그는 설탕 제조 과정을 늘 감시하며 한순간도 제당소를 벗어나지 않는다.'[14] 농장주들은 이 감시 체제를 지탱하기 위해 일부 노예들을 식량과 의복으로 매수하여 감시망을 확장함으로써 감독관이 다른 일에 정신이 팔렸을 때에도 규율과 작업 속도가 유지되도록 했다.[15]

지금의 현대 작업장에서는 감시의 역할을 감시 기술이 주로 대행하고 있다. 관리 직급은 앱으로 직원의 동선을 추적하고, 소셜 미디어 게시물을 분석하고, 이메일 답장과 회의 일정 예약의 패턴을 비교하고, 직원들이 더 신속하고 효과적으로 일하도록 유도하는 등 다양한 기술을 동원하여 직원들을 감시한다. 직원 데이터는 (정량화할 수 있는 소수의 매개변수에 따라) 누가 성공 가능성이 가장 높은지, 누가 기업 목표에서 이탈할 것인지, 누가 다른 노동자를 조직화할 것인지 예측하는 데 이용된다. 이를 위해 기계학습 기법을 이용하기도 하고 더 단순한 알고리즘 시스템을 이용하기도 한다. 작업장 AI가 널리 보급되면서 기본적인 감시·추적 시스템의 상당수가 확장되어 새로운 예측 능력을 갖추고 있으며 점점 더 개입적인 노동자 관리, 자산 관리, 가치 추출 메커니즘으로 바뀌고 있다.

포템킨 AI와 메커니컬 터크

인공지능의 덜 알려진 측면 중 하나는 AI 시스템을 구축하고 유지하고 검증하기 위해 저임금 노동자가 얼마나 많이 필요한가다. 이 보이지 않는 노동은 공급사슬 업무, 주문형 크라우드(위탁) 업무, 전통적 서비스업 등 여러 형태가 있다. 착취적 작업 형태는 자원을 채굴하고 운반하여 AI 시스템의 핵심 인프라를 제작하는 광업 부문에서부터 분산된 노동력에 마이크로태스크 하나당 푼돈을 지급하는 소프트웨어 부문에 이르기까지 AI 파이프라인의 모든 단계에서 찾아볼 수 있다. 메리 그레이와 시드 서리는 이런 숨겨진 노동을 '고스트 워크ghost work(그림자 노동)'라고 부르며[16] 릴리 이라니는 '인간을 연료로 쓰는 자동화'라고 부른다.[17] 이 학자들은 크라우드 노동자나 마이크로 노동자의 경험에 이목을 집중시켰다. 크라우드 노동자들은 수천 시간 분량의 훈련 데이터에 라벨을 붙이고 미심쩍거나 해로운 콘텐츠를 검토하는 등 AI 시스템의 토대가 되는 반복적 디지털 업무를 수행한다. 이들은 AI가 부리는 마법을 뒷받침하는 반복 작업을 수행하지만 시스템을 돌아가게 하는 공로를 인정받는 일은 거의 없다.[18]

이들의 노동은 AI 시스템을 지속하는 데 필수적임에도 보상은 대체로 형편없다. 국제연합 국제노동기구에서는 아마존 메커니컬 터크Amazon Mechanical Turk, 피겨 에이트Figure Eight, 마이크로워커스Microworkers, 클릭워커Clickworker 같은 인기 작업 플랫폼에 정기적으로 노동을 제공하는 75개국 3,500명의 크라우드 노동자를 대상으로 설문조사를 실시했다. 보고서에 따르면 대부분의 응답자가 고학력이었고 상당수는 과학·기술 전문가였음에도 현지 최저임금을 밑도는 급여를 받는 경우가 적지 않았다.[19] 마찬가지로 폭력적 영상, 증오 발언, 온라인 잔혹 콘텐츠의 삭제 여부를 평가하는 콘텐츠 관리 업무 종사자들도 낮은 급여를 받고 있다. 세라 로버츠와 탈턴 길레스피 같은 미디어학자들이 밝혔듯 이런 종류의 노동은 오랫동안 심리적 트라우마를 남길 수 있다.[20]

하지만 이런 종류의 노동이 없다면 AI 시스템은 돌아갈 수 없을 것이다. 기술적 AI를 연구하는 사람들은 기계로 할 수 없는 많은 작업을 값싼 크라우드 노동에 의존한다. '크라우드소싱'이라는 용어가 등장하는 논문은 2008년에만 해도 1,000건 미만이었으나 2016년에는 2만 건 이상으로 늘어났다. 하긴 메커니컬 터크가 2005년에 출시된 것을 보면 그럴 만도 하다. 하지만 같은 시기에, 노동자에게 최저임금조차 지급하지 않는 행태와 관련하여 어떤 윤리적 질문이 제기

될 수 있는가에 대해서는 논쟁이 거의 벌어지지 않았다.[21]

물론 AI 부문이 전 세계 저임금 노동에 의존하는 현실을 외면하려는 강력한 유인이 존재하는 것은 사실이다. 컴퓨터 시각 시스템을 위해 이미지에 태그를 붙이는 것에서 알고리즘이 올바른 결과를 내놓는지 검증하는 것에 이르기까지 그들이 수행하는 모든 작업은 AI 시스템을 훨씬 빠르고 값싸게 개선한다. (과거의 전통처럼) 학생들에게 돈을 주고 이 작업을 시키는 것과 비교하면 차이가 확연하다. 따라서 윤리적 문제는 대체로 외면받았으며 (한 크라우드 노동 연구진의 말마따나) 이 플랫폼을 이용하는 고객들은 '마치 플랫폼이 인간 노동자와의 인터페이스가 아니라 생계비가 들지 않는 거대한 컴퓨터인 것처럼 감시 없이 값싸고 마찰 없이 과제가 완수되리라 기대한'다.[22] 말하자면 고객들이 인간 직원을 기계와 다름없는 것으로 취급하는 이유는 그들의 노동을 인정하고 제대로 보상하다가는 AI의 비용이 상승하고 '효율'이 하락할 것이기 때문이다.

이따금 노동자들은 AI 시스템을 흉내 내도록 직접 요구받기도 한다. 디지털 개인 비서 스타트업 x.ai는 자사의 AI 비서 에이미가 '회의 일정을 마법같이 정리하'고 수많은 자질구레한 일상 업무를 처리한다고 주장했다. 하지만 〈블룸버그〉 기자 엘런 휴잇은 심층 탐사 보도를 통해 에이미가 전혀 인공지능이 아님을 폭로했다. 알고 보니 '에이미'는 장시간 근무하는 계약직 노동자 집단이었다. 그들이 공들여 일정을 확인하고 수정하고 있었던 것이다. 마찬가지로 메타의 개인 비서 M은 모든 메시지를 검토하고 편집하는 유급 노동자 집단에 의한 규칙적 인간 개입에 의존하고 있었다.[23]

AI를 흉내 내는 것은 고달픈 일이다. 서비스가 자동화되고 매일 24시간 돌아간다는 환상을 지탱하기 위해 x.ai 노동자들은 때로는 열네 시간씩 근무하며 이메일을 편집해야 했다. 이메일 할당량을 채우기 전에는 밤늦도록 업무를 마무리할 수 없었다. 한 직원이 휴잇에게 말했다. "완전히 마비된 느낌이었어요. 아무 감정도 느낄 수 없었죠."[24]

이것은 일종의 포템킨 AI로 간주할 수 있다. '자동화된 시스템은 이렇게 생겼다'라고 할 만한 모습을 (실제로는 뒤에서 인간 노동에 의존하면서) 투자자와 어수룩한 매체에 보여주기 위해 설계된 허울에 불과한 것이다.[25] 선의로 해석하자면 이 허울은 시스템이 온전히 구현되었을 때 무엇을 할 수 있는지 예상하게 해준다. 즉 개념을 실증하기 위해 설계된 '최소 기능 제품'(고객의 의견을 받아 최소한의 기능을 구현한 제품 - 옮긴이)을 보여주는 것이다. 덜 선의로 해석하자면 포템킨 AI 시스템은 짭짤한 기술 공간에서 한몫 챙기려고 안달 난 기술업체들이 저지르는 일종의 기만이다. 하지만 인간에 의한 방대한 막후 작업을 동원하지 않고서 대규모 AI를 만드는 또 다른 방법이 개발될 때까지는 이것이 AI 작동의 핵심 논리다.

저술가 애스트라 테일러는 실제로는 자동화되지 않은 첨단 시스템을 과대 포장하는 행위를 '포토메이션fauxtomation'('가짜'를 뜻하는 'faux'와 '자동화'를 뜻하는 'automation'의 합성어 - 옮긴이)이라고 부른다.[26] 자동화된 시스템은 예전에 인간이 수행하던 작업을 똑같이 수행하는 것처럼 보이지만 실은 배후에서 인간 노동을 조율하는 것에 불과하다. 테일러는 패스트푸드 식당의 셀프서비스 무인 주문기와 슈퍼마켓의 무인 계산대를 예로 들며 자동화된 시스템이 직원 노동을 대체한 것처럼 보이지만 사실은 데이터 입력 노동이 유급 직원에게서 고객에게로 이전되었을 뿐이라고 말한다. 한편 중복 항목을 삭제하거나 불쾌한 내용을 검열하는 등 겉보기에 자동화된 판단을 제공하는 많은 온라인 시스템을 떠받친 것은 사실 집에서 단조로운 작업을 끝없이 처리하는 인간 노동자들이다.[27] 포템킨의 장식용 마을이나 시범 작업장과 마찬가지로 여러 중요한 자동화 시스템은 저임금 디지털 삯꾼을 부리는 것과 더불어 소비자로 하여금 시스템의 작동에 필요한 무급 노동을 하게 한다. 그러면서도 기업들은 지능형 기계가 작업을 수행한다며 투자자와 일반 대중을 설득하려 든다.

이 술책은 어떤 피해를 일으킬까? AI의 진짜 노동 비용은 끊임없이 과소평가되고 얼버무려지고 있지만, 이 연기演技를 부추기는 힘은 단순한 마케팅 수법보다 더 깊숙이 흐르고 있다. 이것은 착취와 비숙련화 전통의 일환으로, 인간을 대체한 기계의 효과나 신뢰성이 오히려 낮은 탓에 사람들은 자동화된 시스템의 뒤치다꺼리를 위해 지루하고 반복적인 작업을 수행해야 하는 형편이다. 하지만 이 접근법은 '규모의 경제'를 활용할 수 있다. 비용을 절감하고 이윤을 증대하면서도 이것이 최저생계비를 받는 원격 노동자들에게 얼마나 의존하는지는 얼버무릴 수 있는 것이다. 게다가 이들은 관리 작업이나 소비자의 착오를 점검하는 작업 같은 가외 업무까지 떠맡는다.

포토메이션은 인간 노동을 직접 대체하지 않는다. 오히려 시공간에 재배치하고 분산한다. 이런 식으로 노동과 가치의 간극을 넓힘으로써 결과적으로 이념적 역할을 수행한다. 노동자들은 같은 일을 하는 다른 노동자들과 단절될 뿐 아니라 자신의 노동 결과물로부터도 소외된 채 고용주에게 착취당할 우려가 더욱 커진다. 이 현상은 전 세계 크라우드 노동자들이 받는 급여가 극단적으로 낮은 것에서 뚜렷이 드러난다.[28] 크라우드 노동자를 비롯한 포토메이션 노동자들은 자신의 노동이 플랫폼에서 자신의 일자리를 차지하려고 경쟁하는 수많은 노동자의 노동으로 대체될 수 있다는 엄연한 사실을 직면한다. 어느 순간에든 그들은 다른 크라우드 노동자로 대체될 수 있으며, 어쩌면 더욱 자동화된 시스템으로 대체될 수도 있다.

1770년 헝가리의 발명가 볼프강 폰 켐펠렌은 정교한 기계 체스 선수를 제작했다. 나무와 태엽 장치로 만든 캐비닛 뒤에는 실물 크기의 기계 인간이 앉아서 인간 상대방과 체스를 두어 승리를 거두었다. 이 놀라운 장치는 오스트리아에서 마리아 테레지아 신성 로마제국 황후의 궁정에 처음 선보였으며 그다음 궁정을 방문한 고위 인사와 정부 각료들에게 소개되었는데, 다들 이것이 지능을 갖춘 자동인형이라고 철석같이 믿었다. 사람을 빼닮은 이 기계는 터번, 통 넓은 바지, 모피로 장식된 가운을 입어 마치 '동방의 마법사' 같은 인상을 풍겼다.[29] 특정 인종을 연상시키는 이런 외모는 이국적 낯섦을 불러일으켰는데, 공교롭게도 당시 빈 상류층은 터키시 커피를 마시고 하인들에게 터키인 복장을 입혔다.[30] 그리하여 이 기계는 '메커니컬 터크Mechanical Turk'로 불리게 되었다. 하지만 체스 두는 자동인형은 교묘한 속임수였다. 인간 체스 명인이 내부 공간에 감쪽같이 숨어 기계를 조작했던 것이다.

약 250년이 지난 지금도 속임수는 여전하다. 아마존은 자사의 소액결제 기반 크라우드소싱 플랫폼에 '아마존 메커니컬 터크'라는 이름을 붙였다. 이 이름이 인종차별과 속임수를 연상시킨다는 사실에도 아랑곳하지 않았다. 아마존의 플랫폼에서는 진짜 노동자들이 시야에서 사라진 채 AI 시스템이 자동적이고 마법적 지능을 가졌다는 환각을 불러일으킨다.[31] 아마존이 메커니컬 터크를 제작한 본디 동기는 쇼핑몰 사이트에 중복 게시된 제품을 자사의 인공지능 시스템이 제대로 걸러내지 못했기 때문이었다. 이 문제를 해결하려던 잇따른 조치가 돈만 잡아먹고 수포로 돌아가자 프로젝트 엔지니어들은 간소화된 시스템에 인간을 투입하여 빈틈을 메웠다.[32] 이제 메커니컬 터크는 보이지 않는 익명의 노동자 집단을 비즈니스와 연결한다. 그들은 일련의 마이크로태스크를 맡을 기회를 놓고 서로 경쟁을 벌인다. 메커니컬 터크는 거대하게 분산된 작업장으로, 이곳에서 인간은 알고리즘 절차를 점검하고 교정함으로써 AI 시스템을 흉내 내고 개선한다. 아마존 최고경영자 제프 베이조스는 뻔뻔스럽게도 이것을 '인공 인공지능'이라고 부른다.[33]

이런 포템킨 AI의 사례는 어디에나 널려 있다. 일부는 뻔히 보인다. 거리를 돌아다니는 자율주행차에서는 사고가 나기 전에 운전대를 잡으려고 운전석에서 대기 중인 인간 운전자를 볼 수 있다. 그런가 하면 우리가 웹 기반 채팅 인터페이스와 소통할 때처럼 잘 보이지 않는 것도 있다. 우리는 내부의 작동 방식을 감추는 허울과 소통할 뿐이며, 이 허울은 각각의 소통에 인간과 기계의 다양한 조합이 관여하고 있음을 감추기 위해 설계되었다. 우리는 자신이 받는 답변이 시스템 자체로부터 오는 것인지, 시스템 대신 응답하는 인간 상담원으로부터 오는 것인지 알지 못한다.

우리가 AI 시스템을 상대하고 있는지 아닌지에 대한 불확실성이 커져가는 것과 마찬가지로 그 반대의 불확실성도 커지고 있다. 많은 사람이 이 역설을 경험했을 텐데, 우리는 웹사이트에서 구글 리캡차reCAPTCHA에게 우리가 인간임을 설득하라고 요구받는다(표면적 이유는 우리가 진짜 인간임을 입증해야 한다는 것이다). 그래서 우리는 도로 표지판이나 자동차, 주택이 들어 있는 사진을 열심히 선택한다. 하지만 이것은 구글의 이미지 인식 알고리즘을 공짜로 훈련시켜주는 셈이다. 다시 말하지만 AI가 저렴하고 효율적이라는 환상을 떠받치는 것은 여러 겹의 착취다. 지구에서 가장 부유한 기업들의 AI 시스템을 정교하게 조정하기 위한 대규모 무급 노동의 추출은 그중 하나다.

현대적 형태의 인공지능은 인공적이지도 않고 지능도 아니다. 오히려 우리는 광산 노동자들의 고된 육체노동, 조립 라인의 반복적 공장 노동, 외주 프로그래머의 정신적 노동착취공장sweatshop에서 벌어지는 컴퓨터상의 두뇌 노동, 메커니컬 터크 노동자들의 저임금 외주 노동, 일반 이용자의 자질구레한 무급 노동 등에 대해 이야기할 수 있으며 그래야만 한다. 이 장소들에서 보듯 지구적 연산은 추출의 모든 공급사슬에 걸쳐 인간 노동의 착취에 의존한다.

해체와 작업장 자동화에 대한 구상 : 배비지, 포드, 테일러

찰스 배비지는 최초의 기계식 컴퓨터를 발명한 인물로 널리 알려져 있다. 1820년대에 그는 '차분기관'이라는 개념을 창안했다. 이것은 기계식 계산 기계로, 수표數表와 천문표를 손으로 계산할 때보다 훨씬 빠른 시간에 작성하도록 설계되었다. 1830년대가 되었을 때는 '해석기관'의 현실적 개념 설계를 내놓았는데, 이것은 프로그래밍할 수 있는 범용 기계식 컴퓨터로, 명령을 입력할 수 있는 천공카드 시스템을 갖추었다.[34]

배비지는 자유주의적 사회 이론에도 관심이 많아서 노동의 성격에 대해 방대한 저술을 남겼다. 이것은 연산에 대한 관심과 노동 자동화에 대한 관심이 어우러진 것이었다. 그는 애덤 스미스와 마찬가지로 노동 분업이 공장 노동을 간소화하고 효율을 끌어올리는 수단이라고 언급했다. 하지만 여기서 한발 더 나아가 아예 기업을 연산 시스템에 비유할 수 있다고 주장했다. 기업은 컴퓨터와 마찬가지로 특정 작업을 수행하는 여러 전문화된 단위로 이루어지는데, 모든 단위가 조율되어 주어진 작업 결과를 산출하기는 하지만 전체 과정을 둘러보아서는 최종 산물에 어떤 노동이 들어 있는지 알기 힘들다.

보다 가상적인 글에서 배비지는 자료 일람표를 그려 시각적으로 표현하고 계보기計步器와 반복식 시계를 이용하여 감시할 수 있는 시스템을 통한 완벽한 작업 흐름을 상상했다.[35] 연산, 감시, 노동 규율을 조합하면 효율과 품질 통제의 수준을 더욱 높일 수 있다는 것이 그의 주장이었다.[36] 이것은 기이한 방식으로 예언자적인 선견지명이었다. 연산과 노동 자동화라는 배비지의 독특한 쌍둥이 목표가 일정한 규모에서 가능해진 것은 작업장에 인공지능이 도입된 최근에 들어서다.

배비지의 경제사상은 스미스에게서 확장된 것이지만 한 가지 중요한 측면에서 차이가 있었다. 스미스가 보기에 사물의 경제적 가치는 그것을 생산하는 데 필요한 노동의 비용에 비례했다. 하지만 배비지가 생각하기에 공장에서 산출되는 가치는 종업원들의 노동력에서가 아니라 제조 공정의 설계에 대한 투자에서 비롯했다. 진짜 혁신은 공정에 있으며 노동자들은 자신에게 부여된 작업을 수행하고 지시대로 기계를 조작하는 것에 불과하다는 것이다.

배비지는 가치 생산 사슬에서 노동의 역할을 부정적으로 평가했다. 노동자들은 자신이 조작하는 정밀기계와 달리 임무를 제시간에 수행하지 못할 우려가 있었다(부실한 규율 때문이든, 부상이나 결근 혹은 저항 때문이든). 역사가 사이먼 샤퍼가 말한다. '배비지가 보기에 공장은 완벽한 기관機關을 닮았으며 계산 기계는 완벽한 컴퓨터를 닮았다. 노동자는 표를 잘못 기입하거나 공장에서 실수를 저지르는 등 골칫거리의 원천일 수는 있어도 가치의 원천으로 간주될 수는 없었다.'[37] 공장은 합리적 계산 기계로 간주되었는데, 단 하나의 허점이 나약하고 미덥지 못한 인간 노동력이었다.

물론 배비지의 이론은 일종의 금융자유주의에 부쩍 기울어 있었기에, 그는 노동을 자동화에 의해 통제해야 할 문제로 여기게 되었다. 이 자동화의 인간적 비용이 얼마나 되는지, 자동화를 활용하여 공장 종업원들의 작업 여건을 개선할 수 있는지에는 별로 관심이 없었다. 오히려 배비지의 이상화된 기계는 공장 소유주와 투자자의 금융 소득을 극대화하는 것을 주된 목표로 삼았다. 비슷한 맥락에서 오늘날 작업장 AI를 옹호하는 사람들이 제시하는 생산 형식은 반복적인 고된 노동을 대체함으로써 직원들을 지원하기보다는 효율, 비용 절감, 이윤 증대를 우선시한다. 애스트라 테일러가 말한다. '기술

전도사들이 열렬히 추구하는 방식의 효율에서 강조되는 것은 다양성, 복잡성, 상호 의존성이 아니라 표준화, 단순화, 속도다.'[38] 이것은 놀랄 일이 아니다. 주주 가치 제고를 지상 과제로 여기는 영리 기업의 통상적 비즈니스 모델에서 필연적으로 도출되는 결과이니 말이다. 우리는 기업들이 최대한 많은 가치를 뽑아내야 하는 체제의 산물 속에서 살아간다. 한편 2005년부터 2015년까지 미국에서 창출된 모든 신규 일자리의 94퍼센트는 정규직의 테두리 밖에 있는 '대체 일자리alternative work'였다.[39] 기업들이 자동화 확대의 과실을 따 먹는 동안 사람들은 평균적으로 더 많은 직업을 겸하고 더 적은 임금을 받으며 불안정한 처지에 놓인 채 더 오래 일하고 있다.

시카고의 도축장

배비지가 구상한 것과 같은 생산 라인 기계화를 구현한 최초의 산업 중 하나는 1870년대 시카고의 도축 산업이다. 열차가 가축을 계류장 출입문까지 운송하면 가축들은 인근 도축장으로 인도되며 사체는 기계화된 천장 트롤리 시스템을 이용하여 각종 발골·정형 작업장으로 이동되는데, 이 방식은 훗날 '해체 라인disassembly line'으로 불리게 된다. 최종 산물은 특수 설계된 냉장 궤도차에 실려 멀리 떨어진 시장까지 운송될 수 있었다.[40] 노동사가 해리 브레이버먼에 따르면 시카고 계류장이 자동화와 노동 분업에 대한 배비지의 구상을 어찌나 완벽하게 구현했던지 해체 라인의 각 지점에 배정된 작업은 누구라도 수행할 수 있었다.[41] 그 덕에 저숙련 노동자를 고용하여 최저임금만 지급할 수 있었으며 문제의 낌새만 보여도 다른 노동자로 대체할 수 있었다. 노동자들은 자신이 생산하는 포장육처럼 속속들이 상품화되었다.

노동자 계급의 빈곤을 생생히 묘사한 충격적 소설인 업턴 싱클레어의 『정글』은 시카고 육류 도축장을 배경으로 삼았다. 그의 원래 의도는 사회주의적 정치 이상을 지지하는 이주 노동자의 고난을 형상화하려는 것이었으나 이 책은 전혀 다른 결과를 낳았다. 병들고 상한 고기에 대한 묘사는 식품 안전에 대한 공분을 일으켰으며 1906년 육류검사법 제정으로 이어졌다. 하지만 노동자의 현실은 주목받지 못했다. 육류 도축업에서 의회에 이르는 막강한 기관들은 생산 방식의 개선에 관여할 준비는 되어 있었으나, 전체 시스템을 떠받치는 더 근본적인 착취적 노동 관행에 대처하는 것은 언감생심이었다. 이 패턴이 여전히 지속되는 것은 권력이 비판에 어떻게 대응하는지를 잘 보여준다. 생산물이 소 사체든 얼굴 인식이든 그들의 대응은 사소한 규제는 받아들이되 생산의 기본 논리는 고스란히 유지하는 것이다.

작업장 자동화의 역사에서 중요한 나머지 두 인물은 20세기 초 시카고 해체 라인에서 영감을 얻어 이동식 조립 라인을 구상한 헨리 포드와 과학적 관리법의 창시자 프레더릭 윈즐로 테일러다. 테일러는 19세기 후반에 노동자 신체의 세부 동작에 초점을 맞춘 체계적 작업장 관리 기법을 창안하여 명성을 얻었다. 스미스와 배비지의 노동 분업 개념은 작업을 사람과 도구에 분배하는 방법에 대한 것이었던 반면에 테일러는 시야를 좁혀 각 노동자의 행동을 현미경적으로 구분했다.

아머 비프의 방혈放血 시설(1952년). 자료 제공 : 시카고 역사학회

시간을 정확히 측정하는 최신 기술인 스톱워치는 작업 현장의 감독관에게나 생산 엔지니어에게나 핵심적 작업장 감시 도구가 되었다. 테일러는 스톱워치를 이용하여 노동자를 연구했는데, 그중 하나는 임의의 작업에 대해 개개의 신체 동작을 수행하는 데 드는 시간을 일일이 분해하는 것이었다. 그의 『과학적 관리법』은 도구와 작업 절차에 대한 최적의 효율적 배치를 도출하기 위해 노동자 신체의 움직임을 정량화하는 체계를 확립했다. 그의 목표는 최소 비용으로 최대 산출을 얻는 것이었다.[42] 이것은 시간의 지배에 대한 마르크스의 묘사를 구체화한 본보기였다. '시간이 모든 것이고 인간은 이미 무無와 같다. 인간은 기껏해야 시간의 해골骸骨에 지나지 않(는다).'[43]

세계 최대의 전자 기기 제조 회사로, 애플의 아이폰과 아이패드를 만드는 폭스콘은 노동자들이 (치밀하게 통제되는 작업을 수행하는) 동물적 신체로 전락하는 과정을 생생하게 보여주는 사례다. 2010년 폭스콘에서 잇따라 자살 사건이 벌어지자 엄격한 군대식 관리 규약이 도마에 올랐다.[44] 불과 2년 뒤 궈타이밍 회장은 100만여 명의 자사 직원을 이렇게 묘사했다. "인간은 동물이기도 하기에, 100만 마리의 가축을 관리하려니 골치가 아픕니다."[45]

시간을 통제하는 것은 신체를 관리하는 또 다른 수단이 되었다. 서비스 산업과 패스트푸드 산업에서는 시간을 초 단위로 측정한다. 맥도날드에서 햄버거를 요리하는 조립 라인 노동자들은 화면에 표시된 주문을 5초 안에 접수하고, 샌드위치를 22초 안에 제조하고, 음식을 14초 안에 포장하는 등등의 목표를 달성했느냐에 따라 평가받는다.[46] 시간 엄수를 의무화하면 시스템에서 오류가 허용될 여지가 사라진다. 고객이 주문할 때 너무 꾸물거리거나 커피머신이 고장 나거나 직원이 병가를 내는 등 약간만 지연이 발생해도 업무가 잇따라 지연되어 경보가 울리고 경영진에 통보된다.

심지어 맥도날드 직원들이 조립 라인에 들어서기 전부터 그들의 시간은 관리되고 추적된다. 이력 분석과 수요 예측 모형을 접목한 알고리즘적 일정 관리 시스템이 노동자의 근무시간을 결정하기에, 매주(심지어 매일) 작업 일정이 달라질 수 있다. 2014년 캘리포니아에서 맥도날드 매장을 상대로 집단 소송이 제기되었는데, 맥도날드가 소프트웨어를 이용하여 직원 대 판매 비율을 알고리즘으로 예측하여 수요가 감소하면 관리자에게 인력을 신속히 감축하라고 지시한다는 사실이 드러났다.[47] 직원들은 출근부에 도장을 찍지 말고 매장이 다시 바빠지면 복귀할 수 있도록 근처에서 대기하라는 지시를 받았다. 출근부에 기록된 시간만큼만 급여가 지급되기 때문에, 맥도날드 본사와 가맹점 입장에서는 적잖은 임금 도둑질을 저지른 셈이었다.[48]

알고리즘에 따라 정해지는 할당 시간은 한 시간 이내로 극히 짧을 수도 있고 바쁜 시간대에는 매우 길어질 수도 있는데, 언제나 이윤이 극대화되도록 결정된다. 알고리즘은 근처에서 대기하거나 출근하자마자 퇴근해야 하거나 일정을 예측할 수 없어 인생 계획을 짜지 못해 발생하는 인적 비용을 고려하지 않는다. 이 시간 도둑질은 회사의 효율성을 높여주지만 직원들은 그 대가로 직접적인 손실을 입는다.

시간 관리, 시간 사유화

패스트푸드 기업가 레이 크록은 맥도날드를 세계적 프랜차이즈로 탈바꿈시킨 인물로, 표준화된 샌드위치 조립 라인을 설계하고 직원들로 하여금 무조건 절차를 따르게 함으로써 스미스, 배비지, 테일러, 포드의 계보에 이름을 올렸다. 감시, 표준화, 개인적 역량의 비중 축소는 크록 방식의 핵심 요소였다. 노동 연구자 클레어 메이휴와 마이클 퀸런은 맥도날드의 표준화 과정을 이렇게 규정했다. '포드주의적 관리 시스템은 노동과 생산 작업을 세세하게 기록했다. 이 시스템을 위해서는 업무를 끊임없이 기록해야 했으며 이를 위해 개별적 작업 과정을 사사건건 통제해야 했다. 모든 관념적 노

동은 업무 수행에서 모조리 제거되다시피 했다.'[49]

각 작업대에서 소요되는 시간(주기 시간cycle time)은 포드주의식 공장에서 엄격한 감시의 대상이 되었다. 엔지니어들은 공정을 최적화하고 자동화하기 위해 업무 과제를 점점 작은 조각으로 나누었으며 감독관들은 노동자들이 뒤처질 때마다 훈육을 실시했다. 감독관들은, 심지어 헨리 포드 자신조차도 종종 스톱워치를 손에 든 채 공장을 샅샅이 누비며 주기 시간을 재고 작업대 생산성의 조그만 차이까지도 주시했다.[50]

이제 고용주는 공장을 직접 둘러보지 않고도 노동력을 감시할 수 있다. 노동자들은 출입증을 긁거나 전자시계에 부착된 판독기에 지문을 갖다 대어 근무시간을 기록한다. 그들의 앞에 놓인 시한장치는 현재 작업을 끝마쳐야 하는 시간을 분이나 초 단위로 표시한다. 노동자의 몸에 달린 센서들은 체온, 동료와의 물리적 거리, 할당 업무 대신 웹사이트 탐색에 쓰는 시간 등을 끊임없이 보고한다. 2019년 나락에 떨어진 협업 공간업계의 거인 위워크WeWork는 데이터에서 이익을 창출할 새로운 방법을 모색하며 자사의 업무 공간에 은밀히 감시 장비를 설치했다. 2019년 공간 분석 스타트업 유클리드Euclid를 인수했을 때는 유급 회원들의 시설 내 동선을 추적하려는 계획이 아닌가 하는 우려를 자아냈다.[51] 도미노 피자는 주방에 기계 시각 시스템을 설치하여 직원이 지정된 표준에 따라 피자를 만들었는지 확인하기 위해 완성품을 검사한다.[52] 감시 장비를 설치하는 논리는 알고리즘적 일정 관리 시스템에 정보를 입력하거나 고성과나 저성과와 상관관계가 있을 행동 신호를 추려내거나 데이터 중개 업체에 정보로 판매하겠다는 것이다.

사회학 교수 주디 와이즈먼은 「실리콘밸리가 시간을 맞추는 방법How Silicon Valley Sets Time」이라는 논문에서 시간 추적 도구의 목표와 실리콘밸리의 인구 구성이 결코 우연이 아니라고 주장한다.[53] 실리콘밸리의 엘리트 인력은 '더 젊고 더 남성 위주이고 하루 종일 일할 각오가 더 확고하'며 최대 효율을 향한 가차 없는 승자 독식 경주를 전제한 생산성 도구를 만들어낸다.[54] 이것은 젊고 대부분 남성인 엔지니어들이 (시간을 빼앗는 가족이나 공동체의 책임에 얽매이지 않은 채) 자신의 직장과 전혀 다른 작업장을 사찰하고 직원들의 생산성과 호감도를 정량화하는 도구를 만들고 있다는 뜻이다. 기술 스타트업에서 곧잘 찬미되는 일중독과 사생활 포기는 다른 노동자들을 평가하는 암묵적 기준이 되고 남성적이고 편협하고 타인의 무급(또는 저임금) 돌봄 노동에 의존하는 노동자가 표준적이라는 이상을 만들어낸다.

사적인 시간은 권력의 전략

기술에 바탕을 둔 작업장 관리에서는 시간 조율이 더욱 세밀해졌다. 이를테면 제너럴모터스의 공장 자동화 통신 규약Manufacturing Automation Protocol, MAP은 시계 동기화를 비롯한 일반적인 제조용 로봇 제어 문제에 대해 표준적 해법을 제시하려는 초창기 시도였다.[55] 때맞춰 이더넷과 TCP/IP 네트워크를 통해 전송할 수 있는 더 범용적인 시간 동기화 규약이 등장했다. 네트워크 시간 규약Network Time Protocol,

NTP과 뒤이어 등장한 정밀 시간 규약Precision Time Protocol, PTP은 둘 다 다양한 운영체제에 다양한 방식으로 구현되어 경쟁을 벌였다. NTP와 PTP 둘 다 네트워크 전반에 시계의 서열을 정함으로써 작동하는데, '주인' 시계(주 클록)가 '노예' 시계(부 클록)를 부리는 방식이다.

주인-노예 은유는 공학과 연산에 속속들이 스며 있다. 이 인종차별적 은유를 최초로 구사한 사례는 1904년 케이프타운 천문대의 천문시계 묘사로 거슬러 올라간다.[56] 하지만 주인-노예 용어가 보편화된 것은 1960년대, 특히 다트머스 시분할 시스템을 시작으로 연산에 도입된 이후였다. 수학자 존 케머니와 토머스 커츠는 초창기 AI 창시자 중 한 명인 존 매카시의 제안에 따라 컴퓨터 자원 접속을 위한 시분할 프로그램을 개발했다. 두 사람은 1968년 〈사이언스〉에 이렇게 썼다. '첫째, 이용자들의 모든 연산은 슬레이브 컴퓨터에서 수행되며 실행 프로그램(시스템의 '뇌')은 마스터 컴퓨터에 상주한다. 따라서 슬레이브 컴퓨터의 이용자 프로그램이 오류를 일으키거나 통제 불능 상태가 되더라도 실행 프로그램에 손상을 일으켜 전체 시스템을 멈추게 하는 일은 결코 발생하지 않는다.'[57] 제어를 지능과 동일시하는 발상에는 문제의 소지가 있으나, 이 발상은 향후 수십 년간 AI 분야에 결정적 영향을 미치게 된다. 론 애글래시가 주장했듯 저 은유는 남북전쟁 이전의 도망 노예 담론을 생생히 떠올리게 한다.[58]

주인-노예 은유는 많은 사람들의 반감을 샀으며, 기계학습의 대표적 코딩 언어 파이선Python과 소프트웨어 개발 플랫폼 깃허브Github에서는 이 표현이 삭제되었다. 하지만 세상에서 가장 폭넓은 연산 인프라 중 하나에서는 여전히 건재하다. 구글의 스패너Spanner(지구 전체를 아우른다span는 의미)는 전 세계에 분산되어 동기적으로 복제되는 대규모 데이터베이스다. 스패너는 지메일, 구글 검색, 광고, 구글의 모든 분산 서비스를 떠받치는 하부 구조다.

스패너는 지구를 아우르는 어마어마한 규모로 수백 곳의 데이터 센터에서 수백만 대의 서버 간에 시간을 동기화한다. 각각의 데이터 센터에는 항상 GPS 시각을 받고 있는 '타임 마스터'(기본 시간 서버) 단위가 있다. 하지만 서버마다 전송하는 주 클록이 다르기 때문에 약간의 네트워크 지연 시간과 클록 드리프트(클록이 정확한 속도로 동작하지 않아서 편차가 생기는 현상 - 옮긴이)가 발생했다. 이 불확실성을 어떻게 해소해야 할까? 해답은 서버가 지구상 어디에 있더라도 동조될 수 있도록 새로운 분산 시간 규약(사적 시간 형식)을 만드는 것이었다. 구글의 새로운 규약은 공교롭게도 트루타임TrueTime으로 명명되었다.

구글의 트루타임은 데이터 센터들이 어느 피어peer(데이터 통신에서 대등한 지위로 동작하는 기능 단위 또는 장치 - 옮긴이)와 동기화할지 결정할 수 있도록 로컬 클록 간에 신뢰 관계를 확립하는 분산 시간 규약이다. 트루타임은 GPS 수신기와 (정밀도가 극도로 높은) 원자시계를 비롯하여 충분히 많은 신뢰할 만한 시계를 갖추었고 네트워크 지연 시간이 충분히 낮은 수준이기에, 구글의 분산된 서버 집합은 광역 네트워크에서 이벤트들이 일정한 순서대로 일어나도록 보장한다.[59]

이 사유화된 구글 시간 시스템에서 가장 주목할 만한 점은 개별 서버에 클록 드리프트가 존재하는 상황에서 트루타임이 어떻게 불확실성을 관리하는가다. 구글 연구자들은 이렇게 설명한다. '불확실성이 크면 스패너는 그 불확실성이 가라앉기를 기다리며 속도를 늦춘다.'[60] 이 방식은 시간을 늦추고 자유자재로 움직인다는 환상, 지구를 하나의 사적 시간 부호time code(시간 정보를 전달하는 데 사용되는 정보 포맷 - 옮긴이)로 묶는다는 환상을 현실화한 것이다. 인간의 시간 경험을 가변적이고 주관적인 것으로, 우리가 어디에 있고 누구와 있느냐에 따라 빨라지기도 하고 느려지기도 하는 것으로 여긴다면 이것은 사회적 시간 경험에 해당한다. 트루타임은 중앙 집중식 주 클록의 통제하에 가변적 시간 척도를 만들어낼 수 있는 능력을 의미한다. 아이작 뉴턴이 관찰자와 독립적으로 존재하는 절대적 형식의 시간을 상상한 것과 마찬가지로 구글은 사적 형식의 보편 시간universal time을 창안했다.

사적 시간 형식은 오래전부터 기계의 차질 없는 작동을 위해 활용되었다. 19세기 철도 거물들은 나름의 시간 형식을 운용하고 있었다. 이를테면 1849년 뉴잉글랜드에서는 모든 열차가 '보스턴의 콩그레스 가 26번지에 있는 윌리엄 본드 앤 선William Bond & Son 회사가 정한 보스턴 시간'에 맞춰 운행되었다.[61] 피터 갤리슨이 기록하듯 철도 경영자들은 열차가 어느 주를 지나느냐에 따라 시간대를 변경하고 싶어 하지 않았다. 뉴욕 앤드 뉴잉글랜드 철도 회사의 총지배인은 다른 시간대로 변경해야 하는 것에 대해 이렇게 불만을 토로했다. '이는 성가실 뿐 아니라 엄청난 불편을 초래하는 일이며, 내가 아는 한 그 누구에게도 불필요한 일이다.'[62] 하지만 1853년 열차 정면충돌 사고로 열네 명이 사망하자 전신이라는 신기술을 이용하여 모든 시계를 맞추라는 압박이 거세어졌다.

인공지능과 마찬가지로 전신은 인간의 능력을 확장하는 통합적 기술로 칭송받았다. 1889년 솔즈베리 경은 전신이 '온 인류를 하나의 거대한 들판에 모았'다고 자부했다.[63] 기업, 정부, 군부는 전신을 이용하여 시간을 일관된 기준에 맞추었으며, 더는 현지 시간에 맞출 필요가 없어졌다. 전신을 지배한 것은 최초의 거대 독점 기업 중 하나인 웨스턴 유니언Western Union이었다. 통신 이론communication theory 연구자 제임스 케리는 전신이 인간 소통의 시공간적 경계를 바꿨을 뿐 아니라 새로운 형태의 독점자본주의를 가능케 했다고 주장한다. '새로운 형태의 법률, 경제 이론, 정치 체제, 관리 기법, 조직 구조, 과학 원리가 사적으로 소유되고 통제되는 독점 기업의 발전을 정당화하고 현실화했다.'[64] 이 해석은 발전의 복잡한 연쇄에 일종의 기술결정론을 대입하는 격이지만, 전신이 대서양 횡단 케이블과 더불어 제국주의 열강으로 하여금 식민지를 더 중앙 집중적으로 통제할 수 있도록 했다는 말은 과언이 아니다.

전신 덕에 시간은 상거래의 핵심이 되었다. 상인들은 예전에는 여기서 싸게 사서 저기서 비싸게 파는 식으로 지역 간의 가격 차이를 활용했지만 이제는 시간대를 넘나들며 거래했다. 케리의 말마따나 공간에서 시간으로, 차익 거래에서 선물 거래로 바뀐 것이다.[65] 데이터 센터의 사유화된 시간대는 최근 사례 중 하나에 불과하다. 인프라에서 시간을 관리하는 방식은 일종의 '권력의 거시경제학'처럼 작용하여 지구적 수준에서의 새로운 정보 유통을 결정한다.[66] 이런 권력은 필연적으로 중앙 집중화하여 (교란하는 것은 고사하고) 파악하기가 극히 힘든 의미의 질서를 만들어낸다.

중앙 집중적 시간에 대한 저항은 이 역사의 필수적인 일부다.

1930년대에 포드는 국제 공급사슬에 대한 지배력을 강화하고자 브라질 우림 깊숙한 곳에 고무 농장과 가공 시설을 짓고서 '포드랜디아Fordlandia'로 명명했다. 그는 고무를 가공하여 디트로이트에 운송하기 위해 현지인을 고용했지만, 엄격히 통제되는 제조 공정을 현지 주민들에게 강요하려는 시도는 역풍을 불렀다. 노동자들은 들고일어나 공장의 시간기록계를 부수고 노동자 개개인의 출퇴근을 기록하는 장비를 짓밟았다.

또 다른 형태의 봉기는 작업 과정에 마찰을 일으키는 데 주력했다. 프랑스의 무정부주의자 에밀 푸제는 노동자들이 고의로 작업 속도를 늦추는 '태업'에 '사보타주'라는 이름을 붙였다.[67] 태업의 목적은 효율을 끌어내리고 시간의 화폐로서의 가치를 깎아내리는 것이었다. 강요된 작업 시간에 저항하는 방법은 언제까지나 존재할 테지만, 알고리즘적 모니터링과 비디오 모니터링이 도입되면서 저항이 훨씬 힘들어졌다. 노동과 시간의 관계가 더욱 가까운 거리에서 관찰되기 때문이다.

공장에서의 미세한 시간 조정에서 지구적 연산 네트워크 규모에서의 거대한 시간 조정에 이르기까지 시간의 규정은 권력의 중앙집중화를 위한 확고한 전략이다. 인공지능 시스템 덕에, 전 세계에 분산된 노동을 더욱 착취하여 불균등한 경제 지형을 이용할 수 있게 되었다. 이와 동시에 기술 부문은 사업 목표를 강화하고 가속하기 위해 매끈한 국제적 시간 지형을 스스로 만들어내고 있다. 교회, 열차, 데이터 센터 등의 시계를 통한 시간 통제는 언제나 정치적 질서를 통제하는 역할을 했다. 하지만 이 주도권 다툼은 한 번도 원만하지 않았으며 넓은 범위에서 벌어지고 있다. 노동자들은 개입하고 저항할 방법을 찾아냈다. 기술 발전이 자신들에게 강요되거나 바람직한 개선으로 포장되더라도 물러서지 않았다. 유일한 개선이 감시와 기업 통제를 강화하는 것이라면 더더욱 반대했다.

속도의 무자비한 리듬

아마존은 일반인이 물류 센터에서 볼 수 있는 것과 없는 것을 일일이 통제한다. 우리는 시간당 15달러의 최저임금과 1년 이상 일한 직원에게 제공되는 특전에 대해 듣는다. 환한 조명의 휴게실에 '절약', '행동으로 신뢰를 얻어라', '말보다 행동' 등 조지 오웰을 연상시키는 사훈이 벽에 칠해져 있는 것을 본다. 아마존 공식 가이드는 정해진 방문 지점에서 무슨 작업이 진행되는지를 활기찬 말투로 앵무새처럼 읊는다. 노동 조건에 대해 질문이 제기되면 가장 긍정적인 인상을 줄 수 있도록 신중하게 답변한다. 하지만 관리하기 훨씬 힘든 불만과 역기능의 징후도 엿보인다.

사우들이 제품으로 가득한 회색 바구니('토트tote'라고 부른다)를 선별하는 곳에서는 화이트보드에 최근 회의 결과가 기록되어 있다. 토트가 너무 높이 쌓여서 끊임없이 팔을 뻗느라 적잖은 통증과 부상을 겪는다는 불만이 여러 건 쓰여 있었다. 어떻게 된 거냐고 물었더니 아마존 가이드는 주요 지점의 컨베이어벨트 높이를 낮추는 방법으로 불만에 대응하고 있다고 재빨리 답했다. 이것은 성공으로 보였

포드랜디아의 시간기록계. 1930년 12월 폭동 때 부서졌다. 헨리 포드 기록 보관소 소장

다. 접수된 불만에 대해 조치가 취해졌으니 말이다. 가이드는 이것을 기회 삼아 이곳에서 노조가 불필요한 이유를 다시 설명했다. '사우들은 관리자와 소통할 기회가 얼마든지 있'으며 노조가 조직되면 소통에 차질이 생길 뿐이라는 것이다.[68]

하지만 시설 밖으로 나오다 보니 직원들의 실시간 메시지가 커다란 평면 화면에 표시되고 있었다. 화면 위 표지판에는 '사우들의 목소리'라고 쓰여 있었다. 여기는 훨씬 적나라했다. 작업 일정 임의 변경, 휴가를 공휴일과 붙이지 못하는 것, 가족 행사와 생일을 챙기지 못하는 것 등에 대한 불만의 메시지가 휙휙 스크롤되고 있었다. 관리자가 으레 내놓는 답변은 '우리는 당신의 의견을 중시합니다'

라는 주제를 다양하게 변주한 것처럼 보였다.

"그만 됐어. 아마존, 우리를 로봇이 아니라 인간처럼 대해달라고요."[69] 이것은 미니애폴리스에 있는 아우드 센터Awood Center의 상무이사 아브디 뮤즈가 한 말이다. 아우드 센터는 동아프리카 출신 미네소타 주민들의 작업 여건을 개선하고자 하는 지역 단체다. 뮤즈는 작업 여건 개선을 요구하는 아마존 창고 직원들을 나긋나긋한 목소리로 변호한다. 그의 미네소타 커뮤니티에 속한 노동자들은 상당수가 아마존에 고용되어 있다. 아마존은 구인에 적극적이었으며 무료 셔틀버스 같은 특전을 제공했다.

아마존이 광고하지 않은 것은 '속도'였다. 물류 센터의 원동력인 직원 생산성 지표는 금세 지속 가능하지 않게 되었으며 (뮤즈에 따르면) 비인간적 수준에 도달했다. 직원들은 과도한 스트레스, 부상, 질병에 시달리기 시작했다. 뮤즈는 작업 속도가 세 번 미달하면 창고에서 아무리 오래 일했어도 해고된다고 설명했다. 직원들은 목표를 달성하지 못할까봐 화장실조차 가지 못했다.

하지만 우리가 만난 날 뮤즈는 낙관적이었다. 아마존이 노골적으로 노조에 반대하는데도 미국 전역에서 비공식 직원 단체가 결성되어 시위를 벌였다. 뮤즈는 조직 사업이 변화를 일으키기 시작했다며 활짝 미소 지었다. "엄청난 일이 일어나고 있습니다. 내일 한 아마존 직원 단체가 파업을 벌일 겁니다. 정말로 용감한 여성 단체입니다. 그들은 진정한 영웅입니다."[70] 실제로 그날 저녁 약 60명의 창고 직원이 근무복인 노란색 조끼를 입은 채 미네소타 주 이건의 배송 센터 밖으로 나왔다. 대부분 소말리아 태생의 여성이었는데, 빗

속에 팻말을 든 채 야간 근무 수당 인상과 상자 무게 감량 같은 개선을 요구했다.[71] 불과 며칠 전 캘리포니아 주 새크라멘토의 아마존 노동자들은 가족의 사망으로 인한 장례 휴가 기간을 한 시간 어긴 직원이 해고된 것에 항의했다. 두 주 전에는 2,000여 명의 아마존 노동자가 대규모 탄소 발자국에 항의하여 회사 역사상 처음으로 화이트칼라 파업을 벌였다.

결국 아마존의 미네소타 대표자가 협상 테이블에 앉았다. 그들은 여러 사안에 대해 흔쾌히 논의했지만 '속도'만은 예외였다. 뮤즈가 회상한다. "'속도'는 꺼내지도 말라더군요. 다른 사안들에 대해서는 이야기할 수 있지만 속도는 자신들의 비즈니스 모델이니 바꿀 수 없다는 식이었습니다."[72] 직원들이 협상을 파기하겠다고 협박했지만 아마존은 꿈쩍도 하지 않았다. '속도'는 양측의 핵심 사안이었지만, 가장 바꾸기 힘든 문제이기도 했다. 여느 지역 노동 분쟁에서는 현지 감독관에게 어느 정도 재량권이 있지만, 속도는 (창고에서 훌쩍 떨어진) 시애틀의 임원과 기술직원들이 결정한 것이었다. 아마존의 물류 연산 인프라는 속도를 최적화할 수 있도록 프로그래밍되어 있었다. 현지 창고들의 속도가 어긋나면 아마존의 시간 관리가 위협받을 수밖에 없었다. 노동자와 조직가들은 이것을 현실적 문제로 인식하기 시작했다. 이에 따라 그들은 여러 공장과 아마존 인력의 제반 부문을 아우르는 운동을 조직하여 '속도' 자체의 무자비한 리듬으로 대표되는 권력과 중앙 집중화의 핵심 문제와 맞서는 방향으로 초점을 변경했다.

앞에서 보았듯이 시간 주권을 위한 이 투쟁에는 오랜 역사가 있다. AI와 알고리즘적 감시는 공장, 시계, 감시 구조의 기나긴 역사적 발전에서 볼 때 가장 최근의 기술에 불과하다. 이제 우버 운전자에서 아마존 창고 노동자, 고임금 구글 엔지니어에 이르는 더욱 다양한 부문의 노동자들이 스스로를 이 공유된 투쟁의 맥락에서 인식하고 있다. 뉴욕 택시노동자연합New York Taxi Workers Alliance의 상임이사 바이라비 데사이는 이 현상을 생생하게 표현했다. "노동자들은 언제나 압니다. 도로에서나 식당에서나 호텔에서나 그들은 서로 연대하고 있습니다. 뭉쳐야 힘이 생긴다는 걸 알기 때문입니다."[73] 기술 주도의 노동자 착취는 많은 산업에 널리 퍼져 있는 문제다. 노동자들은 작업을 규정하는 생산 체계와 시간 체계에 맞서 싸우고 있다. 시간의 구조는 (비록 완전히 비인간적으로 돌아서는 일은 없더라도) 대부분의 사람들이 감내할 수 있는 범위의 가장자리에서 아슬아슬하게 유지되고 있다.

노동 조직들의 부문 간 연대는 결코 새로운 것이 아니다. 전통적인 노조 주도의 운동을 비롯한 많은 운동은 여러 산업의 노동자들과 연대하여 초과 근무 수당, 작업장 안전, 육아 휴직, 주말 휴업 등을 쟁취했다. 하지만 막강한 재계 로비 세력과 신자유주의 정부가 지난 수십 년에 걸쳐 노동권과 노동자 보호 조치를 약화하고 노동자의 조직화와 소통을 위한 마당을 제한하면서 부문 간 협력이 더 힘들어졌다.[74] 이제 AI 주도의 추출 및 감시 시스템은 노동 조직가들이 단일 전선으로 맞서 싸워야 할 공동의 적이 되었다.[75]

'우리는 모두 기술 노동자다'라는 말은 프로그래머, 청소부, 카페 종업원, 엔지니어를 막론하고 기술 관련 시위의 단골 구호가 되었다.[76] 이 현상은 여러 측면에서 읽을 수 있다. 이것은 제품, 인프라, 작업장이 제 역할을 하려면 다방면의 노동력에 의존해야 한다는 것을 기술 부문이 깨달아야 한다는 요구다. 또한 수많은 노동자가 노트북과 휴대 기기를 업무에 활용하고 페이스북이나 슬랙 같은 플랫폼을 이용하며 표준화, 추적, 평가를 위한 작업장 AI 시스템에 종속되어 있음을 상기시킨다. 이로써 기술 부문을 아울러 연대를 구축할 토대가 마련되었다. 하지만 기술 노동자와 기술을 더 보편화되고 장기적인 노동 투쟁의 주역으로 삼는 데는 위험이 따른다. 분야를 막론하고 모든 노동자는 시간을 가장 촘촘하게 통제하고 분석하려 드는 추출식 기술 인프라에 종속되지만, 상당수는 스스로를 기술 부문이나 기술 노동과 전혀 동일시하지 않는다. 노동과 자동화의 역사는 모든 노동자에게 더 공정한 여건을 조성하는 것이야말로 관건이며 정당성을 얻기 위해 기술 노동의 정의를 확장하는 방법으로는 이 포괄적 목표를 달성할 수 없음을 우리에게 상기시킨다. 노동의 미래가 어떤 모습일 것인가는 우리 모두의 중대 관심사이기 때문이다.

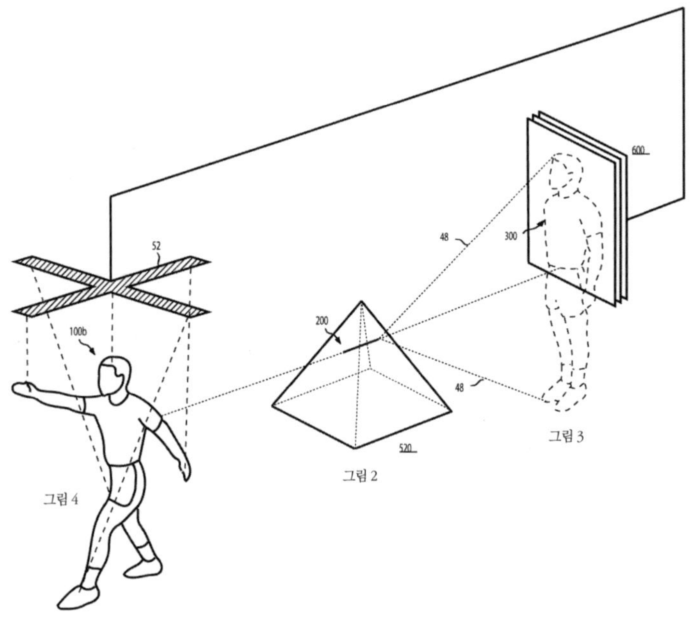

52
100b
200
48
300
600
48
520
그림 4
그림 2
그림 3

3 데이터

젊은 여인이 위를 올려다본다. 마치 카메라를 무시하는 듯 화면 밖의 무언가에 초점을 맞추고 있다. 다음 사진에서는 자신과 카메라의 중간께에 시선이 고정되어 있다. 또 다른 사진에서는 머리가 부스스하고 표정이 침울하다. 사진을 넘길수록 그녀가 나이를 먹는 것이 보인다. 입가의 주름이 처지고 깊어진다. 마지막 사진 속의 그녀는 병들고 의기소침해 보인다. 이 사진들은 평생 여러 번에 걸쳐 체포된 여인의 머그샷(경찰에서 피의자의 얼굴을 식별하기 위하여 찍는 사진 - 옮긴이)이다. 그녀의 사진은 얼굴 인식 소프트웨어를 검증하려는 연구자들을 위해 인터넷에 공유된 'NIST 특수 데이터베이스 32-다회 피검자 데이터 집합NIST Special Database 32–Multiple Encounter Dataset'으로 알려진 수집물에 들어 있다.[1]

이 데이터베이스는 미국에서 가장 오래되고 이름난 물리학 연구

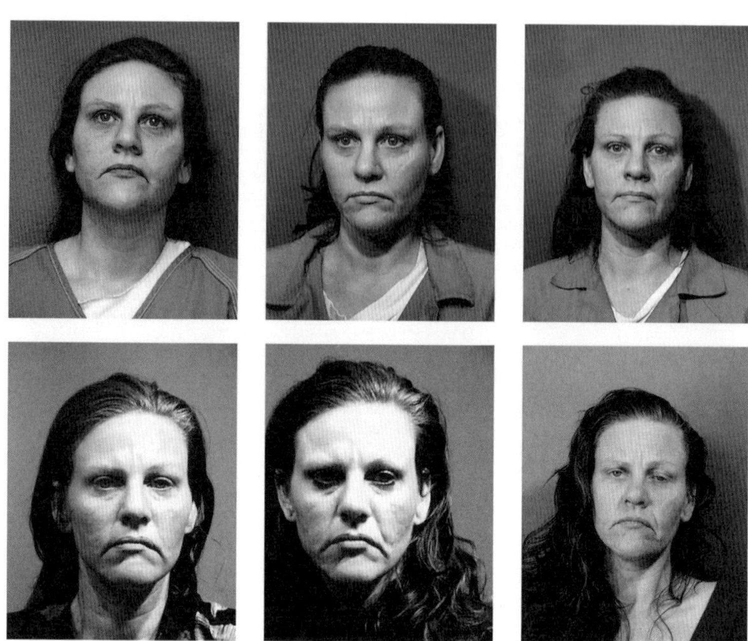

NIST 특수 데이터베이스 32-다회 피검자 데이터 집합MEDS에 보관된 사진.
미국 상무부 국립표준기술연구소

소이자 현재는 상무부 부속 기관인 국립표준기술연구소National Institute of Standards and Technology, NIST에서 운영하는 여러 데이터베이스 중 하나다. NIST는 미국의 측정 인프라를 개선하고 독일과 영국 같은 산업 분야의 경제 라이벌과 경쟁할 수 있는 표준을 제정하기 위해 1901년에 설립되었다. 전자 건강 기록에서 내진耐震 고층 건물, 원자시계에 이르기까지 온갖 것이 NIST의 소관이다. NIST는 시간, 통신 규약, 무기 결정 구조inorganic crystal structure, 나노 기술 등을 측정하는 기관이 되었다.[2] NIST의 목적은 표준을 정의하고 뒷받침하여 시스템의 상호 운용성을 확립하는 것이며 이제 여기에는 인공지능 표준을 개발하는 것도 포함된다. NIST가 보유한 검증 인프라 중 하나는 생체 데이터다.

내가 머그샷 데이터베이스를 처음 발견한 것은 NIST 데이터 보관소를 연구하던 2017년이다. NIST는 방대한 생체 정보를 보유하고 있었다. 50년 넘도록 자동 지문 인식 분야에서 연방수사국과 협력했으며 지문인식기와 영상 시스템의 수준을 평가하는 방법을 개발했다.[3] 2001년 9월 11일 테러 공격이 벌어진 뒤 NIST는 국가적 대응의 일환으로 미국 입국자의 신원을 확인하고 추적하는 생체 표준을 제정했다.[4] 이것은 얼굴 인식 연구의 전환점이었다. 단순한 치안에서 초점을 넓혀 국경을 건너는 사람들을 통제하는 계기가 되었기 때문이다.[5]

머그샷 사진은 참담하다. 어떤 사람들은 눈에 띄는 상처, 흉터, 멍이 있으며 절망에 울음을 터뜨리는 사람들도 있다. 또 어떤 사람들은 멍하니 카메라를 응시한다. 특수 데이터 집합 32에는 형사 사법 체제를 거듭거듭 맞닥뜨리며 여러 차례 체포된 (지금은 사망한) 사람들의 사진 수천 장이 들어 있다. 머그샷 데이터 집합 속 사람들은 한낱 자료점으로 표현된다. 이야기도, 맥락도, 이름도 없다. 머그샷은 체포 당시에 촬영되기 때문에 이 사람들이 기소되었는지 무혐의로 풀려났는지 투옥되었는지 알 수 없다. 모두가 도매금으로 취급된다.

이 사진들은 본디 경찰 체제에서 개인을 식별하는 수단이었으나, NIST 데이터베이스에 포함되면서 얼굴을 감지하는 상업적·학술적 AI 시스템을 검증하는 기술적 기준으로 의미가 달라졌다. 앨런 세컬러는 경찰 사진 촬영을 설명하면서 머그샷이 '범죄자에 대한 표준적인 관상학적 척도를 제공하'는 것을 목표로 하는 기술적 사실주의 전통의 일부라고 주장했다.[6] 경찰 사진 촬영의 역사에는 서로 다른 두 가지 접근법이 있다고 세컬러는 말한다. 알퐁스 베르티용(머그샷을 창안한 인물) 같은 범죄학자들은 머그샷을 일컬어 재범을 적발하는 데 필요한 일종의 전기적傳記的 식별 기계라고 말했다. 이에 반해 통계학자이자 우생학의 창시자 프랜시스 골턴은 생물학적으로 정해진 '범죄형'을 탐지하는 수단으로서 재소자의 초상화를 조합했다.[7] 골턴이 전제한 골상학 패러다임의 목표는 겉모습에서 심층적 성격 특질을 파악하는 데 활용할 수 있는 일반화된 특징을 찾는 것이었다. 하지만 훈련 자료로 쓰이는 지금의 머그샷은 더는 식별의 도구가 아니라 자동화된 형태의 시각을 미세 조정하는 도구의 역할을 한다. 이것을 골턴주의적 형식주의라고 말해도 무방할 것이다. 머그샷은 얼굴의 기본적인 수학적 구성요소를 뽑아내어 '자연을 기하학적 본질로 간추리'는 데 이용된다.[8]

머그샷은 얼굴 인식 알고리즘의 검증에 쓰이는 자료 중 하나다. 다회 피검자 데이터 집합 속 얼굴들은 표준화된 이미지, 즉 알고리즘의 정확도를 비교하는 기술적 토대가 되었다. NIST는 정보고등연구계획국Intelligence Advanced Research Projects Activity, IARPA과의 협력하에 이 머그샷들을 소재로 대회를 열었는데, 대회에서 연구자들은 누구의 알고리즘이 가장 빠르고 정확한지를 놓고 경쟁을 벌인다. 참가팀들은 얼굴의 신원을 확인하거나 감시 영상에서 얼굴을 포착하는 등의 과제를 놓고 승부를 겨룬다.[9] 우승자는 희희낙락한다. 명성, 일

자리 제안, 업계 전반에서의 인지도 향상이 따라오기 때문이다.[10]

사진 속 인물이나 그들의 가족은 이 사진들의 쓰임새에 대해 전혀 발언권이 없으며, 자신이 AI의 시험대가 되었다는 것조차 까맣게 모를 것이다. 머그샷 피사체들은 좀처럼 고려 대상이 되지 못하며 공학자들이 그들을 눈여겨보는 일은 결코 없을 것이다. NIST 문서에서는 그들을 이렇게 묘사한다. '(이들 사진의 존재 이유는 순전히) 차세대 신원 확인Next Generation Identification, NGI, 포렌식 비교, 훈련, 분석, 얼굴 이미지 일치 표준 및 기관 간 교환 표준을 뒷받침하기 위해 얼굴 인식의 도구, 기법, 절차를 가다듬는 것이다.'[11] 다회 피검자 데이터 집합에 기재된 묘사를 보면 상당수는 흉터, 멍, 반창고 같은 지속적 폭력의 흔적을 지니고 있다. 하지만 문서에서는 이렇게 결론 내린다. '이 흔적들은 깨끗한 표본과 비교할 실측 자료가 부족하기에 해석하기 곤란하다.'[12] 이 사람들은 개인이라기보다는 공유된 기술 자원의 일부로 간주된다. 얼굴 인식 분야의 황금 표준인 '얼굴 인식 검증Facial Recognition Verification Testing' 프로그램의 또 다른 데이터 성분에 불과한 것이다.

나는 AI 시스템이 어떻게 만들어지는지를 수년간 연구하면서 수백 개의 데이터 집합을 살펴보았지만 NIST 머그샷 데이터베이스는 그중에서도 유난히 심란하다. 장차 벌어질 일의 본보기를 보여주기 때문이다. 사진 자체가 주는 엄청난 비감 때문만은 아니다. 용의자와 재소자에게는 사진 촬영을 거부할 권리가 없다는 점에서 개인정보 침해 때문만도 아니다. 내가 심란한 이유는 NIST 데이터베이스가 현재 기술 부문에 속속들이 스며 있는 논리의 출현을 예고하기 때문이다. 그것은 모든 것이 데이터이고 수집되기 위해 존재한다는 확고한 믿음이다. 사진이 어디서 찍혔는지, 취약하거나 고통받는 순간에 찍혔는지, 대상자에게 수치심을 유발하는지 등은 그들의 관심사가 아니다. 할 수만 있다면 무엇이든 수집하고 이용하는 관행이 업계 전반에 어찌나 일상화되었던지 그 이면의 정치적 성격에 의문을 제기하는 사람은 좀처럼 찾아보기 힘들다.

이 점에서 머그샷은 지금 통용되는 AI 구축 방식의 원본이다. 이 사진들에 결부된 맥락(과 권력의 행사)이 무의미한 것으로 간주되는 이유는 더는 어엿한 실체로 인정받지 못하기 때문이다. 이 사진들은 개인을 찍은 사진으로서나 교소도 체제에서의 구조적 권력의 표현으로서 의미나 윤리적 무게를 지니는 것으로 간주되지 않는다. 개인적·사회적·정치적 의미가 모조리 무효화되었다고 가정되는 것이다. 나는 이것이 '이미지'에서 '인프라'로의 변화를 나타낸다고 주장한다. 개인의 이미지나 장면 뒤의 맥락에 부여될 수도 있는 의미나 배려는 포괄적 시스템을 떠받칠 덩어리의 일부가 되는 순간 소거되는 것이 당연하게 여겨진다. 모든 것은 함수에 입력되는 데이터로, 기술적 성능을 향상시키기 위해 흡수해야 할 자료로 취급된다. 이것이야말로 데이터 추출 이데올로기의 핵심 전제다.

기계학습 시스템은 인터넷이나 국가 기관으로부터 (맥락을 소거하고 동의도 받지 않은 채) 수집한 사진을 매일같이 학습한다. 하지만 이 사진들은 결코 중립적이지 않다. 개인적 내력, 구조적 불평등, 미국 경찰-교도소 체제의 유산에 따라붙는 모든 불의를 웅변한다. 하지만 이 사진들이 어떤 식으로든 비정치적이고 아무런 맥락이 없는 자료 역할을 할 수 있다는 가정은 기계학습 도구가 무엇을 어떻게 '보는가'에 영향을 미친다. 컴퓨터 시각 시스템은 얼굴이나 건물을 감지할 수는 있어도 어떤 사람이 경찰서에 있는 이유나 그 순간을 둘러싼 사회적·역사적 맥락은 전혀 알지 못한다. 궁극적으로 데이터(이를테면 사진)의 구체적 성격은 AI 모형의 훈련과 무관한 것으로 치부된다. AI 훈련에서 중요시되는 것은 집합이 충분히 다양한가 뿐이다. 사진 하나하나는 얼마든지 다른 사진으로 대체될 수 있으며 그래도 시스템은 똑같이 작동할 것이다. 이 세계관에 따르면 끊임없이 성장하고 전 세계적으로 분산된 인터넷과 소셜 미디어 플랫폼의 보물 상자에는 수집할 데이터가 언제나 넘쳐난다.

그리하여 주황색 죄수복을 입은 채 카메라 앞에 선 사람은 단지 또 하나의 데이터로 치부되어 인격을 상실한다. 이 사진들의 내력, 수집 경로, 제도적·개인적·정치적 맥락은 유의미한 정보로 간주되지 않는다. 머그샷 사진들은 무료 고품질 얼굴 사진으로 이루어진 여느 실용적 자료와 마찬가지로 얼굴 인식 기능 같은 도구를 만드는 벤치마크(실존하는 비교 대상을 두고 하드웨어나 소프트웨어 성능을 비교하여 시험하고 평가하는 기준 - 옮긴이)로 이용된다. 사망자, 용의자, 재소자의 얼굴은 한낱 부품처럼 수집되어 경찰과 국경 감시 얼굴 인식 시스템을 강화하며 이 시스템은 더 많은 사람을 감시하고 억류하는 데 이용된다.

지난 10년간 AI 구축을 위한 디지털 자료의 수집이 극적으로 증가했다. 이 데이터는 AI에서 의미를 파악하기 위한 바탕이지만, 개별적 의미를 가진 세계의 고전적 표상으로서가 아니라 기계의 추상화와 작동을 위한 데이터 덩어리로서 존재한다. 이 대규모 수집은

AI 분야의 기본이 되었기에 이젠 누구도 이의를 제기하지 않는다. 그렇다면 우리는 어떻게 지금의 현실에 이르렀을까? 맥락, 의미, 구체성을 벗겨내는 이 수집 과정을 촉진한 것은 데이터를 바라보는 어떤 관점이었을까? 기계학습에서 훈련 데이터는 어떻게 취득되고 이해되고 이용되고 있을까? 훈련 데이터는 AI가 세상을 해석하는 '대상'과 '방법'을 어떻게 제약할까? 이 접근법들은 어떤 형태의 권력을 강화하고 허용할까?

이번 장에서는 데이터가 어떻게 AI의 성공과 그 신화를 추진하는 힘이 되었으며 쉽게 수집할 수 있는 모든 것이 어떻게 취득되고 있는지 들여다본다. 하지만 이 표준적 접근법이 권력 불균형을 부추기고 있음에도 그 심층적 의미는 좀처럼 분석되지 않는다. AI 산업은 맥락, 주의, 동의 기반 데이터 관행을 최소화한 채 데이터 대량 수집이 영리적 연산 '지능' 시스템의 구축에 필요하고 정당화된다는 논리를 내세워 일종의 무지막지한 실용주의를 표방했다. 그 결과는 심대한 변신으로, 모든 형태의 이미지, 텍스트, 소리, 영상은 AI 시스템의 원자료에 불과하며 목적이 수단을 정당화한다고 간주된다. 하지만 우리는 질문을 던져야 한다. 이 변신으로부터 가장 큰 이익을 얻은 것은 누구인가? 데이터에 대한 이 지배적 서사는 왜 지속되었는가? 제1장과 제2장에서 보았듯이 지구와 인간 노동의 관계를 규정한 추출의 논리는 AI가 데이터를 이용하고 이해하는 방식의 결정적 특징이기도 하다. 기계학습이라는 덩어리에서 훈련 데이터를 끄집어내어 핵심 사례로 면밀히 들여다보면 이 변신에 무엇이 결부되어 있는지 알아낼 수 있다.

기계에 보는 법 훈련시키기

우선 기계학습 시스템에 대량의 데이터가 필요한 이유를 살펴보는 게 좋겠다. 당면 문제의 한 가지 사례는 컴퓨터 시각이다. 이것은 인공지능의 하위 분야로, 기계로 하여금 이미지를 감지하고 해석하도록 가르친다. 이미지 해석은 (전산학 분야에서 좀처럼 인정하지 않는 어떤 이유 때문에) 무척 복잡하고 관계적인 과제다. 이미지는 매우 다루기 힘든 녀석으로, 여러 잠재적 의미, 답할 수 없는 질문, 모순으로 가득하다. 하지만 이제는 컴퓨터 시각 시스템을 구축하는 첫 단계로서 인터넷에서 수천(심지어 수백만) 장의 이미지를 긁어모아 일련의 범주로 분류하고 이것을 토대로 관찰 가능한 현실을 지각하는 것이 일반적이다. 이 거대한 자료는 훈련 데이터 집합이라고 불리며 AI 개발자들이 종종 '바닥 진실ground truth'(실측 자료)이라고 일컫는 것의 일부다.[13] 그렇다면 진실이란 사실적 표상이나 합의된 현실이라기보다는 아무 온라인 출처에서나 그러모은 이미지 무더기에 불과하다.

지도형 기계학습supervised machine learning에서는 인간 엔지니어가 분류된 훈련 데이터를 컴퓨터에 공급한다. 그러고 나면 '학습자learner'와 '분류자classifier'라는 두 가지 유형의 알고리즘이 실행된다. 학습자는 이 라벨 데이터 사례들을 통해 훈련받는 알고리즘으로, 새로운 입력과 바람직한 목표 출력(또는 예측)의 관계를 분석하는 최적의 방법을 분류자에게 알려준다. 이를테면 얼굴이 이미지에 들어 있는지 예측할 수도 있고 이메일이 스팸인지 예측할 수도 있다.

올바른 라벨 데이터의 사례가 많을수록 알고리즘이 정확한 예측을 내놓을 가능성이 커진다. 기계학습 모형에는 신경망, 로지스틱 회귀logistic regression, 결정 분지decision tree 등 여러 종류가 있다. 공학자들은 (얼굴 인식 시스템이든 소셜 미디어에서 감정을 탐지하는 방법이든) 자신이 구축하는 방법에 따라 모형을 선정하여 연산 자원에 적용한다.

사과 사진과 오렌지 사진을 구분할 수 있는 기계학습 시스템을 구축하는 과제를 생각해보라. 첫째, 개발자는 사과와 오렌지의 라벨 이미지 수천 장을 수집하고 라벨을 부여하고 신경망을 학습시켜야 한다. 소프트웨어 측면을 보자면, 알고리즘은 통계적 이미지 분석을 실시하여 두 부류의 차이를 인식하는 모형을 개발한다. 만사가 계획대로 진행되면 훈련된 모형은 한 번도 본 적 없는 사과 사진과 오렌지 사진의 차이를 구별할 수 있을 것이다.

하지만 위의 사례에서 훈련용 사과 사진이 모두 빨간색이고 초록색은 하나도 없다면 기계학습 시스템은 '모든 사과는 빨갛다'라고 추론할지도 모른다. 이것은 전제에서 논리적으로 도출되는 '연역 추론'과 달리 가용 데이터를 바탕으로 도출된 미확정적 가설인 '귀납 추론'이다.[14] 이 시스템의 작동 방식으로 보건대 초록색 사과는 결코 사과로 인식되지 않을 것이다. 그렇다면 훈련 데이터 집합이야말로 대부분의 기계학습 시스템이 어떻게 추론하는가의 핵심이다. 훈련 데이터 집합은 AI 시스템이 예측의 토대로 삼는 1차 자료다.

훈련 데이터의 역할은 기계학습 알고리즘의 성질을 규정하는 것만이 아니다. 시간의 흐름에 따른 알고리즘의 성과를 평가하는 데도 쓰인다. 뛰어난 경주마와 마찬가지로 기계학습 알고리즘은 주어진 데이터 집합에 대해 어느 것이 최상의 성과를 내는지를 놓고 전 세계의 다른 알고리즘들과 끊임없이 경쟁을 벌인다. 이 벤치마크 데이터 집합은 기계학습 '공통어'의 알파벳이 되며 전 세계의 수많은 연구실이 저마다 나은 성적을 거두려고 기준 데이터 집합에 몰려든다. 가장 유명한 경쟁 중 하나인 이미지넷 챌린지ImageNet Challenge에서는 누구의 방식이 물체와 장면을 가장 정확하게 분류하고 감지하는가를 놓고 연구자들이 자웅을 겨룬다.[15]

유용한 벤치마크로 확인된 훈련용 집합은 대부분 개량되고 심화되고 확장된다. 다음 장에서 보겠지만 훈련 집합들 가운데에서는 일종의 계보가 형성되는데, 집합들은 학습된 논리를 선행 사례로부터 물려받아 새로운 사례를 만들어낸다. 이를테면 이미지넷은 1980년대에 큰 영향력을 발휘한 어휘 데이터베이스 워드넷WordNet으로부터 물려받은 단어 분류 체계를 이용하는데, 워드넷은 1961년에 발표된 브라운 코퍼스Brown Corpus(100만 단어)를 비롯한 많은 자료를 물려받았다. 훈련 데이터 집합은 앞선 분류와 수집의 어깨 위에 서 있는 셈이다. 백과사전이 개정되는 것과 마찬가지로 옛 형태는 그대로 남아 있는 채로 수십 년에 걸쳐 새로운 항목이 덧붙는다.

그렇다면 훈련 데이터야말로 현재의 기계학습 시스템을 구축하는 토대다.[16] 이 데이터 집합들은 AI가 어떻게 운용되는가를 좌우하는 인식론적 경계를 정하며 이런 의미에서 AI가 세상을 어떻게 '볼' 수 있는가의 한계를 짓는다. 하지만 훈련 데이터는 실측 자료로서는 부실하다. 가장 큰 규모의 데이터베이스조차 무한히 복잡한 세상을 범주로 구분하여 단순화할 때 발생하는 근본적 불일치를 피할 수 없다.

데이터 수요에 대한 짧은 역사

'세상은 엄청난 신뢰성을 가진 값싸고 복잡한 장치의 시대에 도달했으며 이로부터 무언가가 생겨날 수밖에 없다.' 이렇게 말한 사람은 발명가이자, 과학연구개발국장으로서 맨해튼 프로젝트를 감독한 행정가이자, 훗날 국립과학재단의 설립에 중추적 역할을 한 버니바 부시다. 때는 1945년 7월로, 아직 히로시마와 나가사키에 핵폭탄이 떨어지기 전이었다. 부시는 아직 탄생하지 않은 새로운 종류의 데이터 연결 시스템에 대한 이론을 확립했다. 그가 구상한 것은 매우 빠른 속도로 동작하며 '명령에 따라 나름의 데이터를 선별하여 조작하는 미래의 고급 산술 기계'였다. 하지만 이 기계는 어마어마한 양의 데이터를 필요로 할 터였다. '그런 기계는 먹성이 무지막지할 것이다. 그중 하나는 단순한 자판 천공기로 무장한 수많은 여자들에게서 명령과 데이터를 받아 몇 초에 한 번씩 계산 결과를 내놓을 것이다. 수백만 명이 복잡한 일을 수행하는 세세한 업무에서는 계산할 것이 무궁무진할 것이다.'[17]

부시가 말한 '수많은 여자들'은 매일같이 계산 업무를 수행하는 천공기 조작원이었다. 역사가 제니퍼 라이트와 마 힉스가 밝혀냈듯 이 여자들은 종종 지능형 데이터 기록기를 위한 입력 장치로 치부되었다. 사실, 데이터를 만들고 시스템을 작동하게 하는 그들의 역할은 전시戰時 디지털 컴퓨터를 설계한 공학자들 못지않게 중요했다.[18] 하지만 데이터와 처리 기계의 관계는 이미 끝없는 소비의 관계로 상상되고 있었다. 기계는 데이터에 굶주린다고 간주되었으며 수백만 명에게서 뽑아낼 드넓은 자료의 지평이 틀림없이 펼쳐져 있으리라 상상되었다.

1970년대에 인공지능 연구자들이 주로 탐구한 것은 전문가 시스템 접근법이라는 것이었다. 이것은 규칙 기반 프로그래밍으로, 그 목적은 논리 추론의 형식을 규정하여 가능한 행동의 범위를 좁히는 것이었다. 하지만 불확실성과 복잡성을 규칙 집합으로 처리하기가 거의 불가능한 현실에서는 이 접근법이 취약하고 비현실적이라는 사실이 금세 명백해졌다.[19] 새로운 접근법이 필요했다. 1980년대 중엽 즈음 연구실들은 확률론적 접근법이나 무차별 접근법으로 돌아서고 있었다. 한마디로 말하자면 최적의 결과를 찾기 위해 연산 주기를 수없이 돌려 최대한 많은 선택지를 계산한다는 것이었다.

중요한 사례로는 IBM 연구소의 음성 인식 연구진이 있다. 이전에는 음성 인식의 문제를 다루는 데 주로 언어적 방법을 이용했지만, 정보 이론 연구자 프레드 젤리넥과 랄릿 발은 피터 브라운과 로버트 머서를 포함하는 새로운 연구진을 구성했다(머서가 억만장자가 되어 케임브리지 애널리티카, 브레이트바트 뉴스, 도널드 트럼프의 2016년 대통령 선거 운동에 자금을 지원하는 것은 오랜 뒤의 일이다). 그들은 다른 것을 시도했다. 그들의 기법은 궁극적으로 시리와 드래곤 딕테이트Dragon Dictate의 기반이 되는 음성 인식 시스템, 구글 번역과 마이크로소프트 번역기 같은 기계 번역 시스템의 선구자를 만들어냈다.

그들은 문법 원리나 언어 자질을 이용하는 규칙 기반 접근법을 컴퓨터에 가르치는 것이 아니라 단어가 상대적으로 얼마나 자주 등장하는가에 중점을 두는 통계적 방법을 이용하기 시작했다. 이런 통계적 접근법이 효과를 발휘하려면 실제 음성 및 텍스트 데이터 또는 훈련 데이터가 어마어마하게 많이 필요했다. 미디어학자 리샤오창은 그 결과를 이렇게 설명한다. '음성을 단순한 데이터로 무지막지하게 환원해야 했다. 그러면 언어 지식이나 이해가 없이도 모형화하고 해석할 수 있다. 언어 자체는 무의미해졌다.' 맥락에서 데이터로, 의미에서 통계적 패턴 인식으로의 이 변화는 엄청나게 중요한 현상이었으며, 수십 년간 되풀이될 패턴이 되었다. 리의 설명을 들어보자.

> 하지만 언어 원리보다 데이터에 더욱 의존하자 새로운 난점이 생겨났다. 이것은 통계 모형이 훈련 데이터의 특성에 필연적으로 좌우될 수밖에 없다는 뜻이기 때문이다. 이 때문에 데이터 집합의 크기가 핵심 사안이 되었다. (……) 관찰된 결과의 데이터 집합이 커질수록 무작위 과정에 대한 확률 예측이 개선되었을 뿐 아니라 더 드물게 등장하는 결과를 데이터가 포착할 가능성도 커졌다. 훈련 데이터 크기가 IBM 접근법에 실제로 얼마나 중요했느냐면 1985년 로버트 머서가 연구진의 전망을 이 한 문장으로 설명했을 정도다. '더 많은 데이터만 한 데이터는 없다.'[20]

수십 년 동안은 그 데이터를 얻기가 무척이나 힘들었다. 랄릿 발은 리와의 인터뷰에서 이렇게 말했다. "당시에는 100만 단어짜리 컴퓨터 판독 가능 텍스트조차 쉽게 구할 수 없었습니다. 텍스트를 찾아 사방을 돌아다녔죠."[21] 그들은 IBM 기술 설명서, 동화, 레이저 기술 특허, 맹인용 점자책, 심지어 (수소폭탄 설계를 처음으로 제시한) IBM 연구원 딕 가윈의 편지까지 섭렵했다.[22] 그들의 방법을 보노라면 과학소설 작가 스타니스와프 렘의 단편소설이 뚜렷이 떠오른다. 소설에서는 트루를이라는 남자(실제로는 로봇이다 - 옮긴이)가 시 쓰는 기계를 제작하기로 한다. 그는 '사이버네틱스 관련 서적 820톤과 명시집 2,000톤'으로 시작한다.[23] 하지만 트루를은 자동 작시作詩 기계를 프로그래밍하려면 '전체 우주를 시작부터, 아니면 최소한 상당 부분 되풀이해'야 한다는 사실을 깨닫는다.[24]

IBM 연속음성인식Continuous Speech Recognition 연구진이 마침내 우주의 (제 나름의) '상당 부분'을 찾아낸 것은 뜻밖의 출처에서였다. 1969년 IBM을 상대로 대규모의 연방 반독점 소송이 제기되었다. 소송은 13년간 계속되었으며 1,000명 가까운 증인이 소환되었다. IBM은 인력을 대거 채용하여 증언 녹취록을 모조리 홀러리스 천공카드에 입력하여 디지털화했다. 이렇게 만들어진 말뭉치는 1980년대 중엽에 1억 단어 규모에 이르렀다. 악명 높은 반정부주의자 머서는 이것을 일컬어 '정부가 우연히 본의 아니게 유용한 것을 만들어 낸 사례'라고 표현했다.[25]

단어를 톤 단위로 그러모으기 시작한 것은 IBM만이 아니었다. 1989년부터 1992년까지 펜실베이니아 대학교의 언어학·전산학 연구진은 주석 달린 텍스트 데이터베이스인 '펜 트리뱅크 프로젝트Penn Treebank Project'를 추진했다. 그들은 자연어 처리 시스템을 훈련시키기 위해 미국 영어 450만 단어를 수집했다. 자료 출처는 에너지부 보고서 초록, 다우존스 뉴스 기사, 남미 '테러 활동'에 대한 연방뉴스서비스Federal News Service 보도 등이었다.[26] 새로 등장하는 텍스트 뭉치들은 이전의 뭉치들을 가져와 새 출처를 덧붙였다. 이로써 데이터 수집의 계보가 생겨났다. 각 데이터는 마지막 데이터를 토대로 삼았으며 똑같은 특징이나 문제점, 누락을 고스란히 반복하는 경우도 많았다.

또 다른 고전적 텍스트 말뭉치는 엔론 코퍼레이션이 미국 역사상 최대 규모의 파산을 선언한 뒤 정부에서 재무 부정을 조사하는 과정에서 입수되었다. 연방에너지규제위원회Federal Energy Regulatory Commission는 증거 수집을 위해 직원 158명의 이메일을 압수했다.[27] 또한 '공공의 알 권리가 개인의 개인정보 보호 권리보다 중요하'다는 이유로 이 이메일을 온라인에 공개하기로 결정했다.[28] 이것은 예사롭지 않은 수집물이 되었다. 일상어로 된 50만여 통의 편지가 언어의 금광으로 쓰일 수 있게 된 것이다. 직원 158명의 성별, 인종, 직업적 편견이 담기긴 했지만. 엔론 말뭉치는 수천 편의 학술 논문에 인용되었다. 하지만 인기에 비해 면밀한 검토는 드물었다. 〈뉴요커〉에서는 엔론 말뭉치를 일컬어 '실제로 읽은 사람은 아무도 없는 경전급 연구 텍스트'라고 묘사했다.[29] 훈련 데이터를 구축하고 이용하는 이런 방식은 새로운 작업 방식을 예고했다. 자연어 처리 분야를 탈바꿈시켰으며 훗날 기계학습의 표준이 될 관행의 토대를 놓았다.

나중에 드러날 문제의 씨앗이 이곳에 뿌려졌다. 텍스트 기록은 중립적 언어 수집물로 간주되었다. 사람들이 동료와 주고받는 이메일의 언어가 기술 설명서의 언어와 매한가지라는 식이었다. 단어 순서를 높은 성공률로 예측하도록 언어 모형을 훈련시킬 수 있을 만큼 충분하기만 하다면 모든 텍스트는 용도를 변경하고 상호 대체할 수 있었다. 텍스트 말뭉치는 이미지와 마찬가지로 모든 훈련 데이터가 상호 교환 가능하다는 가정을 깔고 있었다. 하지만 언어는 발화되는 장소와 무관하게 동일한 방식으로 작동하는 비활성 성분이 아니다. 레딧Reddit에서 추출한 문장은 엔론 임원들이 작성한 문장과 다를 것이다. 수집된 텍스트의 왜곡, 단절, 편향은 확장된 시스템에 스며들었다. 언어 모형이 수집된 단어의 종류를 토대로 삼는다면 이 단어들이 어디서 왔는가는 중요한 요소다. 언어에는 중립 지대가 없으며 모든 텍스트 수집물은 시간, 장소, 문화, 정치의 기록이기도 하다. 더 나아가 활용도가 낮은 데이터를 가진 언어는 이 접근법이 적용되지 않기 때문에 연구에서 배제되는 일이 비일비재하다.[30]

IBM의 훈련 데이터나 엔론 말뭉치, 펜 트리뱅크 내에 수많은 역사와 맥락이 뒤섞여 있다는 것은 분명하다. 이 데이터 집합을 이해하는 데 유의미한 것과 무의미한 것을 어떻게 가려낼 수 있을까? '이 데이터 집합은 1980년대 남미 테러범들에 대한 뉴스 기사를 바탕으로 했기에 왜곡이 반영되어 있을 수 있습니다'와 같은 경고를 어떻게 전달할 수 있을까? 시스템의 기반이 되는 데이터가 어디서 왔는가는 이루 말할 수 없이 중요한 문제이지만, 30년이 지난 지금도 이 모든 데이터가 어디서 왔고 어떻게 취득되었는지 기록하는 표준 관행은 여전히 전무하다. 이 데이터 집합에 어떤 편견이나 구분의 정치가 포함되어 있어서 해당 데이터 집합에 의존하게 되는 모든 시스템에 어떤 영향을 미칠 것인가는 말할 필요도 없다.[31]

얼굴 포착

음성 인식을 위한 컴퓨터 판독 가능 텍스트의 가치가 점차 커진 것과 마찬가지로 인간의 얼굴은 얼굴 인식 시스템을 구축하기 위한 핵심 데이터였다. 중요한 사례 하나가 20세기 마지막 10년에 등장했는데, 국방부 마약대응기술개발프로그램 사무국CounterDrug Technology Development Program Office에서 자금을 지원받았다. 그것은 정보기관과 법 집행 기관을 위해 자동 얼굴 인식을 개발하는 얼굴인식기술Face Recognition Technology, FERET 프로그램이었다. FERET 이전에는 인간의 얼굴과 관련하여 입수할 수 있는 훈련 데이터가 거의 없었다. 여기저기에서 50개 남짓의 얼굴을 모으는 것이 고작이었으며, 이 정도로는 적정한 얼굴 인식에 역부족이었다. 미국 육군연구소U. S. Army Research Laboratory는 1,000여 명의 다양한 자세를 촬영하여 총 1만 4,126장의 이미지로 이루어진 훈련 집합을 구축하는 기술 과제를 주도했다. NIST의 머그샷 수집물과 마찬가지로 FERET은 표준 벤치마크, 즉 얼굴 탐지 접근법들을 비교하는 공통의 측정 도구가 되었다.

FERET 인프라를 활용한 과제로는 머그샷 자동 검색을 비롯하여 공항 및 국경 감시, '부정 사용 방지'를 위한 운전면허 데이터베이스 검색 등이 있었다(FERET 연구 보고서에서는 사회보장급여 이중 수급을 특별 사례로 언급했다).[32] 하지만 주요 검증 시나리오는 두 가지였다. 첫 번째 시나리오는 알려진 인물들의 전자 머그샷 사진첩을 알고리즘에 제시하여 수많은 사진 중에서 가장 비슷한 인물을 찾도록 하는 것이었다. 두 번째 시나리오는 국경 및 공항 통제에 초점을 맞추었는데, 신원이 확인되지 않은 대규모 집단에서 '밀수범, 테러범, 기타 범죄자' 같은 알려진 인물을 식별하는 것이었다.

이 사진들은 사람의 눈을 위한 것이 아니라 기계가 읽을 수 있도록 설계되었으나, 직접 보면 무척 인상적이다. 이미지들은 정식 초상화 스타일로 촬영된 고해상도 사진으로, 놀랄 만큼 아름답다. 조지메이슨 대학교에서 35밀리 카메라로 촬영했으며 프레임을 꽉 채운 얼굴 사진은 다양한 사람들을 묘사한다. 일부는 촬영을 위해 화장하고 머리를 정성껏 손질하고 보석으로 치장한 듯 보인다. 1993년과 1994년 사이에 촬영된 첫 번째 사진들은 1990년대 초의 헤어스타일과 패션을 보여주는 타임캡슐 같다. 피험자들은 고개를 여러 각도로 돌리라고 주문받았다. 사진을 휙휙 넘기면 옆모습, 앞모습, 여러 밝기의 조명을 볼 수 있으며 이따금 복장이 달라질 때도 있다. 추적 대상이 나이를 먹어가면서 외모가 어떻게 달라지는지 연구하기 위해 일부 피험자는 여러 해에 걸쳐 촬영되었다. 각 피험자는 실험에 대해 설명을 들었으며 대학 윤리검토위원회에서 승인받은 공개 양식에 서명했다. 피험자들은 자신이 어떤 실험에 참가하는지 인지했으며 모든 종류의 활용에 동의했다.[33] 하지만 이 정도 수준의 동의는 이후 드문 일이 된다.

인터넷이 어떤 동의나 신중한 카메라 운용 없이 사진을 대량으로 제공하기 전까지만 해도 FERET은 '데이터를 만드'는 공식적 방식의 최고점이었다. 하지만 이 초기 단계에도 수집되는 얼굴의 다양성 부족은 문젯거리였다. 1996년 FERET 연구 보고서는 '데이터베이스의 연령, 인종, 성별 분포에 일부 의문이 제기되었'음을 인정하면서도 '프로그램의 현 단계에서 핵심 사안은 다수 개인으로 구성된 데이터베이스에서의 알고리즘 성능'이라고 언급한다.[34] 실제로 FERET은 이 점에서 유난히 요긴했다. 9·11 이후 테러범 탐지에 대한 관심이 커지고 얼굴 인식에 대한 자금 지원이 극적으로 증가하자 FERET은 가장 널리 쓰이는 비교 기준이 되었다. 그 시점 이후로 생체 추적 시스템과 자동 시각 시스템은 규모와 포부 면에서 급격히 팽창했다.

인터넷에서 이미지넷으로

인터넷은 여러 면에서 모든 것을 바꿨다. AI 연구 분야에서 인터넷은 천연자원과 비슷한 것으로, 즉 먼저 차지하는 사람이 임자인 것으로 치부되기에 이르렀다. 웹사이트, 사진 공유 서비스, 나중에는 소셜 미디어 플랫폼에 자신의 사진을 올리는 사람이 늘어나자 약탈이 판치기 시작했다. 훈련 집합은 순식간에 1980년대 과학자들이 상상도 못한 규모에 도달할 수 있다. 더는 사진을 찍을 때 다양한 조명 조건, 통제된 매개변수, 얼굴 위치 조정 장치를 준비할 필요가 없어졌다. 이제는 상상 가능한 모든 조명 조건, 위치, 심도로 찍은 수백만 명의 셀카 사진이 있으니 말이다. 사람들은 아기 사진, 가족 스냅 사진, 자신의 10년 전 사진을 공유하기 시작했는데, 이것은 유전적 유사성과 얼굴 노화를 추적하기에 이상적인 자료였다. 한편 공식적·비공식적 언어 형식을 아우르는 수조 줄 분량의 텍스트가 매일 게시되었다. 모든 것이 기계학습 제분소에서 빻을 곡식이었다. 양은 어마어마했다. 일례로 2019년 페이스북에는 하루 평균 약 3억 5,000만 장의 사진이 올라왔고 트위터에는 5억 개의 트윗이 올라왔다.[35] 미국에 기반을 둔 플랫폼 두 곳만 따져도 이 정도다. 온라인의 모든 것이 AI를 위한 훈련 자료가 될 수 있었다.

기술업계의 거인들은 이제 막강한 위치에 올랐다. 그들은 끝없이 공급되는 이미지와 텍스트의 파이프라인을 소유했으며 사람들이 콘텐츠를 공유할수록 기술업계의 권력은 커졌다. 사람들은 자신의 사진에 기꺼이 이름과 장소를, 그것도 무료로 표시했으며 이 무급 노동 덕에 기계 시각 모형과 언어 모형은 더 정확한 라벨 데이터를 확보할 수 있었다. 업계 내에서 이 데이터는 엄청나게 귀중하다. 거의 공유되지 않는 회사 자산이기에 개인정보 유출 문제가 제기되지만 그와 동시에 경쟁 우위의 수단이 되기도 한다. 하지만 학계 유수의 전산학 연구실을 비롯한 업계 바깥에서도 똑같은 이점을 누리고 싶어 했다. 사람들의 데이터를 수집하고 그것을 자발적 인간 참가자가 직접 분류하도록 하려면 어떻게 해야 할까? 그리하여 새로운 아이디어가 등장했으니, 그것은 인터넷에서 뽑아낸 이미지 및 텍스트와 저임금 크라우드 노동자의 노동을 결합하는 것이었다.

AI에서 가장 중요한 훈련 집합 중 하나는 이미지넷이다. 이미지넷은 리페이페이 교수가 사물 인식을 위한 거대 데이터 집합을 구축하기로 마음먹은 2006년에 처음 구상되었다. 리가 말한다. "역사적으로 전례를 찾을 수 없는 일을 하고 싶었습니다. 우리는 사물의 세계를 모조리 기록할 작정입니다."[36] 2009년 한 컴퓨터 시각 학술 대회에서 이미지넷 연구진은 혁신적인 연구 포스터를 발표했다. 포스터는 이렇게 포문을 열었다.

> 디지털 시대가 되자 데이터가 어마어마한 규모로 폭발하기 시작했다. 최근 추산에 따르면 플리커에 올라온 사진은 30억 장을 넘는다고 한다. 유튜브에도 비슷한 개수의 동영상이 있고 구글 이미지 검색 데이터베이스에는 훨씬 많은 이미지가 등록되어 있다. 이 이미지들을 활용하면 더 정교하고 탄탄한 모형과 알고리즘을 개발할 수 있다. 이를 통해 이용자는 더 훌륭한 응용 프로그램을 통해 데이터를 색인하고 인출하고 정리하고 상호 작용할 수 있을 것이다.[37]

데이터는 애초부터 방대하고 무질서하고 비인격적이고 얼마든지 착취할 수 있는 것으로 규정되었다. 포스터 저자들이 말한다. '그런 데이터를 정확히 어떻게 이용하고 체계화할 수 있을 것인가는 아직 해결되지 않은 문제다.' 연구진은 인터넷에서 이미지 수백만 개를 추출했는데, 주로 검색 엔진에서 이미지 검색 옵션을 이용했다. 그들이 만들어낸 '대규모 이미지 온톨로지ontology(존재하는 사물과 사물간의 관계 및 여러 개념을 컴퓨터가 처리할 수 있는 형태로 표현하는 것 - 옮긴이)'는 사물 및 이미지 인식 알고리즘을 위한 '긴요한 훈련 및 벤치마크 데이터를 제공할' 자료가 될 터였다. 이미지넷은 이 접근법을 이용하여 엄청난 규모로 커졌다. 연구진은 인터넷에서 1,400만 장 이상의 사진을 그러모아 2만 개 이상의 범주로 분류했다. 매우 개인적이고 문제의 소지가 있는 사진이 수천 장이나 되었는데도 사람들의 데이터를 취득하는 일에 대한 윤리적 우려는 연구진의 어느 연구 보고서에서도 언급되지 않았다.

인터넷에서 이미지를 긁어모으고 나자 중대한 문제가 제기되었다. 대체 누가 이 모든 사진에 라벨을 붙이고 타당한 범주로 나누지? 리의 설명에 따르면 연구진의 애초 계획은 학부생을 시간당 10달러에 고용하여 그들로 하여금 이미지를 수작업으로 찾아 데이터 집합에 등록하도록 하는 것이었다.[38] 하지만 그녀는 자기네 예산으로는 과제를 완수하기까지 90년 넘게 걸린다는 것을 깨달았다. 답이 찾아온 것은 한 학생이 리에게 아마존 메커니컬 터크라는 새로운 서비스에 대해 이야기했을 때였다. 제2장에서 보았듯 이 분산 플랫폼 덕에, 이미지를 라벨링하고 정렬하는 등의 온라인 작업을 대규모·저비용으로 수행할 수 있는 분산된 노동력을 확보하는 일이 순식간에 가능해졌다. 리가 말한다. "그가 웹사이트를 보여주었는데, 말 그대로 바로 그날 이미지넷 프로젝트가 성공하리라는 것을 알 수 있었어요. 규모를 키울 수 있는 도구, 프린스턴 학부생들을 고용해서는 꿈도 꿀 수 없던 도구를 갑자기 찾아낸 거죠."[39] 당연하게도 학부생들은 일감을 얻지 못했다.

대신 이미지넷은 한동안 아마존 메커니컬 터크의 세계 최대 학계 이용자가 되었으며, 삯꾼 노동자 군단을 투입하여 분당 평균 50장의 이미지를 수천 개의 범주로 분류했다.[40] 사과와 비행기를 위한 범주가 있는가 하면 스쿠버다이버와 스모 선수를 위한 범주도 있었다. 하지만 더 잔혹하고 불쾌하고 인종차별적인 라벨도 있었다. 사람들의 사진은 '주정뱅이', '원숭이 인간', '미치광이', '창녀', '찢어진 눈' 같은 범주로 분류되었다. 이 모든 용어는 워드넷 어휘 데이터베이스에서 가져왔으며 크라우드 노동자들은 이 단어들을 이미지와 짝지었다. 그 뒤로 10년에 걸쳐 이미지넷은 기계학습을 위한 사물 인식의 거인이자 사물 인식 분야에서 엄청나게 중요한 벤치마크로 성장했다. 데이터를 동의 없이 대량으로 추출하고 저임금 크라우드 노동자에게 라벨링을 시키는 접근 방식은 이후 표준 관행이 되었으며 수백 개의 새로운 훈련 데이터 집합이 이미지넷의 전철을 밟았다. 다음 장에서 보겠지만 이 관행과 여기에서 산출된 라벨 데이터는 결국 프로젝트의 발목을 잡고 만다.

동의 따위는 필요 없다

21세기 초는 동의 기반 데이터 수집에서 멀어지기 시작한 시기였다. 사진을 직접 촬영할 필요가 없어졌을 뿐 아니라 데이터 집합을 수집하는 담당자들은 동의, 서명된 증서, 윤리 감사 없이 인터넷의 콘텐츠를 마음대로 입수해도 된다고 넘겨짚었다. 이제 더욱 심각한 추출 관행이 모습을 드러내기 시작했다. 이를테면 콜로라도 대학교 콜로라도스프링스 캠퍼스에서는 한 교수가 캠퍼스 중앙로에 카메라를 설치하여 교직원 1,700여 명을 몰래 촬영했다. 이 모든 것이 자신의 얼굴 인식 시스템을 훈련시키기 위해서였다.[41] 듀크 대학교의 비슷한 프로젝트에서는 2,000명 이상의 학생이 수업을 들으러 이동하는 영상을 당사자 모르게 수집하여 결과를 인터넷에 발표했다. 듀크MTMC('다중 표적 다중 카메라 얼굴 인식multitarget, multicamera facial recognition'의 약어)라는 이름의 이 데이터 집합은 미국 육군연구소와 국립과학재단의 후원을 받았다.[42]

중국 정부가 사진을 이용하여 소수민족 감시 시스템을 훈련시킨다는 사실이 예술가 겸 연구자 애덤 하비와 줄스 러플레이스의 탐사 프로젝트에 의해 폭로되자 듀크 사업은 거센 비판에 직면했다. 듀크 기관감사위원회에서는 조사에 착수하여 이것이 허용 가능한 관행을 '중대하게 벗어났'다고 판단했다. 데이터 집합은 인터넷에서 삭제되었다.[43]

하지만 콜로라도 대학교와 듀크 대학교에서 벌어진 일은 결코 돌출 행동이 아니었다. 스탠퍼드 대학교에서는 연구자들이 샌프란시스코 인기 카페의 웹캠을 입수하여 1만 2,000장에 가까운 '분주한 시내 카페의 일상' 이미지를 누구의 동의도 받지 않은 채 확보했다.[44] 허락이나 동의 없이 추출된 데이터는 거듭거듭 기계학습 연구자들을 위해 업로드되었으며 연구자들은 이 데이터를 자동 이미징 시스템의 인프라로 활용했다.

또 다른 사례는 마이크로소프트의 기념비적 훈련 데이터 집합

MS-셀럽MS-Celeb으로, 2016년 유명인 10만 명의 사진 약 1,000만 장을 인터넷에서 긁어모았다. MS-셀럽은 당시 세계 최대의 공개된 얼굴 인식 데이터 집합이었으며 유명 배우와 정치인뿐 아니라 언론인, 운동가, 정책입안자, 학자, 예술가의 얼굴이 포함되었다.[45] 얄궂게도, 동의 없이 데이터 집합에 포함된 사람들 중에는 다큐멘터리 영화감독 로라 포이트러스, 디지털 권리 운동가 질리언 요크, 비평가 예브게니 모로조프, 『감시 자본주의 시대』의 저자 쇼샤나 주보프 등 감시와 얼굴 인식 자체를 비판하는 작업으로 알려진 사람도 여럿 있었다.[46]

설령 데이터 집합에서 개인정보를 삭제하여 매우 신중하게 공개하더라도 사람들은 신원이 드러나거나 자신의 매우 민감한 정보가 유출되는 일을 겪어야 했다. 이를테면 2013년 뉴욕 시 택시리무진위원회는 1억 7,300만 건의 택시 운행 데이터 집합을 공개했는데, 여기에는 승하차 시각, 장소, 요금, 팁이 포함되었다. 택시 운전사들은 면허 번호가 익명 처리되었지만 금세 신상이 털렸으며 연구자들은 연 수입과 집 주소 같은 민감한 정보를 알아낼 수 있었다.[47] 유명인 블로그 같은 출처에 공개된 정보를 활용하면 배우와 정치인을 식별할 수 있었으며 스트립 클럽을 찾는 사람들의 주소를 찾아낼 수도 있었다.[48] 하지만 이런 데이터 집합은 개인적 피해를 뛰어넘어 집단이나 지역사회 전체에 '예측 관련 프라이버시 침해'를 일으킨다.[49] 이를테면 앞서 언급한 뉴욕 시 택시 데이터 집합은 기도 시간에 택시 운행이 중단되는 것을 관찰하여 어느 운전사가 독실한 무슬림인지 알아내는 데 이용되었다.[50]

겉보기에는 무해하고 익명화된 데이터 집합에서도 뜻밖의 매우 개인적인 형태의 정보가 드러날 수 있지만, 그럼에도 이미지와 텍스트의 수집은 이런 사실에 구애받지 않았다. 누가 더 큰 데이터 집합을 구축하느냐가 기계학습의 성패를 좌우했으므로 더 많은 사람들이 데이터 입수 방법을 모색하고 있다. 하지만 전반적 AI 분야가 윤리적·정치적·인식론적 문제와 잠재적 위해를 무릅쓰고 이 관행을 받아들이는 이유는 무엇일까? 어떤 믿음, 정당화, 경제적 유인 때문에 이 대량 추출과 보편적 동치general equivalence(데이터가 실제 현상을 그대로 반영한다는 생각 - 옮긴이)가 정상이 되었을까?

데이터의 신화와 은유

AI 교수 닐스 닐슨이 쓴 (널리 회자되는) 인공지능 역사서에는 기계학습 데이터의 창조 신화가 여러 개 언급되어 있다. 닐슨은 기술 분야에서 데이터를 어떻게 전형적으로 묘사하는지를 명쾌하게 서술한다. '대량의 원자료는 유용한 정보를 분류하고 정량화하고 추출하는 효율적 데이터 마이닝 기법을 필요로 한다. 데이터 분석에서 기계학습 방법의 역할이 점차 중요해지는 이유는 대량의 데이터를 처리할 수 있기 때문이다. 사실 데이터는 많을수록 좋다.'[51]

수십 년 전의 로버트 머서를 연상시키듯 닐슨은 데이터가 어디에나 있고 먼저 차지하는 사람이 임자이며 기계학습 알고리즘에 의한 대규모 분류가 최선의 방법이라고 생각했다.[52] 이 통념은 어찌나 널리 퍼졌던지 다음과 같은 공리가 될 정도였다. '데이터는 취득되고 정제되고 가치를 부여받기 위해 존재한다.'

하지만 기득권 세력은 시간이 흐름에 따라 이 믿음을 신중하게 빚어내고 뒷받침했다. 사회학자 마리옹 푸르카드와 키런 힐리가 지적하듯 데이터를 항시 수집하라는 명령은 데이터 업계뿐 아니라 그들의 제도와 그들이 구사하는 기술로부터도 내려온다.

> 기술로부터 내려오는 제도적 명령이야말로 무엇보다 강력하다. 우리가 이 일을 하는 것은 '할 수 있기 때문'이니 말이다. 전문가들은 권고하고 제도적 환경은 요구하고 기술은 조직들이 최대한 많은 개인 데이터를 끌어모으게 해준다. 수집된 양이 기업의 상상력이나 분석 범위를 훌쩍 뛰어넘더라도 상관없다. 언젠가는 유익하리라고, 즉 가치가 생기리라고 가정하기 때문이다. (……) 현대 조직들은 데이터를 수집하라는 명령에 문화적으로 구속되며 이를 실행할 새로운 도구를 확고하게 장착한다.[53]

이는 데이터 수집이 어느 미래 시점에 일으킬지도 모르는 부정적 영향에 상관없이 시스템을 개량하기 위해 데이터를 수집하라는 일종의 도덕적 명령을 낳았다. '많을수록 좋다'라는 미심쩍은 믿음의 이면에는 이질적 데이터 조각을 충분히 수집하면 개인을 완전히 알 수 있다는 발상이 자리 잡고 있다.[54] 하지만 무엇을 데이터로 간주해야 할까? 역사가 리사 기틀먼은 모든 분야와 기관이 '데이터를 상상하는 제 나름의 규범과 기준을 가지고 있'다고 말한다.[55] 21세기에 데이터는 수집할 수 있는 모든 것이 되었다.

'데이터 마이닝' 같은 용어와 '데이터는 새로운 석유다'라는 문구는 데이터 개념을 개인적이고 내밀한 것, 또는 개인의 소유와 통제에 종속되는 것에서 벗어나 보다 비활성이고 비인간적인 것으로 바꾼 수사적 수법의 일환이었다. 데이터는 소비해야 하는 자원으로, 다스려야 하는 흐름으로, 활용해야 하는 투자로 묘사되기 시작했다.[56] '석유로서의 데이터'라는 표현이 일상화되었다. 여기에는 데이터란 정제되지 않은 원료라는 이미지가 들어 있다. 하지만 기한계약노동indentured labor(노동자가 일정 기간 근무지를 떠날 수 없는 노동 형태 - 옮긴이), 지정학적 분쟁, 자원 고갈, 인류의 시간 척도를 뛰어넘어 확대되는 결과를 비롯한 석유 및 채굴 산업의 비용을 강조하는 데 이 표현이 쓰이는 일은 드물었다.

결국 '데이터'는 무색무취한 단어가 되어 자신의 물질적 기원과 종말을 둘 다 감추고 있다. 데이터가 추상적이고 비물질적인 것으로 간주된다면 배려, 동의, 위험 등에 대한 전통적 이해와 책임을 더 쉽게 벗어날 수 있다. 연구자 루크 스타크와 애나 로런 호프먼이 주장하듯, 데이터를 그저 발견되기를 기다리는 '천연자원'에 빗대는 은유는 식민주의 열강들이 수백 년간 써먹은 탄탄한 수사적 수법이다.[57] 원시적이고 '정제되지 않은' 출처에서 온 것이라면 추출은 정당화된다.[58] 데이터를 그저 추출되기만 기다리는 석유로 치부한다면 기계학습은 마땅히 필요한 정제 과정으로 간주할 수 있다.

시장을 원시적 형태의 가치 조직화로 여기는 포괄적 신자유주의적 구상에 발맞춰 데이터는 자본으로도 간주되기 시작했다. 인간

활동은 일단 디지털 흔적을 통해 표현된 뒤에 득점 기준 내에서 집계되고 등수가 매겨지면 이제는 가치를 뽑아내는 수단의 역할을 하게 된다. 푸르카드와 힐리에 따르면 올바른 데이터 신호를 보유한 사람들은 시장 어디에서든 보험료를 할인받고 더 높은 위치를 차지하는 등의 이점을 누린다.[59] 주류 경제에서의 고성과자는 데이터 득점 경제에서도 승승장구하는 반면에 성과가 가장 낮은 사람들은 가장 해로운 형태의 데이터 감시 및 추출의 표적이 된다. 데이터가 일종의 자본으로 간주될 때는, 더 많이 모은다면 모든 것이 정당화된다. 사회학자 제이선 서다우스키도 데이터가 이제 일종의 자본으로 작동한다며 비슷한 주장을 편다. 그는 모든 것이 데이터로 이해되면 점점 증가하는 데이터 추출의 순환이 정당화된다고 말한다. '그리하여 데이터 수집은 자본 축적의 영구 순환에 의해 추동되며 이는 모든 것이 데이터로 이루어진 세계를 자본이 구성하고 여기에 의존하도록 추동한다. 데이터의 보편성이라는 가정은 모든 것을 데이터 자본주의의 영역에 놓이도록 재배치한다. 모든 공간은 데이터화에 종속되어야 한다. 우주가 잠재적으로 무한한 데이터 저장고로 간주된다면 그것은 데이터의 축적과 순환이 영원히 지속될 수 있음을 의미한다.'[60]

축적하고 순환하려는 이 충동은 데이터의 강력한 기저 이데올로기다. 서다우스키는 대량 데이터 추출이 '축적의 새로운 전선이자 자본주의의 다음 단계'이며 AI를 작동시키는 것은 이 기반이라고 주장한다.[61] 따라서 (데이터를 먼저 차지하는 사람이 임자인) 이 미개척지를 원하지 않는 산업, 기관, 개인은 모조리 의심받거나 불안정해진다.

기계학습 모형이 더 정확해지기 위해서는 데이터를 계속해서 공급받아야 한다. 하지만 기계는 점근漸近적이어서 결코 완전한 정확성에 도달하지 못한다. AI 제련소에 연료를 공급하기 위해 최대한 많은 사람들에게서 더 많은 데이터를 추출하는 행위가 정당화되는 것은 이런 까닭이다. 여기서 '인간 주체'(20세기 윤리 논쟁에서 생겨난 개념)에서 '데이터 주체'로의 개념 변화가 일어났다. 이것은 주체성이나 맥락이나 명확히 정의된 권리 없이 수집된 자료점 덩어리를 일컫는다.

로켓이 어디 떨어지든 무슨 상관이랴

대학에 기반을 둔 AI 연구의 절대다수는 윤리 감사 과정을 전혀 거치지 않는다. 하지만 기계학습 기법이 교육과 의료 같은 민감한 영역에서 의사 결정에 영향을 미친다면 윤리 감사를 강화하지 말아야 할 이유가 어디 있을까? 이 문제를 이해하려면 인공지능의 이전 분야들을 살펴보아야 한다. 기계학습과 데이터 과학이 탄생하기 전까지만 해도 응용수학, 통계, 전산학 같은 분야는 예부터 인간 피험자에 대한 연구와는 거리가 멀었다.

AI의 첫 수십 년간, 인간 데이터를 이용한 연구는 별로 위험하지 않다고 평가되었다.[62] 기계학습의 데이터 집합이 사람들에게서 추출되고 그들의 삶을 드러내더라도 그 데이터 집합을 이용하는 연구는 인간 피험자에게 거의 영향을 미치지 않는 일종의 응용수학에 가까운 것으로 간주되었다. 대학 기반의 기관감사위원회institutional review board, IRB 같은 윤리 보호 기구들은 오랫동안 이 논리를 받아들였다.[63] 처음에는 일리가 있었다. IRB는 개인 피험자에게 명백한 위험이 따르는 생체의학·심리학 실험에서 흔히 쓰는 방법들에 집중하느라 여력이 없었기 때문이다. 전산학은 훨씬 추상적인 학문으로 간주되었다.

하지만 AI가 1980년대와 1990년대에 실험실 문턱을 넘어서(범죄자의 재범 가능성을 예측하거나 복지 수급 자격을 판단하는 등) 현실 상황에 진입하자 위해 가능성이 커졌다. 게다가 그러한 위해는 개인뿐 아니라 공동체 전체에 영향을 미친다. 하지만 '공개적으로 입수할 수 있는 데이터 집합은 위험이 거의 없으므로 윤리 감사를 면제받아야 한다'라는 주장은 여전히 확고하다.[64] 이러한 발상은 데이터 이전이 힘들고 장기 보관 비용이 무척 비쌌던 옛 시대의 산물이다. 이전의 가정들은 현재 기계학습에서 벌어지고 있는 일들에 들어맞지 않는다. 이제 데이터 집합들은 더 쉽게 연결되고 용도가 무한히 변경되고 끊임없이 갱신될 수 있으며 수집의 맥락으로부터 종종 분리된다.

AI 도구들이 일상에 더 깊이 침투하고 연구자들이 피험자와의 상호작용 없이 데이터에 더 효과적으로 접근할 수 있게 됨에 따라 AI의 위험 요인이 빠르게 변하고 있다. 이를테면 한 기계학습 연구자 집단은 논문에서 자신들이 '범죄를 분류하는 자동 시스템'을 개발했다고 주장했다.[65] 무엇보다 그들은 폭력 범죄의 갱단 관련성 여부에 초점을 맞추었는데, 자신들의 신경망이 무기, 용의자 수, 지역, 범행 장소의 네 가지 정보만 가지고 이것을 예측할 수 있다고 자부했다. 그들이 이용한 로스앤젤레스 경찰국의 범죄 데이터 집합에는 경찰이 갱단 관련 라벨을 붙인 범죄 수천 건이 들어 있었다.

갱단 데이터는 왜곡되고 오류투성이인 것으로 악명이 높지만 연구자들은 로스앤젤레스 데이터베이스를 비롯한 여러 데이터베이스를 AI 예측 시스템 훈련의 주요 자료원으로 활용했다. 이를테면 캘리포니아에서 경찰이 널리 이용하는 캘갱CalGang 데이터베이스는 심각한 오류가 있는 것으로 드러났다. 주州 감사관은 수백 건의 기록 중 23퍼센트가 적절한 등록 근거를 가지고 있지 않음을 발견했다. 이 데이터베이스에는 유아도 마흔두 명이 들어 있었는데, 그중 스물여덟 명은 '갱단이라고 자백한' 명단에 포함되었다.[66] 명단의 성인은 대부분 한 번도 기소되지 않았으나 일단 데이터베이스에 포함되면 자신의 이름을 삭제할 방법이 없었다. 이들이 명단에 포함된 이유는 빨간색 셔츠를 입고서 이웃과 담소를 나누었다든지 하는 간단한 것일 수도 있었으며, 이런 사소한 이유 때문에 명단에서는 흑인과 라틴계가 압도적 비중을 차지했다.[67]

학술 대회에서 연구자들이 조직범죄 예측을 발표하자 일부 참석자는 문제점을 느꼈다. 〈사이언스〉의 보도에 따르면 객석에서 이런 질문이 제기되었다고 한다. '연구진은 훈련 데이터가 애초에 편향되지 않았음을 어떻게 확신할 수 있었나?' '누군가가 갱단으로 잘못 표시되면 어떻게 되나?' 연구 결과를 발표한 전산학자 하우 챈(지금은 하버드 대학교 소속이다)은 새로운 도구가 어떻게 이용될지는 모르겠다고 답했다. 자신은 일개 '연구원'이므로 '이런 종류의 윤리적 질문에는 어떻게 답하는 것이 적절한지 모르겠'다고 말했다. 그러자 청중 한 명이 전쟁용 로켓 과학자 베르너 폰 브라운에 대한 톰 레러의 풍자 가요 중 한 구절을 인용했다. '로켓이 발사되기만 하면 어디 떨어지든 무슨 상관이랴?'[68]

윤리적 의문을 기술적 의문과 분리하는 이런 태도에는 기계학습 분야의 더 폭넓은 문제가 반영되어 있다. 이 분야에서는 연구 범위를 벗어나기만 하면 위해에 대한 책임이 인식되지도 드러나지도 않는다. 애나 로런 호프먼은 이렇게 썼다. '여기서 문제는 편향된 데이터 집합이나 불공정한 알고리즘의 문제나 의도하지 않은 결과의 문제만이 아니다. 취약한 공동체에 피해를 입히고 현재의 불의를 악화하는 관념을 연구자들이 적극적으로 재생산하는 것이야말로 더 고질적인 문제다. 하버드 연구진이 제안한 갱단 폭력 식별 시스템이 결코 구현되지 않더라도 이런 종류의 피해는 이미 발생하지 않았나? 이 과제는 그 자체로 문화적 폭력 행위 아니었나?'[69] 윤리 문제를 논외로 하는 것은 그 자체로 해로우며, 과학 연구가 진공 상태에서 이루어지고 그것이 퍼뜨리는 관념들에 대해 아무 책임이 없다는 거짓 관념을 영구화한다.

AI가 실험실에서만 쓰이던 실험적 분야에서 벗어나 수백만 명을 대상으로 하는 대규모 실험이 된 지금은 해로운 관념들의 재생산이 특히나 위험하다. 기술적 접근법은 학회 논문에 실린 뒤 금세 생산 시스템에 접목될 수 있으며, 이렇게 되면 해로운 가정이 고착화되거나 돌이키기 힘들어질 수 있다.

기계학습과 데이터 과학의 방법들은 연구자와 피험자 사이에 추상적 관계를 만들어낼 수 있는데, 이때 연구는 위해의 위험을 겪는 공동체와 개인으로부터 분리되어 수행된다. AI 연구자와 (자신의 삶이 데이터 집합에 반영되는) 사람들의 관계가 분리되는 현상은 오래된 관행이다. AI 과학자 조지프 와이젠바움은 일찍이 1976년에 이 분야를 신랄하게 비판하면서 전산학이 이미 모든 인간적 맥락을 우회하려 든다고 꼬집었다.[70] '사람들이 주고받은 생각들로부터 만들어진 무기 체계가 그 사람들을 죽이고 불구로 만드'는데도 데이터 시스템 때문에 전쟁 중에 과학자들이 이 사람들과 거리를 둘 수 있다는 것이었다.[71] 와이젠바움이 보기에 해결책은 데이터가 실제로 의미하는 것을 직접적으로 문제 삼는 것이었다. '따라서 교훈은 과학자와 기술자가 의지와 상상력을 발휘하여 그런 심리적 거리를 줄이고 자신을 스스로의 행동이 낳은 결과로부터 분리하는 힘에 맞서야 한다는 것이다. 자신이 실제로 무슨 일을 하고 있는지에 대해 생각해야 한다. 이것으로 충분하다.'[72]

와이젠바움은 과학자와 기술자들이 자신의 연구가 가져올 결과에 대해, 또한 누가 위험에 처할 것인지에 대해 더 깊이 생각하길 바랐다. 하지만 이것은 AI 분야의 표준이 되지 못했다. 오히려 데이터는 마음대로 취득할 수 있고 제한 없이 이용할 수 있고 맥락 없이 해석할 수 있는 것으로 흔히 취급된다. 착취와 침범을 자행하고 영구적 위해를 가할 수 있는 데이터 수집의 탐욕스러운 국제적 문화는 엄연히 존재한다.[73] 또한 (데이터를 먼저 차지하는 사람이 임자라는) 이 식민주의적 태도를 유지하려는 강력한 유인을 받는 산업, 기관, 개인이 많이 있으며 그들은 이 사안에 의문이 제기되거나 규제가 시행되기를 바라지 않는다.

공유재 포획으로 억만장자 되기

지금 널리 퍼져 있는 데이터 추출 문화는 개인정보 보호, 윤리, 안전에 대한 우려에도 불구하고 계속 성장하고 있다. 나는 AI 개발을 위해 자유롭게 이용할 수 있는 수천 개의 데이터 집합을 연구하면서 기술적 시스템이 무엇을 인식하도록 구축되는지, 어떻게 인간이 좀처럼 보지 않는 방식으로 세계가 컴퓨터를 위해 표상되는지 엿볼 수 있었다. 사람들의 셀카, 문신, 아이와 함께 걷는 부모, 손짓, 차를 운전하는 사람들, CCTV에 찍힌 범죄 현장, 그리고 앉거나 손을 흔들거나 잔을 들거나 울음을 터뜨리는 수많은 일상적 인간 행동 등으로 가득한 거대한 데이터 집합들이 존재한다. 법의학 정보, 생체정보, 사회관계 정보, 심리 정보를 아우르는 모든 형태의 생체 데이터가 수집되어, AI 시스템이 패턴을 찾아내고 평가를 수행할 수 있도록 데이터베이스에 기록되고 있다.

훈련 데이터 집합은 윤리적·방법론적·인식론적 관점에서 복잡한 문제를 제기한다. 많은 데이터 집합이 사람들이 모르는 사이에 또는 동의를 받지 않고 구축되었으며 플리커, 구글 이미지 검색, 유튜브 같은 온라인 정보원에서 수집되었거나 연방수사국 같은 정부기관으로부터 기증되었다. 이제 이 데이터는 얼굴 인식 시스템을 확장하고 건강보험 요율을 조정하고 운전 부주의를 처벌하고 예측 기반 치안 도구를 개량하는 데 쓰인다. 하지만 데이터 추출의 관행은 한때 금지 구역이었거나 도달 비용이 너무 컸던 인간 삶의 영역에까지 깊이 파고들고 있다. 기술 기업들은 새로운 교두보를 확보할 다양한 접근법을 마련했다. 부엌 조리대나 침대맡 탁자에 둔 기기에서는 음성 데이터를 수집하고 손목에 찬 시계와 호주머니에 든 휴대폰에서는 신체 데이터를 수집하고 태블릿과 노트북에서는 어떤 책과 신문을 읽는지에 대한 데이터를 수집하고 직장과 교실에서는 동작과 표정을 수집하고 평가한다.

AI 시스템을 구축하기 위해 사람들의 데이터를 수집하는 관행은 명백한 프라이버시 침해 우려를 일으킨다. 이를테면 영국의 왕립무료국민보건서비스기금신탁Royal Free National Health Service Foundation Trust은 구글의 자회사 딥마인드와 환자 1,600만 명의 데이터 기록을 공유하는 협약을 맺었다. 영국 국민보건서비스는 존경받는 기관으로, 기본적으로 전 국민에게 무료로 의료 서비스를 제공하며 환자 데이터를 안전하게 보관할 책무를 진다. 하지만 딥마인드와의 계약을 조사했더니, 환자에게 데이터 제공 사실을 충분히 고지하지 않아 개인정보 보호 법률을 위반한 것으로 드러났다.[74] 정보위원회는 조사 결과를 발표하면서 이렇게 말했다. '혁신의 대가가 기본적 프라이버시 권리의 침해여야 할 필요는 없다.'[75]

하지만 프라이버시만큼 주목받지는 못해도 그에 못지않게 심각한 사안은 이뿐만이 아니다. 데이터 추출과 훈련 데이터 집합 구축의 관행은 이전에 공유재의 일부이던 것을 수집하여 상업적으로 이용하는 행위를 전제한다. 이 특수한 형태의 침해는 은밀한 사유화이며 공적 자산으로부터 지식 가치를 추출하는 행위다. 데이터 집합은 여전히 공개적으로 이용할 수 있을지 몰라도 데이터의 메타값(데이터에 의해 만들어진 모형)은 사적으로 소유된다. 물론 공개 데이터로 할 수 있는 좋은 일이 많다는 것은 분명하다. 하지만 공공 기관과 온라인 공적 공간을 통해 공유된 데이터의 가치가 또 다른 공공재의 형태로 공공선에 이바지해야 한다는 사회적이고 (어느 정도는) 기술적인 기대는 분명히 존재했다. 그럼에도 우리가 목도하는 것은 한 줌의 사기업들이 이 원천으로부터 통찰과 이윤을 뽑아낼 어마어마한 권력을 가지고 있다는 사실이다. 새로운 AI 골드러시는 인간의 앎, 느낌, 행동의 여러 분야, 즉 모든 유형의 가용 데이터로 이루어졌으며, 이 모든 것이 끝없는 수집의 팽창주의적 논리에 사로잡혀 있다. 이것은 공적 공간의 약탈이다.

기본적으로, 오랜 데이터 축적 관행은 강력한 추출의 논리에 일조했는데, 이 논리는 이제 AI 분야가 작동하는 방식의 핵심 특징이다. 이 논리는 가장 큰 데이터 파이프라인으로 기술 기업들을 살찌웠으며, 데이터 수집으로부터 자유로운 공간은 처참하게 쪼그라들었다. 버니바 부시가 예견했듯 기계는 먹성이 무지막지하다. 하지만 기계가 무엇을 어떻게 공급받느냐는 그 기계가 세상을 어떻게 이해하는가에 어마어마한 영향을 미치며 기계 주인들의 우선순위는 항상 그 시야에서 어떻게 이익이 산출될 것인가를 만들어낼 것이다. AI 모형과 알고리즘을 형성하고 여기에 정보를 공급하는 훈련 데이터의 층위들을 살펴보면 세계에 대한 데이터를 수집하고 라벨을 붙이는 일이 (순수한 기술적 행위를 가장하지만 실은) 사회적·정치적 개입임을 알 수 있다.

데이터가 이해되고 수집되고 분류되고 명명되는 방식은 기본적으로 세계 만들기world-making와 담기containment의 행위다. 이것은 인공지능이 세상에서 어떻게 작동하는지, 어떤 집단이 가장 큰 피해를 입는지에 엄청난 영향을 미친다. 전산학에서 데이터 수집이 선의의 행위라는 신화는 권력의 작동 실태를 가려, 가장 많은 이익을 얻으면서도 결과에 대한 책임을 모면하는 자들을 보호한다.

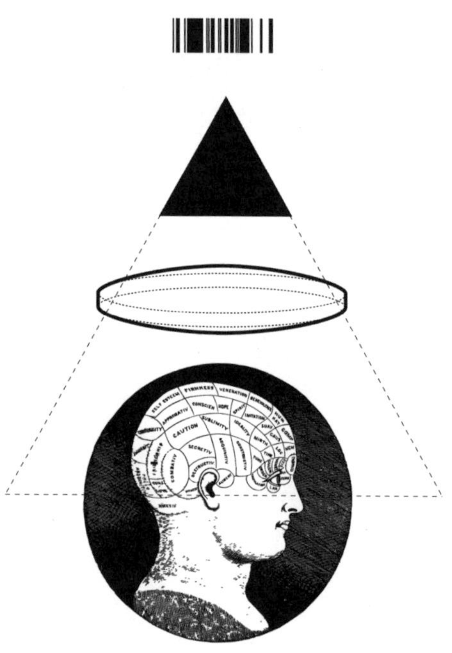
SELF ESTEEM
FIRMNESS
VENERATION
CONSCIEN
HOPE
APPROBATIV
CAUTION
SUBLIMITY
IMITATION
IDEALITY
SUAV
CAUS
COMP
MIRTH
SECRETIV
COMBATIV
DESTRUCTIV
ACQUISITIV
CONSTRUCTIV

4 분류

주위엔 온통 사람 두개골이다. 이 방에는 1800년대 초기에 수집된 두개골이 500개 가까이 보관되어 있다. 전부 반들반들하게 닦았으며 이마뼈에 검은색 잉크로 숫자를 적었다. 손으로 세심하게 그린 동그라미는 골상학에서 '자비심'이나 '존경심' 같은 특정 성격과 연관된 부위를 나타낸다. 어떤 두개골에는 '네덜란드인', '잉카 인종 페루인', '광인' 같은 단어가 대문자로 쓰여 있다. 각각의 두개골은 미국의 두개골학자 새뮤얼 모턴이 꼼꼼히 무게를 달고 치수를 재고 꼬리표를 붙여놓았다. 모턴은 의사이자 자연사학자였으며 필라델피아 자연사학회 회원이었다. 그가 전 세계에서 사람 두개골을 모은 방법은 과학자 및 두개골 사냥꾼들과의 거래였다. 그들은 모턴의 실험을 위해 표본을 가져다주었으며 때로는 무덤을 도굴했다.[1] 모턴은 1851년에 생을 마칠 때까지 1,000여 점의 두개골을 수집했는데, 당

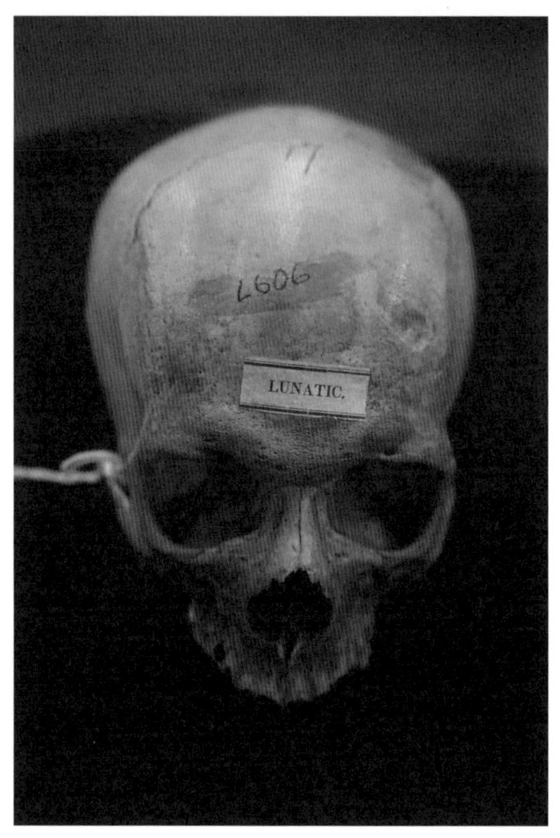

모턴의 두개골 수집품 중 '광인'이라고 표시된 것. 사진 : 케이트 크로퍼드

시만 해도 세계 최대 규모였다.[2] 소장품 중 상당수는 현재 필라델피아 펜실베이니아 대학교 인류고고학박물관 자연인류학 보관실에 있다.

모턴은 머리 모양을 관찰하여 인간의 성격을 읽어낼 수 있다고는 믿지 않았다는 점에서 전형적인 골상학자는 아니었다. 오히려 그의 목표는 두개골의 신체적 특징을 비교하여 인류를 '객관적으로'

분류하고 등급을 매기는 것이었다. 이를 위해 그는 세계인을 아프리카인, 아메리카 원주민, 백인, 말레이인, 몽골인의 다섯 '인종'으로 나누었다. 이것은 당시의 전형적 분류 체계였으며 그 시대의 지정학에 팽배한 식민주의 사고방식을 보여준다.[3] 이것은 인류다원설人類多元說(인류가 저마다 다른 시기에 독자적으로 진화했다는 학설)의 관점으로, 유럽과 미국의 백인 학자들에 의해 합리화되었으며 제국주의 탐험가들에 의해 인종차별적 폭력과 강탈의 근거로 칭송받았다.[4] 두개측정학은 인간의 차이와 능력을 정확히 평가한다고 자부한 뒤로 그들의 주요 방법 중 하나로 성장했다.[5]

내 눈앞에 있는 두개골 중 상당수는 아프리카에서 태어났으나 미국에서 노예로 죽은 사람들의 것이다. 모턴은 두개골을 측정하기 위해 두개강을 산탄散彈으로 채운 다음 그 산탄을 원통에 부어 부피를 세제곱인치 단위로 측정했다.[6] 그는 연구 결과를 발표했으며 그 두개골들을 다른 지역에서 입수한 것들과 비교했다. 이를테면 백인의 두개골이 가장 크고 흑인은 가장 작다고 주장했다. 모턴의 인종별 평균 두개골 부피 표는 당시 첨단 과학으로 간주되었다. 그의 연구는 19세기의 나머지 기간 동안 객관적 자료로 인용되었다. 인종의 상대적 지능과 백인종의 생물학적 우월성을 입증하는 근거 자료로 간주된 것이다. 이 연구는 미국에서 노예제와 인종 분리의 정당성을 옹호하는 데 결정적 역할을 했다.[7] 당시의 첨단 과학으로 간주되었기에, 연구가 인용되지 않은 지 오랜 뒤에도 인종 탄압을 승인하는 데 동원되었다.

하지만 모턴의 연구는 주장과 달리 객관적 근거가 아니었다. 스티븐 제이 굴드는 기념비적 저서 『인간에 대한 오해』에서 이렇게 말한다.

> 냉정하게 이야기하자면, 모턴의 정리는 선험적인 확신을 억누르려는 뚜렷한 목적으로 속임수와 날조를 이어 붙인 조각 이불과 같다. 그러나 나는 이 [사기 행위가 의도적이라는] 증거 – 이것이 이 사례의 가장 흥미로운 측면이지만 – 를 전혀 찾아낼 수 없었다. (……) 다른 한편, 무의식적 사기의 만연은 과학의 사회적 맥락에 관한 일반적 결론을 시사한다. 만약 과학자들이 모턴과 같은 정도로 좋은 의도에서 자기기만에 빠진다면, 도처에서 편견이 발견될 것이기 때문이다. 심지어는 뼈의 측정이나 덧셈의 합계라는 기본 수치에서조차 말이다.[8]

굴드와 이후의 많은 사람들은 두개골의 무게를 다시 측정하여 모턴의 근거를 재검토했다.[9] 그랬더니 몸집이 클수록 뇌도 크다는 기본적 사실을 무시하는 등 모턴이 오류와 계산 착오, 절차 누락을 저질렀다는 사실이 드러났다.[10] 모턴은 자신의 백인우월주의 신념을 뒷받침하는 표본을 선택적으로 골랐으며 집단 평균을 낮추는 하위 표본을 빼버렸다. 펜실베이니아 박물관의 두개골들을 현대에 평가한 바에 따르면 (심지어 모턴의 자료를 이용하더라도) 민족 간에 유의미한 차이는 전혀 나타나지 않는다.[11] 하지만 편견, 즉 한쪽으로 치우쳐 세상을 바라보는 방식은 모턴이 믿는 객관적 과학의 상을 형성했으며 스스로를 강화하는 회로가 되어 납으로 채운 두개골 자체

뿐 아니라 그의 연구에도 영향을 미쳤다.

굴드의 말마따나 두개측정학은 '19세기의 생물학적 결정론을 이끈 수리과학'이었으며 핵심적 기본 가정의 측면에서 '어처구니없는 실수'에 기반을 두었다. 그것은 뇌 크기가 지능과 동일하고 인종이 생물학적 종처럼 구별되며 지능과 천성에 따라 인종 사이에 우열이 있다는 가정이었다.[12] 이런 종류의 인종학은 결국 논파되었지만, 코넬 웨스트가 주장하듯 그 지배적 은유, 논리, 범주는 백인우월주의를 뒷받침했을 뿐 아니라 인종에 대한 특정한 정치적 이념을 가능케 하는 한편 다른 이념들을 차단했다.[13]

모턴의 유산은 인공지능의 측정과 분류에서 나타나는 인식론적 문제를 예고한다. 두개골의 형태를 지능 및 법적 권리와 짝짓는 것은 식민주의와 노예제를 위한 기술적 알리바이로 작용했다.[14] 두개골 측정의 오류와 이 오류의 교정 방법에 주로 초점이 맞춰지긴 하지만 훨씬 커다란 오류는 이 방법론을 부추긴 기본적 세계관에 있다. 그렇다면 목표는 더 정확하거나 '공정한' 두개골 측정을 요구하여 인종차별적 지능 모형을 떠받치는 게 아니라 접근법을 통째로 비판하는 것이어야 한다. 모턴이 이용한 분류 방법은 '내재적으로' 정치적이었으며 지능, 인종, 생물학에 대한 그의 허황한 가정은 폭넓은 사회적·경제적 영향력을 발휘했다.

분류의 정치는 인공지능에서도 핵심적인 수법이다. 분류 행위는 대학 연구실에서 기술업계에 이르는 여러 분야에서 기계 지능이 어떻게 인식되고 생산되는지에 영향을 미친다. 제3장에서 보았듯 세상의 인공물은 추출, 측정, 라벨 달기, 순서 정하기를 통해 데이터로 전환되며 이 실측 자료는 그 데이터로 훈련받은 기술 시스템을 (의도적으로든 아니든) 오도할 우려가 있다. 인종, 계급, 성별, 장애, 연령 등의 범주에서 AI 시스템이 차별적 결과를 내놓는다는 사실이 드러나면 기업들은 도구를 개선하거나 데이터를 다양화하라는 적잖은 압박에 직면한다. 하지만 그 결과는 곧잘 지엽적 대응에 머무른다. 대개는 기술적 오류와 왜곡된 데이터를 바로잡아 AI 시스템이 더 공정하게 보이도록 하려는 시도에 그친다. 이 과정에서 종종 누락되는 것은 다음과 같은 더 근본적인 질문들이다. 기계학습에서 분류는 어떻게 작용하는가? 우리가 분류할 때 영향을 받는 것은 무엇인가? 분류는 분류 대상과 어떤 방식으로 상호작용을 하는가? 기저에 깔려 있으며 세상에 대한 이 분류 행위로 인해 뒷받침되는 무언의 사회적·정치적 이론은 무엇인가?

제프리 바우커와 수전 레이 스타는 획기적인 분류 연구에서 이렇게 말한다. '분류는 강력한 기술技術이다. 분류는 작업 하부 구조 속에 끼워 넣어짐으로써 그 힘의 어느 부분도 상실하지 않으면서 상대적으로 보이지 않게 된다.'[15] AI 훈련용 데이터 집합에서 이미지에 라벨을 다는 것이든 얼굴 인식으로 사람들을 추적하는 것이든 산탄을 두개골에 붓는 것이든, 분류는 권력의 행위다. 하지만 바우커와 스타가 말하듯 분류는 '하부 구조 속으로, 습관 속으로, 당연시되는 것들 속으로' 사라질 수 있다.[16] 우리는 기술 시스템을 빚어내려고 무심하게 선택되는 분류 방식이 사회적·물질적 세계를 빚어내는 데 활발한 역할을 할 수 있음을 망각하기 쉽다.

인공지능의 편향 문제에 치중하는 경향 때문에, 우리는 AI에서의 핵심적 분류 행위를 그에 따르는 정치적 행위와 더불어 평가하는 일에서 멀어졌다. 분류 행위의 실제를 간파하기 위해, 이번 장에서는 21세기의 몇몇 훈련 데이터 집합을 탐구하고 그 데이터 집합의 사회적 질서 도식이 어떻게 서열을 합리화하고 불평등을 증폭하는지 관찰할 것이다. 또한 AI 진영에서 벌어지는 편향 논쟁의 한계를 들여다볼 것이다. 이 분야에서는 이면의 사회적·정치적·경제적 구조를 문제 삼기는커녕 수학적 동등성이 '더 공정한 시스템'을 산출한다는 주장이 종종 제기되는 실정이다. 한마디로 우리는 인공지능이 어떻게 분류를 이용하여 권력을 은밀히 행사하는지 살펴볼 것이다.

순환 논증 체계

10년 전만 해도 인공지능에 편향 문제가 있을 수도 있다는 주장은 정통파에 속하지 않았다. 하지만 지금은 애플 신용도 평가 알고리즘의 성별 편향에서 컴퍼스COMPAS 범죄 위험 평가 소프트웨어, 페이스북 광고 표적화의 연령 편향에 이르기까지 차별적 AI 시스템의 사례가 넘쳐난다.[17] 이미지 인식 도구는 흑인의 얼굴을 엉뚱하게 분류하고, 챗봇은 인종차별적이고 여성 혐오적인 언어를 구사하고, 음성 인식 소프트웨어는 여성적 목소리를 인식하지 못하고, 소셜 미디어 플랫폼은 고임금 일자리 광고를 여성보다는 남성에게 더 많이 보여준다.[18] 연구자 루하 벤저민과 사피야 노블이 밝혔듯 이런 사례가 기술 생태계를 통틀어 수백 건에 이른다.[19] 인지되거나 공식적으로 인정되지 않은 사례는 훨씬 많다.

현재 진행 중인 AI 편향 서사에서 각 사례의 전형적 구조는 AI 시스템이 차별적 결과를 낳고 있는 실태를 탐사 기자나 내부 고발자가 폭로하는 것에서 시작된다. 보도가 널리 공유되면 해당 회사는 사안에 대처하겠노라 약속한다. 그런 다음 기존 시스템이 새로운 시스템으로 대체되거나, 동등성을 증진하려는 시도의 형태로 기술적 개입이 실시된다. 그 결과와 기술적 해결책은 회사 비밀로 남으며 대중은 편향의 병폐가 '치료'되었으니 안심하라는 말을 듣는다.[20] '왜' 이런 형태의 편향과 차별이 자주 일어나는지, 단순히 부적절한 기반 데이터 집합이나 부실하게 설계된 알고리즘이 아니라 더 근본적인 문제가 도사리고 있는 것은 아닌지를 놓고 공적 논쟁이 벌어지는 일은 훨씬 드물다.

편향이 작동하는 더 생생한 사례 중 하나는 아마존의 내부자 증언에서 찾아볼 수 있다. 2014년 아마존은 직원을 추천하고 채용하는 절차를 자동화하는 실험을 실시하기로 결정했다. 자동화가 제품 추천과 창고 관리 분야에서 이윤을 끌어올렸다면 채용의 효율성도 끌어올릴 수 있으리라는 논리였다. 한 엔지니어는 이렇게 말했다. "말 그대로 제가 이력서 100통을 올리면 최상위 다섯 통을 선정하여 그 사람들을 채용하는 엔진을 원하더군요."[21] 기계학습 시스템은 아마존의 제품 평가 시스템을 본떠 지원자들에게 1점부터 5점까지 점수를 매기도록 설계되었다. 아마존 엔지니어들은 기본 모형을 구축하기 위해 동료 직원들에게서 10년치 이력서의 데이터 집합을 입수하여 이력서에 들어 있는 5만 가지 항목에 대해 통계 모형을 훈련시켰다. 금세 시스템은 흔히 쓰이는 엔지니어링 관련 항목(이를테면 프로그래밍 언어)에 대해 중요도를 낮게 부여하기 시작했다. 프로그래밍은 모든 사람의 이력에 포함되어 있었기 때문이다. 그 대신 채용된 사람들의 서류에 반복적으로 나타나는 더 미묘한 단서에 가치를 부여하기 시작했다. 그랬더니 특정 동사에 대해 뚜렷한 선호도가 나타났다. 엔지니어들이 언급한 예로는 '수행하다'와 '수집하다'가 있었다.[22]

구인 담당자들은 시스템을 평상시 채용 절차의 보조 수단으로 쓰기 시작했다.[23] 그런데 얼마 지나지 않아 심각한 문제가 발생했다. 시스템이 여성을 추천하지 않은 것이다. 시스템은 여자대학에 다닌 입사 지원자의 이력서나 심지어 '여성'이라는 단어가 들어 있는 이력서를 적극적으로 평가 절하했다. 심지어 명시적 성별 언급의 영향을 배제하도록 시스템을 개편한 뒤에도 편향은 사라지지 않았다. 지배적 남성성을 대리하는 행태는 한쪽 성별에 특징적인 언어 자체에 대해서도 나타났다. 모형은 범주로서의 여성을 차별하는 편향이 있었을 뿐 아니라 한쪽 성별에서 흔히 볼 수 있는 언어 형태도 차별하는 성향을 보였다.

아마존은 본의 아니게 진단 도구를 만들어낸 셈이었다. 10년에 걸쳐 아마존에 채용된 엔지니어의 절대다수는 남성이었기에, 그들이 만든 모형은 채용된 남성 직원의 이력서를 바탕으로 훈련받아 미래의 채용에 대해서도 남성을 추천하도록 학습했다. 과거와 현재의 채용 절차가 미래의 채용 도구에 영향을 미친 것이다. 아마존의 시스템은 언어와 이력서, 회사 자체에 남성성이 스며드는 방식을 통해, 편향이 이미 존재하고 있음을 예상치 못하게 드러냈다. 도구는 아마존의 기존 역학 관계를 강화했으며 과거와 현재 AI 업계 전반의 다양성 결여를 똑똑히 보여주었다.[24]

아마존은 결국 채용 실험을 중단했다. 하지만 편향 문제의 규모는 하나의 시스템이나 실패한 접근법보다 훨씬 깊이 파고든다. AI 업계가 전통적으로 편향 문제를 이해하는 방식은 이것이 분류 자체의 특징이라기보다는 고쳐야 할 버그라는 식이었다. 이 때문에 집단 간의 양적 동등성이 커지도록 기술 시스템을 조정하는 데 초점이 맞춰졌으며, 나중에 보겠지만 이로 인해 또 다른 문제가 벌어졌다.

편향과 분류의 관계를 이해하려면 데이터 집합이 편향되었는지 아닌지를 판단하는 것 같은 지식 생산에 대한 분석을 넘어서서 지식이 구성되는 현상 자체(사회학자 캐린 노어 세티나가 '인식론적 기계'라고 부르는 것)의 역학 관계를 살펴보아야 한다.[25] 그러려면 역사 전반의 불평등 패턴이 어떻게 자원과 기회에 대한 접근에 영향을 미치고 이것이 다시 데이터에 영향을 미치는지 관찰해야 한다. 그러고 난 뒤 그 데이터는 기술 시스템에서 분류와 패턴 인식을 위해 수집되며, 이렇게 산출된 결과는 그럭저럭 객관적인 것으로 인식된다. 하지만 이 결과는 실은 통계학적 우로보로스(문장에 새겨진 고대 이집트와 그리스의 뱀으로, 꼬리를 계속 먹어 들어가다가 결국 다시 태어나는 모습을 하고 있다 - 옮긴이)다. 기술적 중립성이라는 탈을 쓰고 사회적 불평등을 증폭하는 자기 강화식 차별 기계인 것이다.

편향 해소 시스템의 한계

AI의 편향을 분석하는 일에 결부된 한계를 더 정확히 이해하려면 편향을 바로잡으려는 시도를 들여다보아야 한다. 2019년 IBM은 AI 시스템이 편향되었다는 우려에 대응하기 위해 '얼굴의 다양성Diversity in Faces, DiF'이라는 (이른바) 더 '포괄적인' 데이터 집합을 구축했다.[26] DiF는 연구자 조이 부올람위니와 팀닛 게브루가 발표한 혁신적 연구에 대한 업계 대응의 일환이었다. 두 사람은 IBM, 마이크로소프트, 아마존을 비롯한 여러 회사의 얼굴 인식 시스템이 피부색이 짙은 사람, 특히 여성에 대해 오류율이 훨씬 높다는 사실을 입증했다.[27] 이 때문에 문제 해결에서 진전을 보이기 위한 노력이 세 회사 내부에서 진행되었다.

IBM 연구자들은 '우리는 얼굴 인식이 어느 사람에게나 정확하게 동작하기를 기대합니다'라면서도 '다양성 문제를 해결할 수 있'는 유일한 방법은 '세상 사람 하나하나의 얼굴로부터 수집한 데이터 집합'을 구축하는 것이라고 주장했다.[28] IBM 연구자들은 당시 인터넷에서 공개적으로 구할 수 있는 사진 모음으로는 최대 규모인 플리커Flickr에서 1억 장의 이미지를 수집하여 구축한 기존 데이터 집합을 이용하기로 했다.[29] 그런 다음 사진 100만 장을 소규모 표본 삼아 눈, 콧방울 너비, 입술 높이, 이마 높이 등 각 얼굴의 기준점 사이의 두개안면 거리를 측정했다. 모턴이 두개골 치수를 잰 것처럼 IBM 연구자들은 사람들에게 두개골 수치를 부여하여 차이의 범주를 만들어내고자 했다.

IBM 연구진은 자신들의 목표가 얼굴 인식 데이터의 다양성을 늘리는 것이라고 주장했다. 의도는 좋았지만 그들이 이용한 분류법은 다양성의 정치가 이 맥락에서 무엇을 의미하는가를 드러낸다. 이를테면 연구진은 얼굴의 성별과 연령에 라벨을 달기 위해 크라우드 노동자들을 채용하여 성별이라는 이분법적이고 제한적인 모형으로 주관적 의견을 입력하도록 했다. 남녀라는 이분법적 구분에 속하지 않는 사람은 모두 데이터 집합에서 배제되었다. 다양성에 대한 IBM의 관점은 안와 높이와 콧날 같은 폭넓은 선택지를 강조했지만 트랜스젠더나 이분법적 성별에 속하지 않는 사람들의 존재를 외면했다. '공정公正'은 기계 주도 얼굴 인식의 정확도가 더 높다는 의미로 축소되었으며 '다양성'은 더 폭넓은 범주의 얼굴로 모형을 훈련시키는 것을 가리켰다. 두개측정학 분석은 호객용 미끼 역할을 하는데, 궁극적으로는 다양성 개념을 탈정치화하여 이를 '변이'에 대한 초점으로 대체한다. 무엇이 변인이고 사람들이 어떻게 범주에 배정되는가를 결정하는 것은 설계자들이다. 다시 말하지만 분류 행위는 권력을 집중시킨다. 이것은 어떤 차이가 '차이'를 만드는지 결정하는 권력을 말한다.

IBM 연구자들은 더 나아가 훨씬 문제적인 결론에 도달한다. '인종, 민족, 문화, 지리를 비롯하여 우리가 물려받은 요소와 연령, 성별, 시각적 자기표현 형식 같은 개인적 정체성은 우리의 얼굴에 반영된다.'[30] 이 주장은 인종, 성별, 정체성이 결코 생물학적 범주가 아니며 정치적·문화적·사회적 구성물로 이해하는 것이 더 적절하다는 수십 년간의 연구에 역행한다.[31] 정체성 주장을 마치 얼굴에서 관찰할 수 있는 사실인 것처럼 기술 시스템에 도입하는 것은 시몬 브라운이 '디지털 표피화', 즉 인종을 몸에 입히는 행위의 사례다. 브라운의 정의에 따르면 디지털 표피화는 감시 기술의 비실체적 시선이 '주체의 주장에도 아랑곳없이 몸과 정체성에 대한 진실을 만들어냄으로써 주체를 소외하는 일을 하는' 권력의 행사를 말한다.[32]

분류의 다양성에 대한 IBM 접근법의 기본적 문제점들은 이런 종류의 중앙 집중화된 정체성 생산에서 자라나며 이것을 주도한 것은 연구진이 이용할 수 있던 기계학습 기법이었다. 피부색 감지가 실시되는 것은 피부색이 인종에 대해 알려주는 것이 하나라도 있거나 문화적 이해를 심화하기 때문이 아니라 단지 그렇게 할 수 있기 때문이다. 마찬가지로 두개골 측정을 이용하는 것은 이것이 기계학습으로 '할 수 있는' 방식이기 때문이다. 그리하여 도구의 이용 가능성은 진실의 지평이 된다. 두개골 측정과 디지털 표피화를 대규모로 추진할 수 있는 능력은 이 방법이 문화나 유산, 다양성과 아무런 관계가 없는데도 이 접근법에서 의미를 찾으려 드는 욕망을 부추긴다. 이 방법들은 정확성에 대한 오해가 커지는 데 일조한다. 정확성과 성능에 대한 기술적 주장의 이면에서는 흔히 범주와 정상에 대한 정치적 선택이 이루어지고 있지만 이런 사실이 인정되는 경우는 드물다.[33] 이 접근법들은 얼굴이 곧 운명이 되는 '운명으로서의 생물학'이라는 이념적 전제에 토대를 둔다.

편향에 대한 여러 정의

고대 이래로 분류는 권력의 행위였다. 신학에서는 사물을 명명하고 구별하는 능력을 신의 거룩한 행위로 여겼다. '범주category'라는 단어의 어원인 고대 그리스어 '카테고리아*κατηγορία*'는 '카타*κατά*(대항하다)'와 '아고레우오*ἀγορεύω*(민회에서 연설하다)'라는 두 개의 어근으로 이루어진다. 그리스어에서 이 단어가 논리적 주장일 수도 있고 재판에서의 고발일 수도 있다는 사실은 범주화가 과학적 방법이자 법률적 방법임을 암시한다.

이에 반해 '편향bias'이라는 용어의 역사적 계보는 훨씬 최근에 시작된다. 14세기 기하학에서 처음 나타나는데, 이때는 사선이나 대각선을 가리켰다. 16세기가 되었을 때는 지금의 일반적 의미와 비슷한 '부당한 선입견'이라는 의미를 얻었다. 1900년대가 되자 '편향'은 통계학에서 더 전문적인 의미로 발전했다. 표본이 전체를 올바르게 반영하지 않을 때 표본과 인구 집단 사이의 체계적 차이를 가리키게 된 것이다.[34] 기계학습 분야에서 편향을 이해하는 근거는 이러한 통계적 전통이며, 여기서 편향은 일반화, 분류, 분산 같은 그 밖의 개념들과 관계를 맺는다.

기계학습 시스템은 사례들의 대규모 훈련 집합으로부터 일반화하고 훈련 데이터 집합에 포함되지 않은 새로운 관찰 대상을 정확히 분류할 수 있도록 설계된다.[35] 말하자면 기계학습 시스템은 일종의 귀납을 수행할 수 있다. 즉 새로운 사례(예를 들어 입사 지원자들의 이력서에 들어 있는 단어 묶음)에서 어느 자료점을 찾아야 할지 판단하기 위해 구체적 사례(예를 들어 입사 지원자들의 과거 이력서)로부터 학습하는 것이다. 이런 경우에 '편향'이라는 용어는 일반화의 예측 과정에서 일어날 수 있는 오류를 가리킨다. 말하자면 새로운 사례가 제시되었을 때 시스템에서 체계적이거나 일관되게 산출되는 분류 오류인 것이다. 이런 유형의 편향은 훈련 데이터의 차이에 대한 알고리즘의 민감도를 가리키는 또 다른 유형의 일반화 오류인 분산과 종종 대비된다. 편향이 크고 분산이 작은 모형은 데이터에 과소적합underfitting하여, 유의미한 특징이나 신호를 모두 포착하지 못할 우려가 있다. 이에 반해 분산이 크고 편향이 작은 모형은 데이터에 과대적합overfitting하여, 모형을 훈련 데이터에 너무 가깝게 구축하는 바람에 데이터의 유의미한 특징과 더불어 '잡음'까지 포착할 가능성이 있다.[36]

기계학습 이외의 영역에서 '편향'은 그 밖의 여러 가지 의미를 가진다. 이를테면 법률에서의 편향은 선입견, 즉 사건의 사실들을 불편부당하게 평가한 판단과 대조적으로 편견에 기반하여 내린 판결을 가리킨다.[37] 심리학에서는 에이머스 트버스키와 대니얼 카너먼이 '인지 편향'을 연구하는데, 이것은 인간의 판단이 어떻게 해서 확률론적 기대와 체계적으로 어긋나는가를 일컫는다.[38] 암묵적 편향에 대한 최근의 연구는 무의식적 태도와 고정관념이 어떻게 해서 '개인의 공언되거나 승인된 믿음이나 원칙과 어긋나는 행동을 낳'는지에 주목한다.[39] 여기서 편향은 단순한 기술적 오류가 아니며 인간의 믿음이나 고정관념, 차별 형태를 들여다보게 해준다. 이 정의상의 차이 때문에 '편향'은 용어로서의 효용이 제한적이며, 서로 다른 분야의 연구자들이 이 용어를 쓰는 경우는 더더욱 그렇다.

시스템이 어떻게 해서 왜곡이나 차별적 결과를 낳는지를 더 올바르게 설명할 수 있도록 기술적 설계를 개선할 수 있다는 것은 분명하다. 하지만 더 까다로운 물음은 AI 시스템이 불평등의 형태들을 영구화하는가인데, 마치 통계적 편향에 대한 지엽적인 기술적 해결책을 더 뿌리 깊은 구조적 문제에 대한 충분한 해법인 양 선불리 추구하는 과정에서 이 물음은 흔히 누락된다. AI의 지식 도구들이 더 폭넓은 추출식 경제의 유인誘引을 반영하고 그에 일조하는 현실에서, 이 현상에 대처하려는 시도는 대체로 실패했다. 남은 것은 지속적 권력 불균형으로, 여기서 기술 시스템은 설계자의 의도와 무관하게 구조적 불평등을 유지하고 확대한다.

지도형 기계학습의 맥락에서든 비지도형 기계학습의 맥락에서든, 기술적으로 편향이 있는 것처럼 보이든 아니든, 기계학습 시스템을 훈련시키는 데 이용되는 모든 데이터 집합에는 세계관이 담겨 있다. 훈련 집합을 만들려면 거의 무한히 복잡하고 다채로운 세계를 취하여 (개별 자료점의 이질적 범주로 이루어진) 분류 체계에 끼워 맞춰야 하는데, 이 과정에는 본질적으로 정치적이고 문화적이고 사회적인 선택이 필요하다. 이 분류에 주목하면 다양한 형태의 권력이 AI의 세계 만들기world-building 구조에 접목된 것을 엿볼 수 있다.

분류 엔진으로서의 훈련 집합 : 이미지넷의 사례

제3장에서 우리는 이미지넷의 역사와 이 벤치마크 훈련 집합이

2009년 탄생 이후 컴퓨터 시각 연구에 어떻게 영향을 미쳤는지 살펴보았다. 이미지넷의 구조를 더 자세히 들여다보면 이 데이터 집합이 어떤 질서를 이루고 있는지, 사물의 세계를 매핑하는 기초적 논리가 무엇인지가 눈에 들어올 것이다. 이미지넷의 구조는 거대하고 미로와 같으며 괴상한 것으로 가득하다. 이미지넷은 기초적 의미 구조를 워드넷에서 차용했는데, 워드넷은 1985년 미국 해군연구국의 지원으로 프린스턴 대학교 인지과학연구소에서 처음 개발한 단어 분류 데이터베이스다.[40] 워드넷은 기계가 읽을 수 있는 사전으로 구상되었는데, 이용자들은 검색할 때 철자의 유사성이 아니라 의미를 기반으로 삼는다. 워드넷은 컴퓨터 언어학 및 자연어 처리 분야의 필수 자료가 되었다. 워드넷 연구진은 1960년대에 수집된 100만 단어짜리 말뭉치 브라운 코퍼스를 시작으로 최대한 많은 단어를 수집했다.[41] 브라운 코퍼스의 단어들은 신문을 비롯하여 『초심리학의 새로운 방법New Methods of Parapsychology』, 『가족 낙진 대피소The Family Fallout Shelter』, 『누가 부부 침대를 지배하는가Who Rules the Marriage Bed?』 같은 잡다한 책에서 뽑았다.[42]

워드넷은 영어라는 언어를 통째로 신세트synset라는 유의어 집합으로 조직화하려는 시도다. 이미지넷 연구자들은 명사만 선택했는데, 그 이유는 명사가 그림으로 나타낼 수 있는 사물이며 이것만으로도 기계가 자동으로 물체를 인식하도록 훈련하는 데 충분하다고 생각했기 때문이다. 그리하여 이미지넷의 분류 체계는 워드넷에서 파생한 내포적 계층nested hierarchy에 따라 조직화되었다. 워드넷에서는 각 신세트가 고유의 개념을 나타내며 그에 따라 유의어들이 묶인다(이를테면 '오토auto'와 '자동차car'는 같은 집합에 속한 단어로 취급된다). 계층은 일반적인 개념에서 구체적인 개념으로 이동한다. 이를테면 '의자'라는 개념은 '인공물 → 물품 → 가구 → 앉을 것 → 의자'의 순서로 정의된다. 이 분류 시스템이 린네의 생물 분류 체계에서 도서관의 장서 분류 체계에 이르는 이전의 여러 분류 계층을 떠올리게 하는 것은 놀랄 일이 아니다.

하지만 이미지넷의 세계관이 정말로 기이하다는 사실을 암시하는 첫 번째 단서는 워드넷에서 가져온 아홉 가지의 최상위 범주(식물, 지층, 자연물, 운동, 인공물, 균류, 사람, 동물, 기타)다. 이 기이한 범주 아래에 나머지 모든 것이 배치된다. 각각의 최상위 범주 아래에 수천 개의 괴상하고 구체적인 내포적 부류가 펼쳐지며 다시 그 아래에 수백만 개의 이미지가 러시아 인형처럼 담겨 있다. 사과, 사과잼, 사과 덤플링, 사과제라늄, 사과 젤리, 사과 주스, 사과과실파리, 사과녹병, 사과나무, 사과 턴오버(음식), 사과 수레, 사과 소스 같은 범주가 있는가 하면 핫라인, 핫팬츠, 핫플레이트, 핫팟, 핫로드(개조 자동차), 핫소스, 핫스프링(온천), 핫토디(칵테일), 핫터브(욕조), 핫에어벌룬(열기구), 핫퍼지소스, 핫워터보틀(보온용 물통)의 사진이 있다. 이것은 호르헤 루이스 보르헤스의 신비한 사전에 등장하는 항목들처럼 기이한 범주로 배열된 언어의 아수라장이다.[43] 이미지 수준에서는 광기처럼 보인다. 어떤 이미지는 고해상도의 상업적 사진이고 어떤 이미지는 어두운 조명 아래서 휴대폰으로 찍은 흐릿한 사진이다. 아이 사진이 있는가 하면 포르노 영화의 스틸사진도 있다. 만화도 있고 연예인 브로마이드, 종교 상징물, 유명 정치인, 할리우드 명사, 이탈리아 코미디언도 있다. 전문가에서 아마추어까지, 성스러운 것에서 세속적인 것까지 도무지 종잡을 수 없다.

사람 분류는 이 분류의 정치가 작동하는 모습을 볼 수 있는 전형적 분야다. 이미지넷에서 '신체' 범주는 '자연물 → 몸 → 신체' 계층에 속한다. 하위 범주로는 '남성 신체', '사람', '청소년 신체', '성인 신체', '여성 신체'가 있다. '성인 신체' 범주에는 '성인 여성 신체'와 '성인 남성 신체'의 하위 부류가 포함된다. 여기에는 '남성'과 '여성'의 신체만이 '자연적'인 것으로 인정받는다는 암묵적 가정이 담겨 있다. 이미지넷 범주에 '남녀한몸' 항목이 있긴 하지만, 이것은 '사람 → 호색가 → 양성애자' 계층에 '거짓남녀한몸' 및 '스위치히터'(양성애자)와 나란히 놓여 있다.[44]

이미지넷의 범주 중에서 더 논란이 될 만한 것을 굳이 살펴보지 않아도 우리는 이 분류 체계의 정치적 성격을 확인할 수 있다. 성별을 이런 식으로 분류하는 결정은 이분법적인 생물학적 구성물로서의 성별을 자연스러운 것으로 간주하고 트랜스젠더나 제3의 성별을 아예 배제하거나 성적 지향의 범주에 놓는다.[45] 물론 이것은 새로운 접근법이 아니다. 이미지넷에서 성별과 성적 지향을 분류하는 계층은 『정신장애의 진단 및 통계 편람』에서 동성애를 정신장애로 분류한 것 같은 예전의 해로운 범주화 유형을 떠올리게 한다.[46] 사람들에게 깊은 상처를 남기는 이런 범주화는 억압적인 (이른바) '요법'을 강요하는 행위를 정당화하는 데 동원되었다. 1973년 미국정신의학협회가 동성애를 정신장애에서 배제한 것은 단체들이 오랫동안 투쟁한 뒤였다.[47]

인간을 이분법적 성별 범주로 축소하고 트랜스젠더를 지우거나 '비정상'으로 치부하는 것은 기계학습의 분류 체계에서 흔히 볼 수 있는 특징이다. 얼굴 인식에서의 자동 성별 감지에 대한 오스 키예스의 연구에 따르면 이 분야에서 95퍼센트 가까운 논문이 성별을 이분법적으로 취급하며 대부분은 성별을 불변하고 생리적인 것으로 묘사한다.[48] 어떤 사람은 범주를 더 만들면 이 문제를 쉽게 해결할 수 있다고 대답할지도 모르지만, 의견이나 동의를 구하지 않은 채 사람들을 성별이나 인종의 범주에 집어넣는 더 뿌리 깊은 해악은 이런 식으로 해결되지 않는다. 이 관행에는 오랜 역사가 있다. 수 세기 동안 행정 체계는 고정된 꼬리표와 명확한 속성을 부여하여 인간을 쉽게 파악할 수 있는 존재로 만들 방안을 모색했다. 생물학이나 문화를 근거로 본질을 규정하고 순서를 매기는 작업은 오랫동안 폭력과 억압을 정당화하는 데 이용되었다.

이 분류 논리는 마치 자연적이고 고정된 것처럼 취급되지만 실은 움직이는 표적이다. 이 논리는 분류되는 사람들에게 영향을 미치며, 그뿐 아니라 이 논리가 사람들에게 영향을 미치는 방식이 분류 자체를 변화시킨다. 이언 해킹은 이것을 일컬어 과학이 '사람들을 만드'는 일에 관여할 때 나타나는 '루핑 효과looping effect'라고 부른다.[49] 바우커와 스타 또한 사람들에 대한 분류가 일단 확립되면 이론의 여지가 있는 정치적 범주가 잘 보이지 않도록 안정될 우려가 있다고 강조한다.[50] 적극적으로 저항하지 않으면 당연한 것으로 치부되는 것이다. AI 분야에서 이 현상을 볼 수 있다. 영향력이 매우 큰 인프라와 훈련 데이터 집합은 순전히 기술적인 것으로 간주되지만 실은 분류 체계 안에 정치적 개입이 들어 있다. 세계에 대한 특정 질서를 자연적인 것으로 치부함으로써 기존 질서를 정당화하는 것처럼 보이는 효과를 만들어내는 것이다.

'사람'을 정의하는 권력

미분화된 덩어리에 질서를 부여하는 것, 현상을 범주에 속하게 하는 것, 즉 사물을 명명하는 것은 다른 한편으로 그 범주의 존재를 구체화하는 수단이다.

이미지넷 계층에 원래 들어 있던 2만 1,841개 범주의 경우 '사과'나 '사과잼' 같은 명사 부류는 딱히 이론의 여지가 없어 보일지도 모르지만 모든 명사가 동등하게 창조되는 것은 아니다. 언어학자 조지 레이코프의 개념을 빌리자면 '사과' 개념은 '빛' 개념보다 더 '명사다운' 명사이며 '빛' 개념은 '건강' 같은 개념보다 더 명사다운 명사다.[51] 명사는 구체적인 것에서 추상적인 것에 이르기까지, 기술記述적인 것에서 판단적인 것에 이르기까지 축 위에서 다양한 위치를 차지한다. 하지만 이미지넷의 논리에서는 이러한 정도 차이가 소거되었다. 진열함에 박제된 나비처럼 모든 것이 납작해지고 꼬리표가 달렸다. 이 접근법은 객관성의 미학을 표방하지만 그럼에도 속속들이 이념적인 행위다.

10년간 이미지넷에는 '사람'이라는 최상위 범주 아래에 2,832개의 하위 범주가 있었다. 관련 사진이 가장 많은 하위 범주는 '처녀gal'(1,664건)

였으며 '할아버지'(1,662건)와 '아빠'(1,643건), '최고경영자'(1,614건, 대부분 남성)가 뒤를 이었다. 이 범주들에서 이미 세계관의 대략이 눈에 들어오기 시작한다. 이미지넷에는 인종, 연령, 국적, 직업, 경제적 지위, 행동, 성격, 심지어 도덕성을 비롯하여 오만 가지 분류 범주가 있다.

이미지넷의 분류 체계가 사물 인식의 논리로 사람들의 사진을 분류하려 드는 것에는 여러 문제가 있다. 2009년 제작자들이 명백히 불쾌한 신세트를 일부 제거하기는 했지만 알래스카 원주민, 앵글로아메리카인, 흑인, 아프리카 흑인, 흑인 여성(백인 여성은 없음), 라틴아메리카인, 멕시코계 미국인, 니카라과인, 파키스탄인, 남미 인디언, 스페인계 미국인, 텍사스인, 우즈베크인, 백인, 줄루족 등 인종과 국가 정체성을 나타내는 범주가 여전히 남아 있었다. 문제는 사람들을 외모에 따라 분류하는 데 이 범주를 이용하는 것에 그치지 않는다. 사람들을 체계화하는 논리적 범주로서 이것들을 제시하는 것 자체가 문제다. 보이스카우트, 치어리더, 인지신경과학자, 미용사, 정보 분석가, 신화학자, 소매업자, 은퇴자 등 경력이나 취미에 따라 라벨이 붙는 사람들도 있다. 이런 범주가 존재한다는 사실은 (리처드 스캐리의 『허둥지둥 바쁜 하루가 좋아』 같은 어린이책을 연상시키는 방식으로) 사람들을 직업에 따라 시각적으로 줄 세울 수 있음을 암시한다. 이미지넷에는 채무자, 우두머리, 지인, 형제, 색맹 등 이미지 분류와 전혀 무관한 범주도 들어 있다. 이것들은 전부 다른 사람에 대해서든, 금융 시스템에 대해서든, 시각 영역 자체에 대해서든, 어떤 '관계'를 묘사하는 비非시각적 개념이다. 데이터 집합은 이 범주들을 구체화하고 이미지에 연결함으로써 비슷한 이미지가 미래의 시스템에 의해 '인식'될 수 있도록 한다.

정말로 불쾌하고 해로운 범주의 상당수는 이미지넷의 '사람' 범주 깊숙한 곳에 숨어 있다. 어떤 분류는 여성 혐오적·인종차별적·노인 차별적·장애인 차별적이다. 이런 목록으로는 악당, 콜걸, 클로짓 퀸(동성애자임을 부인하는 동성애자 – 옮긴이), 틀딱, 재소자, 명사수, 마약중독자, 낙오자, 실패자, 개새끼, 위선자, 걸레, 도벽 환자, 루저, 우울증 환자, 투명인간, 변태, 허영주머니, 정신분열증 환자, 이류 인간, 잡년, 저능아, 노처녀, 길거리 창녀, 종마, 멍청이, 똥손, 화냥년, 선택 장애자, 겁쟁이 등이 있다. 욕설, 인종차별적 모욕, 도덕적 판단은 수도 없이 많다.

이 불쾌한 용어들은 10년 동안 이미지넷에 남아 있었다. 이미지넷은 대체로 사물 인식(여기서 '사물object'은 폭넓은 의미로 정의된다)에 이용되기 때문에 구체적 '사람' 범주가 기술 콘퍼런스에서 논의되는 일은 드물며 2019년 '이미지넷 룰렛' 사업이 바이럴로 화제가 될 때까지는 대중의 관심도 크지 않았다. 미술가 트레버 패글런이 주도한 이 사업에서 제작한 앱을 이용하면 사람들은 자신의 이미지를 업로드한 뒤에 이미지넷의 '사람' 범주를 바탕으로 자신이 어떻게 분류되는지 볼 수 있었다.[52] 이 일로 영향력이 큰 데이터 집합에 인종차별적이고 성차별적인 용어가 오랫동안 포함되었다는 사실에 언론의 관심이 집중되었다. 이미지넷 제작자들은 얼마 뒤에 「더 공정한 데이터 집합을 위하여Toward Fairer Datasets」라는 논문에서 '안전하지 않은 신세트를 제거하겠'다고 발표했다. 그들은 대학원생 열두 명에게 '본질적으로 불쾌한' 범주(이를테면 신성모독이거나 '인종차별적이거나 성차별적인 속어')나 '민감한' 범주(본질적으로 불쾌하지는 않지만 '성적 지향과 종교를 바탕으로 사람을 분류하는 등 부적절하게 적용되었을 때 불쾌감을 유발할 수 있'는 항목)에 해당하여 안전하지 않아 보이는 범주에 표시하도록 했다.[53] 이 연구에서는 대학원생들에게 이미지넷 범주의 불쾌감을 평가해달라고 요청했지만, 그럼에도 저자들은 뚜렷한 문제들에도 아랑곳없이 사진을 바탕으로 사람들을 자동 분류하는 행위에 여전히 찬성한다.

이미지넷 연구진은 결국 2,832개의 '사람' 범주 중에서 1,593개(약 56퍼센트)를 '안전하지 않음'으로 간주하여 관련 이미지 60만 40건과 함께 삭제했다. 나머지 50만 건의 이미지는 '임시로 안전하다고 간주'되었다.[54] 하지만 사람을 '안전'하게 분류하려면 무엇이 필요할까? 증오 범주에 초점을 맞추는 것은 잘못이 아니지만, 그것은 더 큰 시스템의 작동에 대한 질문을 외면하는 것이다. 이미지넷의 전체 분류 체계는 사람을 분류하는 일이 얼마나 복잡하고 위험한지 보여준다. '미시경제학자'나 '농구선수' 같은 항목이 처음에는 '저능아', '똥손', '튀기', '무지렁이' 같은 라벨보다 덜 우려스러워 보일지도 모르지만, 어떤 사람들이 이런 범주로 라벨링되는지 살펴보면 인종, 성별, 연령, 장애를 비롯한 많은 가정과 고정관념을 확인할 수 있다. 이미지넷의 형이상학에는 '조교수'와 '부교수'를 위한 이미지 범주가 따로 있다. 마치 누군가가 승진하면 그의 생체 프로필에 직위 변경이 반영되는 것처럼 말이다.

사실 이미지넷에는 중립적 범주가 하나도 없다. 이미지의 선택은 언제나 단어의 의미와 상호 작용하기 때문이다. 심지어 단어가 불쾌감을 일으키지 않을 때에도 정치는 분류의 논리에 아로새겨져 있다. 이런 의미에서 이미지넷은 사람들이 사물처럼 범주화될 때 무슨 일이 일어나는가를 우리에게 가르쳐준다. 하지만 이 관행은 오히려 최근에 더 흔해졌으며 기술 기업 내부에서 종종 찾아볼 수 있다. 메타 같은 회사에서 이용하는 분류 체계를 조사하고 비판하기는 훨씬 힘들다. 독자적 시스템을 운용하기 때문에 이미지가 어떻게 배치되거나 해석되는지에 대해 외부인이 조사나 감사를 실시할 방법이 거의 없다.

다음 문제는 이미지넷의 '사람' 범주에 있는 이미지들이 어디서 왔느냐다. 제3장에서 보았듯 이미지넷 제작자들은 구글 같은 이미지 검색 엔진에서 대량으로 이미지를 수집하고 사람들의 셀카와 휴가 사진을 몰래 추출한 다음 메커니컬 터크 노동자를 고용하여 이미지에 라벨을 달고 재가공하도록 했다. 검색 엔진이 결과를 내놓는 데 있어서의 모든 왜곡과 편향은 그 뒤에서 결과를 긁어들여 라벨을 다는 기술 시스템에 대하여 알 수 있게 해준다. 저임금 크라우드 노동자들은 워드넷 신세트와 위키백과 정의를 바탕으로 이미지를 분당 50건의 속도로 판단하여 범주에 끼워 맞추는 불가능한 작업을 할당받는다.[55] 이렇게 라벨링된 이미지의 기층基層을 조사했을 때 고정관념, 오류, 부조리가 잔뜩 드러나는 것은 전혀 놀랄 일이 아니다. 비치 타월에 누워 있는 여성은 '도벽 환자'이고 스포츠 저지를 입은 10대는 '루저'라는 라벨이 달리며 배우 시고니 위버의 사진은 '남녀한몸'으로 분류된다.

여느 데이터 형식과 마찬가지로 이미지는 온갖 종류의 잠재적 의미, 답할 수 없는 질문, 모순으로 가득하다. 이 모호함을 해소하기 위해 이미지넷의 라벨들은 복잡성을 압축하여 단순화한다. 불쾌한 항목을 삭제하여 훈련 집합을 더 '공정'하게 만드는 일에 치중하면 분류에 작용하는 권력의 역학 관계와 맞설 수 없으며 기초가 되는 논리에 대한 더 철저한 평가가 배제된다. 설령 최악의 사례들이 바로잡히더라도 이 접근법은 여전히 기본적으로는 (이미지의 출처인 사람, 장소와 동떨어진) 데이터와의 추출식 관계 위에 구축된다. 그런 다음 복잡하고 다채로운 문화적 재료를 뭉뚱그려 일종의 단일한 객관성을 빚어내려는 기술적 세계관을 통해 표현된다. 이 점에서는 이미지넷의 세계관도 마찬가지다. 사실 이것은 수많은 AI 훈련 데이터 집합의 전형적 특징이며, 복잡한 사회적·문화적·정치적·역사적 관계를 계량화 가능한 대상으로 짜부라뜨리는 하향식 체계의 많은 문제점을 드러낸다. 아마도 이 현상이 가장 명백하고 음흉한 것은 기술 시스템에서 인종과 성별에 따라 사람들을 분류하려는 만연한 시도와 맞물릴 때일 것이다.

인종과 성별을 구성하다

AI에서의 분류에 초점을 맞추면 성별, 인종, 성적 지향이 자연스럽고 고정되고 확인 가능한 생물학적 범주로 오인되는 과정을 추적할 수 있다. 감시 연구자 시몬 브라운이 말한다. '이 기술들에는 성별 정체성과 인종의 범주가 명확하게 구분된다는 가정, 성별 범주를 부여하거나 신체와 신체 부위의 의미를 판단하도록 기계를 프로그래밍할 수 있다는 가정이 존재한다.'[56] 실제로 인종과 성별을 기계학습에서 자동으로 판정할 수 있다는 생각은 추정적 사실로 취급되며, 심각한 정치적 문제를 제기하는데도 기술 분야에서 의문이 제기되는 일은 드물다.[57]

이를테면 유티케이페이스UTKFace 데이터 집합(테네시 대학교 녹스빌 캠퍼스의 연구진이 제작했다)은 연령, 성별, 인종이 표시된 얼굴 사진 2만여 장으로 이루어졌다.[58] 데이터 집합의 제작자들은 자동 얼굴 탐지, 나이 추정, 미래 얼굴 예측을 비롯한 다양한 작업에 이 데이터 집합이 이용될 수 있다고 말한다. 각 이미지에는 개개인의 추정 연령이 0세에서 116세까지 표시되어 있다. 첫째, 성별은 남성(0)과 여성(1) 두 가지뿐이다. 둘째, 인종은 백인, 흑인, 아시아인, 인도인, 기타의 다섯 부류로 나뉜다. 여기서 성별과 인종의 정치는 해로울 정도로 명확하다. 하지만 이렇듯 위험할 정도로 환원주의적인 범주는 수많은 인간 분류 훈련 집합에서 널리 이용되며 수년간 AI 제작 파이프라인의 일부였다.

유티케이페이스의 지엽적 분류 체계에서는 남아프리카공화국의 아파르트헤이트 체제 같은 20세기의 문제적 인종 분류가 메아리친다. 바우커와 스타가 자세히 설명했듯, 남아프리카공화국 정부는 1950년대에 국민을 '유럽인, 아시아인, 혼혈 인종 혹은 유색인, 원주민 혹은 반투Bantu 인종의 순수 혈통인'의 인종 범주로 조잡하게 분류하는 법률을 제정했다.[59] 이 인종주의적 법률 체제는 사람들의 삶을 지배했는데, 무엇보다 흑인 남아공인은 이동이 제한되고 자신의 땅에서 강제로 이주당했다. 인종 분류의 정치적 행위는 사람들의 삶에서 가장 내밀한 부분으로까지 확대되었다. 타 인종과의 성관계가 금지된 탓에 1980년까지 1만 1,500명 이상이 유죄 판결을 받았는데, 대부분이 비非백인 여성이었다.[60] 이 분류를 위한 복잡한 중앙 집중식 데이터베이스를 설계하고 운용한 곳은 IBM이었으나, 이 회사는 종종 시스템을 재배치하고 사람들을 재분류해야 했다. 현실에서는 단일하고 순수한 인종 범주라는 것이 존재하지 않기 때문이다.[61]

무엇보다 이 분류 시스템들은 사람들에게 막대한 피해를 입혔으며, 순수한 '인종'의 표지자라는 개념은 언제나 논란거리였다. 도나 해러웨이는 인종에 대한 글에서 이렇게 말한다. '범주들을 명확하게 만들고 분리시키는 작은 기구들인 이런 분류에서 분류자를 언제나 곤란하게 만든 실재물은 단순했다. 그것은 인종 자체였다. 꿈, 과학, 공포를 고무시킨 그 순수한 유형은 모든 유형학적 분류들 사이로 계속 미끄러져 사라졌으며 그들을 끝없이 확장시켰다.'[62] 하지만 데이터 집합 분류 체계에서와, 이것들을 훈련시키는 기계학습 시스템에서는 순수 유형이라는 신화가 다시 한 번 나타나 과학의 권위를 내세웠다. 미디어학자 루크 스타크는 얼굴 인식의 위험성에 대한 논문에서 이렇게 말한다. '기존 인종 범주를 구체화하거나 새로운 범주를 산출하는 다양한 분류 논리를 도입함으로써 얼굴 인식 시스템의 자동 패턴 생성 논리는 체계적 불평등을 재생산할 뿐 아니라 악화시킨다.'[63]

일부 기계학습 방식은 연령, 성별, 인종의 예측에서 한발 더 나아간다. 데이팅 사이트의 사진에서 성적 지향을 탐지하고 운전면허증 얼굴 사진에서 범죄 성향을 탐지하려는 시도가 공공연히 벌어지기도 했다.[64] 이 접근법들은 여러 이유에서 문제의 소지가 매우 큰데, 그중 하나는 '범죄 성향' 같은 특징이 인종이나 성별과 마찬가지로 매우 관계적이며 사회적으로 결정되는 범주라는 것이다. 이것들은 고정된 내재적 특징이 아니다. 맥락적이며 시간과 장소에 따라 달라진다. 이런 예측을 하기 위해 기계학습 시스템은 관계에 따라 달라지는 것들을 고정된 범주로 분류하려 들며, 그렇기에 과학적·윤리적 측면에서 문제가 있다는 정당한 비판이 제기된다.[65]

기계학습 시스템이 인종과 성별을 '구성'하는 방식은 매우 실질적이다. 즉 자신이 정한 항목 내에서 세계를 정의하는데, 이것은 분류되는 사람들에게 오래 지속되는 영향을 미친다. 이런 시스템이 신원과 미래 행동을 예측하는 과학적 혁신으로 칭송받으면 시스템이 구축되는 과정의 기술적 취약점, 시스템이 설계된 주요 목적, 시스템을 빚어내는 많은 정치적 범주화 과정이 소거된다. 장애 연구자들은 이른바 정상 신체가 분류되는 과정과 이것이 차이에 낙인을 찍는 방식을 오래전부터 지적했다.[66] 한 보고서에서 말하듯 장애의 역사는 그 자체로 '다양한 (즉 의학적·과학적·법률적) 분류 체계가 사회제도와, 또한 이 사회제도로 표현되는 권력 및 지식과 상호 작용하는 이야기'다.[67] 범주와 정상성 개념을 정의하는 행위는 여러 층위에서 외부자(비정상, 차이, 타자성)를 만들어낸다. 기술 시스템은 개인의 정체성만큼 역동적이고 관계적인 것에 이름을 부여함으로써 정치적이고 규범적인 개입을 벌이며, 대개는 이를 위해 무엇이 인간적인가에 대한 환원주의적 가능성들을 이용한다. 이것은 사람들이 어떻게 이해되고 스스로를 나타낼 수 있는가의 범위를 제한하며 인식 가능한 정체성의 지평을 좁힌다.

이언 해킹의 말마따나 사람들을 분류하는 것은 제국주의적 명령이다. 신민이 제국에 의해 분류된 것은 정복당했을 때였으며 그런 다음 그들은 제도와 전문가에 의해 '한 종류의 사람들'로 질서 지워졌다.[68] 이 명명 행위는 권력과 식민주의적 통제의 행사였으며 그러한 분류의 부정적 영향은 제국보다 오래 남기도 한다. 분류는 앎의 방식을 만들어내고 제한하는 기술이며 AI의 논리에 새겨져 있다.

측정의 한계

그렇다면 무엇을 해야 할까? 훈련 데이터와 기술 시스템에서 그처럼 많은 분류 계층이 대부분 객관적 측정이라고 제시되는 권력과 정치의 형태라면 어떻게 해야 이것을 바로잡을 수 있을까? 시스템 설계자들은 노예제, 억압, 그리고 일부 집단을 위해 나머지 집단을 차별한 수백 년의 역사를 어떻게 설명해야 할까? 다르게 말하자면, AI 시스템은 사회를 어떻게 표상해야 할까?

AI가 새로운 분류를 내놓도록 하기 위해 어떤 정보를 입력해야 하는가의 선택은 막강한 힘을 가진 의사 결정이지만, 누가 무슨 근거에서 선택해야 할까? 전산학의 문제는 AI 시스템에서 정의가 결코 부호화되거나 연산될 수 있는 것이 아니라는 점이다. 최적화 지표와 통계적 동등성을 넘어서서 시스템을 평가하고 수학과 공학의 얼개가 어디서 문제를 일으키는지 이해하는 변화가 필요하다. 이것은 또한 AI 시스템이 데이터, 노동자, 환경, 그리고 AI 시스템의 이용에 의해 영향을 받을 사람들과 어떻게 상호 작용하는가를 이해하고 AI를 이용하지 말아야 하는 분야를 결정해야 한다는 뜻이다.

바우커와 스타는 분류 체계의 충돌이 이토록 빈발하는 상황에서는 새로운 종류의 접근법이 요청된다고 결론 내린다. '우리는 애매성의 분포와 같은 사물들의 [지형학에 대한 민감성]을 필요로 한다. 분류 체계들이 어떻게 만나는가 하는 것에 대한 유동적인 동학 – 정적인 지질학보다는 판구조론 – 말이다.'[69] 하지만 이익과 고통의 불균등한 분포에도 주목해야 한다. '이런 선택들이 어떻게 이루어지며 우리가 그런 보이지 않는 짝 맞추기 과정invisible matching process에 관해 어떻게 생각할 수 있을 것인가 하는 것이 이 연구 작업이 가진 윤리적 기획의 핵심'이기 때문이다.[70] 합의되지 않은 분류는 정체성에 대한 규범적 가정이 그렇듯 심각한 위험을 노출하는데도, 이 관행들은 표준이 되었다. 이제는 달라져야 한다.

이번 장에서는 분류의 하부 구조에 어떤 빈틈과 모순이 있는지 살펴보았다. 기존의 분류 체계는 복잡성을 단순화할 수밖에 없으며 세상을 더 연산 가능하게 만들기 위해 유의미한 맥락을 삭제한다. 하지만 이 분류 체계들은 기계학습 플랫폼에서도 (움베르토 에코가 '혼돈스러운 열거'라고 부른 것으로서) 증식한다.[71] 사물을 적당한 수준으로 세분화하면 비슷한 것과 다른 것을 비교할 수 있게 되어 유사점과 차이점을 기계가 읽을 수 있지만, 현실에서는 그 특징들을 담아내는 것이 불가능하다. 여기서 문제는 무언가를 틀리게 분류하느냐 바르게 분류하느냐를 훌쩍 뛰어넘는다. 우리는 기계의 범주와 사람들이 상호 작용하고 서로를 변화시키는 과정에서 기이하고 예측 불가능한 반전이 일어나는 것을 본다. 사람들은 달라지는 지형에서 판독 가능한 것을 발견하려고 애쓰며, 올바른 범주에 배치되고 가장 짭짤한 피드에 꽂히고 싶어서 안달한다. 기계학습 지형에서 이런 질문들은 잘 보이지 않기에 더욱 시급하다. 관건은 단순히 역사적 흥밋거리도 아니고 우리가 플랫폼과 피드에서 엿보는 엉성한 프로필들 사이의 야릇한 위화감도 아니다. 모든 분류는 제각각의 결과를 낳는다.

분류의 역사는 아파르트헤이트 체제에서 동성애의 질병화에 이르는 가장 해로운 형태의 인간 범주화가 과학적 연구와 윤리적 비판의 빛 아래서 순순히 바래지 않았음을 우리에게 보여준다. 변화를 위해서는 정치적 조직화, 지속적 항의, 오랜 대중 운동이 필요했다. 분류 체계는 자신을 빚어낸 권력 구조를 확립하고 떠받치며 이것들은 적잖은 노력 없이는 달라지지 않는다. 프레더릭 더글러스의 말을 빌리자면, '권력은 요구하지 않으면 아무것도 양보하지 않는다. 결코 그러지 않았고 결코 그러지 않을 것이다'.[72] 기계학습의 보이지 않는 분류 체계 내에서는 요구를 제시하고 내부의 논리에 반대하기가 더 힘들다.

이미지넷, 유티케이페이스, DiF 같은 공개된 훈련 집합은 산업용 AI 시스템과 연구 관행에 두루 퍼지고 있는 범주화 방식을 이해할 실마리를 던진다. 하지만 정말로 거대한 분류 기관機關은 메타, 구글, 틱톡, 바이두 같은 민간 기술 기업에서 지구적 규모로 운용하는 것들이다. 이 기업들은 이용자를 어떻게 범주화하고 표적화하는지에 대해 거의 감시받지 않으며 대중적 논쟁을 위한 유의미한 토론장을 제공하지도 않는다. AI의 짝짓기 과정이 정말로 감춰지고 사람들이 자기가 어떻게, 왜 이익이나 불이익을 받는지 알지 못한다면 집단적인 정치적 대응이 필요하다. 그 일이 더 힘들어지고 있지만 말이다.

5 감정

파푸아뉴기니 산악 고원지대의 외딴 초소에 폴 에크먼이라는 젊은 미국인 심리학자가 한 묶음의 플래시카드와 새로운 이론을 가지고 도착했다.[1] 때는 1967년, 에크먼은 오카파의 포레족이 세상과 동떨어졌다는 얘길 듣고서 자신의 이상적인 실험 대상이 될 수 있겠다고 생각했다. 이전의 많은 서양인 연구자와 마찬가지로 에크먼이 파푸아뉴기니에 온 것은 토착 공동체로부터 데이터를 뽑아내기 위해서였다. 그는 논쟁적 가설을 뒷받침할 증거를 수집하고 있었다. 그 가설이란 자연스럽고 선천적이고 문화를 아우르고 전 세계 어디서나 똑같은 소수의 보편적 감정을 모든 사람이 공유한다는 것이다. 이 주장은 지금껏 근거가 박약한데도 어마어마한 영향을 미쳤다. 감정이 보편적이라는 에크먼의 가설은 170억 달러를 너끈히 웃도는 규모의 산업으로 성장했다.[2] 이 이야기는 감정 인식이 인공지능의 일부가 된 사연과, 이로 인한 문제에 대한 것이다.

오카파 열대지방에서 에크먼은 의학 연구자 D. 칼턴 가이듀섹과 인류학자 E. 리처드 소런슨의 안내를 받아 얼굴 표정으로 나타나는 감정을 포레족이 어떻게 인식하는지 평가하는 실험을 진행하고 싶었다. 포레족은 서양인이나 대중매체와 거의 접촉이 없었기 때문에 에크먼은 그들이 주요 표정을 인식하고 표현할 수 있다면 이것은 그런 표정이 보편적이라는 증거일 거라고 추론했다. 그의 방법은 간단했다. 표정이 실린 플래시카드를 보여주고서 그들이 감정을 자신처럼 묘사하는지 보는 것이었다. 에크먼이 말한다. "제가 한 일은 웃긴 사진을 보여주는 게 전부였습니다."[3]

하지만 에크먼은 포레족의 역사, 언어, 문화, 정치에 대해 아무런 훈련도 받지 않았다. 그는 통역가를 데리고 플래시카드 실험을 하려 했으나 실수만 연발했다. 그와 피험자들은 실험 과정에 기진맥진했으며 그는 이 실험을 마치 이를 뽑는 것 같다고 묘사했다.[4] 에크먼은 감정 표현에 대한 자신의 첫 비교문화연구 시도에 낙담한 채 파푸아뉴기니를 떠났다. 하지만 이것은 시작에 불과했다.

오늘날 감정 인식 도구는 이른바 정신병을 탐지하는 시스템에서 폭력을 예측한다고 주장하는 치안 프로그램에 이르기까지 다양하며 국가 보안 시스템과 공항에서, 교육 및 채용 스타트업에서 찾아볼 수 있다. 컴퓨터 기반 감정 탐지가 어떻게 생겨났는지 그 역사를 들여다보면 우리는 그 방법이 어떻게 해서 윤리적 우려와 과학적 의심을 일으켰는지 이해할 수 있다. 차차 보겠지만 얼굴을 분석하여 사람의 내적 감정 상태를 정확히 판단할 수 있다는 주장은 그 전제의 근거가 박약하다.[5] 실제로도 2019년 얼굴 움직임으로 감정을 추론하는 문제에 대한 학술 논문들을 포괄적으로 검토한 결과는 분명했다. 상대방의 얼굴에서 감정 상태를 정확히 예측할 수 있다는 '신뢰할 만한 근거는 전혀 없다'.[6]

논란거리가 될 만한 주장과 실험 방법의 이런 조합은 어떻게 감정 AI 산업의 많은 부문에서 토대가 되었을까? 얼굴로부터 쉽게 해석할 수 있는 소수의 보편적 감정이 있다는 생각이 (적잖은 반대 증거에도 불구하고) AI 분야에서 그토록 널리 받아들여진 이유는 무엇일까? 이것을 이해하려면 AI 감정 탐지 도구들이 일상생활의 인프라에 자리 잡기 오래전에 이 생각들이 어떻게 발전했는지를 추적해야 한다.

감정 인식의 토대가 된 이론에 일조한 사람은 에크먼만이 아니다. 하지만 에크먼의 연구가 지나온 풍성하고 놀라운 역사를 들여다보면 이 분야를 추동하는 복잡한 힘을 조금이나마 엿볼 수 있다. 그의 작업은 컴퓨터 시각 분야에서의 기초 연구를 통한 냉전 시기 미국 정보기관의 인문학 자금 지원과 연결되며, 9·11 이후 테러범을 식별하기 위해 도입된 보안 프로그램과 AI 기반 감정 인식에 대한 현재의 열풍에까지 이어진다. 이것은 이데올로기, 경제 정책, 공포 기반 정치, 그리고 사람들에 대한 정보를 그들이 기꺼이 내어주려 하는 것보다 더 많이 뽑아내려는 욕망이 결합된 연대기다.

감정 예언자 : 감정이 돈이 될 때

전 세계 군부, 기업, 정보기관, 경찰의 입장에서 자동 감정 인식이라는 개념은 솔깃한 것 못지않게 짭짤하다. 이 개념은 친구를 적으로부터 가려내고 진실과 거짓을 구별하고 과학의 수단을 이용하여 내면세계를 들여다보게 해주겠다고 장담한다.

기술 기업들은 수십억 장의 인스타그램 셀카, 핀터레스트 스크랩, 틱톡 동영상, 플리커 사진을 비롯한 인간 표정의 표면적 형태를 어마어마한 규모로 수집했다. 이 풍성한 이미지 덕분에 가능해진 많은 것 중 하나는 기계학습을 이용하여 내면의 감정 상태에 대한 이른바 숨겨진 진실을 추출하려는 시도다. 감정 인식은 가장 큰 기술 기업에서 작은 스타트업에 이르기까지 여러 얼굴 인식 플랫폼에 도입되고 있다. 얼굴 인식이 '특정' 개인을 식별하려는 시도인 데 반해 감정 탐지의 목표는 '어떤 얼굴이든' 분석을 통해 감정을 탐지하고 분류하는 것이다. 이 시스템들은 의도대로 작동하지 않을지도 모르지만, 그럼에도 행동에 영향을 미치고 사람들로 하여금 뚜렷한 방식으로 일하도록 훈련시키는 데 강력한 효과를 발휘한다. 이 시스템들은 효과가 있다는 실질적인 과학적 근거가 없는데도 이미 사람들의 행동과 사회제도의 작동 방식에 결정적 영향을 미치고 있다.

자동 감정 탐지 시스템은 현재 널리 도입되고 있으며 채용 분야에서 특히 활발하게 쓰인다. 휴먼Human이라는 런던의 스타트업은 감정 인식을 이용하여 입사 지원자의 동영상 면접을 분석한다. 〈파이낸셜 타임스〉의 보도에 따르면 '이 회사는 입사 희망자의 감정 표현을 포착하여 성격 특질을 파악할 수 있다고 주장한'다. 그런 다음에야 정직성이나 업무 열정 같은 성격 특질에 대해 점수를 매긴다는 것이다.[7] 골드만삭스, 인텔, 유니레버 등을 고객으로 둔 AI 채용 기업 하이어뷰HireVue는 기계학습을 통해 얼굴 단서를 평가하여 사람들의 업무 적합도를 추정한다. 2014년 이 회사는 동영상 취업 면접에서 미세 표정과 어조 등의 변인을 추출하는 AI 시스템을 출시했는데, 이것을 이용하여 입사 지원자를 회사 내 최고 성과자와 비교한다.[8]

2016년 1월 애플에 인수된 스타트업 이모션트Emotient는 얼굴 사진으로부터 감정을 탐지할 수 있는 소프트웨어를 제작했다고 주장한다.[9] 이모션트는 캘리포니아 대학교 샌디에이고 캠퍼스에서 수행한 학술 연구를 바탕으로 성장했으며 이 분야에서 활약하는 많은 스타트업 중 하나다.[10] 이 중에서 규모가 가장 큰 곳은 애펙티바Affectiva일 것이다. 보스턴에 기반을 둔 이 회사는 매사추세츠 공과대학MIT에서 수행한 학술 연구로부터 탄생했다. MIT에서 로절린드 피카드와 동료들은 감성 컴퓨팅affective computing이라는 폭넓은 신생 분야에 몸담았다. 감성 컴퓨팅은 '감정이나 그 밖의 감성 현상과 관계가 있거나 그로부터 생겨나거나 그것에 의도적으로 영향을 미치'는 연산을 일컫는다.[11]

애펙티바는 주로 심층 학습 기법을 이용하여 다양한 감정 관련 애플리케이션을 제작한다. 그들이 다루는 분야는 도로에서 산만하고 '위험한' 운전자를 탐지하는 것에서 광고에 대한 소비자의 감정 반응을 측정하는 것까지 다양하다. 이 회사는 자칭 세계 최대의 감정 데이터베이스를 구축했는데, 이것은 87개국 1,000만여 명의 표정으로 이루어졌다.[12] 사람들이 감정을 표현하는 동영상을 수집한 그들의 기념비적 자료는 주로 카이로에 기반을 둔 크라우드 노동자들이 수작업으로 라벨링했다.[13] 입사 지원자를 평가하는 애플리케이션에서부터 학생들의 표정과 몸짓 언어를 촬영하고 분석하는 것만으로 수업 참여도를 분석하는 애플리케이션에 이르기까지 모든 것을 개발할 권한을 애펙티바 제품에 부여한 기업은 훨씬 많다.[14]

스타트업 부문 밖으로 나가면 아마존, 마이크로소프트, IBM 같은 AI 업계의 거인들 모두가 감정 탐지 시스템을 설계했다. 마이크로소프트의 얼굴 API는 감정 탐지 기능을 제공하는데, 개인이 '분노, 경멸, 혐오, 공포, 기쁨, 무감정, 슬픔, 놀람' 등의 다양한 감정 중에서 무엇을 느끼는지 탐지하고 '이 감정들이 특정한 표정을 통해 문화를 뛰어넘어 이해되고 보편적으로 소통된'다고 주장한다.[15] 아마존의 레코그니션Rekognition 도구도 비슷한 맥락에서 '일곱 가지 감정 모두'를 식별하고 '행위자의 감정 타임라인을 구축하는 방식으로 이 감정들이 시간이 지남에 따라 어떻게 달라지는지 측정할' 수 있다고 주장한다.[16]

하지만 이 기술들은 어떤 원리로 작동할까? 감정 인식 시스템은 AI 기술, 군사적 우선순위, 행동과학, 특히 심리학 사이의 틈새에서 자라났다. 이 분야들은 비슷한 청사진과 기초적 가정을 공유한다. 그것은 뚜렷이 구별되고 보편적인 소수의 감정 범주가 존재하고, 이 감정들이 무의식중에 얼굴에 나타나며, 그것을 기계로 탐지할 수 있다는 가정이다. 이 신조가 일부 분야에서 어찌나 확고하게 받아들여졌던지, 이의를 제기하는 것은 고사하고 눈여겨보는 것조차 의아하게 느껴진다. 너무 깊숙이 새겨져 있어서 '공통의 관점'을 구성하기에 이른 것이다.[17] 하지만 감정이 어떻게 분류되었는지, 어떻게 깔끔하게 정리되고 라벨링되었는지 들여다보면 구석구석에 의문점이 놓여 있는 것을 볼 수 있다. 배후에서 이 접근법을 이끈 인물은 폴 에크먼이다.

세계에서 가장 유명한 관상가

에크먼의 연구는 운 좋게도 실번 톰킨스와 만나면서 시작되었다. 당시 프린스턴 대학교의 저명한 심리학자였던 톰킨스는 1962년에 걸작 『감정 심상 의식Affect Imagery Consciousness』 1권을 출간한 인물이다.[18] 에크먼은 톰킨스의 감정 연구에 막대한 영향을 받았으며 오랜 시간을 들여 그 의미를 연구했다. 무엇보다 한 가지 측면이 지대한 역할을 했다. 그것은 감정이 타고난 진화적 대응의 집합이라면 보편적일 것이기에 문화가 달라도 인식할 수 있으리라는 것이었다. 이 보편성 욕구는 이 이론들이 오늘날 AI 감정 인식 시스템에 널리 적용되고 있는 이유와 중요한 연관성이 있다. 모든 곳에 적용할 수 있는 소수의 원리 집합을 제공했으니 말이다. 즉 복잡성을 단순화하여 쉽게 복제할 수 있게 한 것이다.

톰킨스는 『감정 심상 의식』의 머리말에서 생물학에 기반을 둔 보편적 감정에 대한 자신의 이론을 인간 주권의 첨예한 위기에 대한 대응의 하나로 규정했다. 그는 행동주의와 정신분석학의 발전에 도전했다. 두 학파가 의식을 단지 다른 힘들의 부산물로, 또한 그 힘들을 위해 존재하는 것으로 치부한다고 생각했기 때문이다. 그는 인간 의식이 '처음에는 코페르니쿠스에 의해, 다음에는 다윈에 의해, 무엇보다 프로이트에 의해 거듭거듭 도전받고 쪼그라들었'다고 주장했다. 코페르니쿠스는 인간을 우주의 중심에서 밀어냈고 다윈의 진화론은 인간이 기독교 신의 형상으로 창조되었다는 관념을 산산조각 냈으며 프로이트는 인간 의식과 이성을 동기 이면에 있는 원동력의 중심에서 몰아냈다.[19] 톰킨스는 계속해서 이렇게 말한다. '우리가 자연nature을 속속들이 통제하면서도 인간 본성human nature은 거의 통제하지 못하는 역설은 의식이 통제 메커니즘으로서의 역할을 게을리한 탓도 있다.'[20] 간단히 말하자면 '의식은 우리가 왜 지금처럼 느끼고 행동하는지에 대해 알려주는 것이 거의 없다'는 것이다. 이것은 이후에 등장한 모든 감정 이론의 토대가 되는 주장으로, 감정과 감정 표현을 인식하지 못하는 인간의 무능력을 강조한다. 우리 인간이 자신의 느낌을 올바르게 탐지하지 못한다면, 혹시 AI 시스템이 우리 대신 그 일을 할 수 있지 않을까?

톰킨스의 감정 이론은 인간 동기의 문제에 대처하는 그 나름의 방식이었다. 그는 감정과 충동이라는 두 체계가 동기 부여를 지배한다고 주장했다. 톰킨스는 충동이 굶주림과 목마름 같은 직접적인 생물학적 욕구와 밀접하게 연관되는 경향이 있다는 논리를 폈다.[21] 그의 논리에 따르면 이것들은 조건적instrumental이다. 이를테면 굶주림의 고통은 음식으로 해결할 수 있다. 하지만 인간의 동기와 행동을 지배하는 주된 체계는 감정 체계이며, 이것은 긍정적이거나 부정적인 '느낌'과 관계가 있다. 감정은 인간 동기에서 가장 중요한 역할을 하여 충동 신호를 증폭하지만, 그보다 훨씬 복잡하다. 이를테면 아기가 고통·분노의 감정을 표현하면서 울게 되는 정확한 이유나 원인을 알기는 쉬운 일이 아니다. 아기는 '배가 고플 수도 있고 추울 수도 있고 젖었을 수도 있고 아플 수도 있고 고온 때문에 우는 것일 수도 있'다.[22] 마찬가지로 이 감정적 느낌을 관리하는 방법에는 여러 가지가 있다. '울음을 멈추게 하는 방법으로는 젖먹이기, 껴안기, 방을 따뜻하게 하기, 시원하게 하기, 기저귀 갈아주기 등이 있다.'[23]

톰킨스는 이렇게 결론 내린다. '이 유연성에 대해 치르는 대가는 모호함과 오류다. 개인은 자신이 느끼는 공포나 기쁨의 원인을 올바르게 파악할 수도 있고 그러지 못할 수도 있으며, 공포를 가라앉히거나 기쁨을 유지·재현하는 법을 배울 수도 있고 그러지 못할 수도 있다. 이 점에서 감정 체계는 충동 체계만큼 단순한 신호 체계가 아니다.'[24] 감정은 충동과 달리 엄격히 조건적이지 않다. 감정은 자극과 대상으로부터 상당히 독립적인데, 이 말은 자신이 분노나 공포나 기쁨을 느끼는 이유를 우리가 종종 모를 수도 있다는 뜻이다.[25]

이 모든 모호함은 감정의 복잡성을 해명하는 것이 불가능하다는 사실을 암시하는지도 모르겠다. 원인과 결과, 자극과 반응의 관계가 이토록 보잘것없고 불확실한데 어떻게 감정 체계에 대해 무엇 하나 알아낼 수 있겠는가? 톰킨스는 답을 내놓았다. '1차 감정은 유난히 가시적인 기관器官 체계와 선천적으로 일대일 관계를 맺고 있는 듯하다.' 이 기관은 얼굴을 말한다.[26] 그는 표정을 강조하는 선례를 19세기에 발표된 두 저작물에서 찾았다. 그것은 찰스 다윈의 『인간과 동물의 감정 표현』(1872년)과 프랑스 신경학자 기욤 벵자맹 아망 뒤셴 드 불로뉴의 잘 알려지지 않은 저작 『조형 예술 행위에 적용할 수 있는 인간 생리의 기전 또는 감정 표현의 전기생리학적 분석Mécanisme de la physionomie humaine ou Analyse électro-physiologique de l'expression des passions applicable à la pratique des arts plastiques』(1862년)이다.[27]

톰킨스는 감정의 얼굴 표현이 보편적 인간 특성이라고 가정했다. 그는 이렇게 생각했다. '감정은 얼굴에 위치하고 몸 전체에 널리 분포한 근육, 혈관, 샘 반응의 집합으로, 감각 되먹임을 산출한다. (……) 이렇게 조직화된 반응 집합은 각각의 명확한 감정을 위한 특정 프로그램이 저장되는 피질하 중추에서 촉발된다.' 이것은 인체 체계를 컴퓨터에 비유한 매우 이른 사례이다.[28]

하지만 톰킨스는 감정 표현의 '해석'이 개인적·사회적·문화적 요인에 따라 달라진다는 것을 인정했다. 그는 사회마다 표정 언어의 사뭇 다른 '방언'이 있다는 데 동의했다.[29] 감정 연구의 선구자조차 감정 인식이 사회적·문화적 맥락에 따라 달라질 가능성을 제기한 것이다. 문화적 방언과 생물학에 기반을 둔 보편적 언어 사이의 잠재적 갈등은 표정 연구와 이후의 감정 인식 연구에 엄청난 영향을 미쳤다. 표정이 문화적으로 가변적이라면, 표정을 이용하여 기계학습 시스템을 훈련시키다가는 저마다 다른 온갖 종류의 맥락, 신호, 예상이 뒤죽박죽으로 섞일 수밖에 없다.

1960년대 중엽에 기회가 에크먼의 문을 두드렸다. 국방부의 연구 부서인 고등연구계획국Advanced Research Projects Agency, ARPA이 접근한 것이다. 에크먼은 당시를 회상하며 이렇게 털어놓았다. '감정 연구는 내 아이디어가 아니었다. 나는 요청을, 아니 재촉을 받았다. 심지어 연구 제안서조차 쓰지 않았다. 내게 연구 자금을 준 사람이 썼다.'[30] 1965년 에크먼은 임상 상황에서 비언어 표현을 연구하고 있었으며 스탠퍼드 대학교에서 연구 계획을 추진할 자금을 물색하고 있었다. 그는 워싱턴 DC에서 ARPA 행동과학부장 리 호프와 면담했다.[31] 호프는 에크먼이 자신의 연구를 설명하는 것에는 관심이 없었지만 문화를 아우르는 비언어 소통에서 잠재력을 보았다.[32]

에크먼이 자인하듯 유일한 문제는 비교문화연구를 어떻게 해야 할지 모른다는 것이었다. '나는 논제가 무엇인지도, 문헌이나 방법도 몰랐다.'[33] 에크먼이 ARPA 자금을 포기해야겠다고 마음먹은 것은 당연한 결과였다. 하지만 호프는 완강했다. 에크먼은 이렇게 회상한다. '그는 하루 종일 내 사무실에 앉아 제안서를 쓰더니 자금을 지원했다. 그 덕에 나는 감정의 얼굴 표현과 몸짓의 문화적 차이가 보편적이라는 증거를 찾아낼 수 있었으며 이 연구는 내게 명성을 가져다주었다.'[34] 그는 ARPA로부터 약 100만 달러의 거금을 받았다 (오늘날로 치면 800만 달러에 해당하는 금액이었다).[35]

당시 에크먼은 자신의 반대와 전문성 부족에도 불구하고 호프가 연구를 지원하려고 안달한 이유가 궁금했다. 알고 보니 호프의 속셈은 상원의원 프랭크 처치의 의심을 피하기 위해 자금을 재빨리 배정하는 것이었다. 호프는 사회학 연구를 핑계 삼아 칠레에서 정보를 입수하여 살바도르 아옌데 대통령 치하의 좌파 정부를 전복하려다 처치에게 발각된 처지였다.[36] 에크먼은 훗날 자신이 행운아였다고 결론 내렸다. 자신은 단지 '호프를 곤경에 빠뜨리지 않고서 해외 연구를 할 수 있'는 사람일 뿐이었다는 것이다.[37] ARPA를 시작으로 국방, 정보, 경찰 분야의 무수한 기관이 에크먼의 연구와, 넓게는 감정 인식 분야에 자금을 지원했다.

거액의 연구비를 등에 업고서 에크먼은 표정의 보편성을 입증할 첫 번째 연구를 시작했다. 일반적으로 그의 연구는 초창기 AI 연구실에서 모방하게 될 설계를 따랐다. 그는 톰킨스의 방법을 본떴으며 칠레, 아르헨티나, 브라질, 미국, 일본에서 모집한 피험자를 대상으로 실험할 때는 심지어 톰킨스의 사진을 이용하기까지 했다.[38] 그는 연구 참가자를 대상으로 감정 표현을 자극한 다음 이것을 '야생에서', 즉 실험실 조건 밖에서 수집한 표현과 비교했다.[39] 연구진은 특별히 '순수'하거나 격한 감정을 예시하거나 표현하는 표정이 담긴 연출posed 사진을 선택하여 피험자들에게 보여주었다. 그런 다음 피험자들에게 이 감정 범주들 중에서 하나를 골라 연출 사진에 라벨을 붙이라고 요청했다. 분석 방법은 피험자들이 고른 라벨이 연구자들이 고른 것과 얼마나 일치하는지 측정하는 것이었다.

이 방법론에는 처음부터 문제가 있었다. 훗날 에크먼의 강제 선택 반응 형식은 연구진이 이미 정해둔 표정과 감정의 연관성에 피험자들이 주목하도록 했다는 비판을 받았다.[40] 더 나아가 이 감정들이 거짓으로 지어내거나 억지로 연출한 것이라는 사실은 연구 결과의 타당성에 대해 심각한 우려를 제기한다.[41] 에크먼은 자신과 같은 접근법을 쓰는 비교문화적 논증을 몇 가지 찾아냈지만, 그의 발견에 이의를 제기한 인류학자 레이 버드휘슬은 이 일치 현상이 영화, 텔레비전, 잡지 같은 대중매체에 노출되어 문화적으로 학습된 것이라면 타고난 감정 상태를 반영하지 않을지도 모른다고 주장했다.[42] 에크먼이 파푸아뉴기니를 찾아가 (무엇보다) 고지대 원주민을 연구할 수밖에 없었던 것은 이 논쟁 때문이었다. 그는 서구의 문화와 매체를 거의 접하지 못한 사람들이 연출된 감정 표현을 자신과 똑같이 범주화한다면 이것은 자신의 체계가 보편적이라는 확고한 증거가 될 것이라고 판단했다.

에크먼은 파푸아뉴기니 포레족을 대상으로 한 첫 번째 연구를 시도하고서 돌아온 뒤에 자신의 이론을 입증할 대안적 접근법을 구상했다. 그는 미국인 피험자들에게 사진을 보여주고서 기쁨, 공포, 혐오·경멸감, 분노, 놀람, 슬픔의 여섯 가지 감정 중 하나를 고르라고 요청했다.[43] 결과가 외국 피험자들과 매우 비슷했기에 에크먼은 '특정 얼굴 움직임이 특정 감정과 보편적으로 연관되어 있'다고 주장해도 무방하다고 판단했다.[44]

감정 : 관상학에서 사진까지

내면의 상태를 외면적 신호로부터 신뢰성 있게 추측할 수 있다는 생각의 뿌리 중 하나는 관상학의 역사다. 관상학은 사람의 이목구비를 연구하여 성격의 실마리를 찾고자 했다. 고대 그리스에서 아리스토텔레스는 이렇게 생각했다. '사람의 성격을 신체적 외양으로부터 판단하는 것은 가능하다. (……) 몸과 혼은 함께 영향을 받는다고 가정되었기 때문이다.'[45] 그리스인들은 관상학을 인종 분류의 초기 형태로 이용하기도 했다. '사람들이 외모와 성격 면에서 다른 한(이를테면 이집트인, 트라키아인, 스키타이인) 관상학은 인간 부류 자체에 적용되어 사람을 인종으로 나눌 수 있다.'[46] 그들은 몸과 혼이 연관되어 있다고 가정했으며 이를 통해 겉모습을 바탕으로 사람의 내면적 성격을 판단하는 행위를 정당화했다.

서구 문화에서 관상학은 18세기와 19세기에 정점에 도달했는데, 당시에는 해부학의 한 분야로 간주되었다. 이 전통의 핵심 인물은 스위스의 목사 요하나 카스퍼 라바터였다. 그가 쓴 『관상론 : 인류에 대한 지식과 사랑의 증진을 위하여Essays on Physiognomy; For the Promotion of Knowledge and the Love of Mankind』는 1789년 독일에서 처음 출간되었다.[47] 라바터는 관상학의 접근법을 취하여 이것을 최신 과학 지식과 접목했다. 그는 미술가의 판화 대신 실루엣을 이용하여 얼굴을 더 '객관적'으로 비교하는 방법을 창안하려 했다. 실루엣은 더 규칙적이고 각각의 얼굴 부위를 친숙한 윤곽 형태로 고정함으로써 서로 비교할 수 있게 해주기 때문이다.[48] 라바터는 골격 구조가 외모와 성격 유형의 기본적 연결고리라고 믿었다. 표정은 수시로 변하는 반면에 두개골은 관상학 추론을 위한 더 탄탄한 재료였다.[49] 제4장에서 보았듯 두개골 측정은 갓 생겨난 민족주의, 인종차별, 외국인 혐오를 뒷받침하는 데 동원되었다. 이 연구는 프란츠 요제프 갈과 요한 가스파르 슈푸르츠하임 같은 골상학자에 의해, 과학적 범죄학 분야에서는 체사레 롬브로소의 연구에 의해 19세기 내내 정교하게 다듬어져 악명을 떨쳤다. 이 모든 연구는 현대의 AI 시스템에서 거듭 나타나는 유형의 추론적 분류로 이어졌다.

하지만 인간의 얼굴 연구에서 사진을 비롯한 기술적 수단의 이용을 공식화한 사람은 에크먼이 '놀랍도록 유능한 관찰자'라고 묘사한 프랑스의 신경학자 뒤셴이었다.[50] 『조형 예술 행위에 적용할 수 있는 인간 생리의 기전 또는 감정 표현의 전기생리학적 분석』에서 뒤셴은 관상학과 골상학의 기존 생각을 생리학과 심리학에 대한 현대적 탐구와 접목함으로써 다윈과 에크먼을 위한 중요한 토대를 놓았다. 그는 성격에 대한 모호한 주장들을 표정과 내면적 정신·감정 상태에 대한 명확한 탐구로 대체했다.[51]

뒤셴은 파리의 살페트리에르 정신병원에서 일했는데, 그곳은 다양한 정신병과 신경 장애를 앓는 환자를 최대 5,000명까지 수용했다. 일부 환자는 뒤셴의 피험자가 되어 고통스러운 실험을 겪어야 했다. 이것은 가장 취약하고 가장 거부하지 못하는 사람을 대상으로 의학적·기술적 실험을 실시한 오랜 전통의 일환이다.[52] 학계에서 무명에 가깝던 뒤셴은 사람의 얼굴에서 고립적 근육 움직임을 자극하는 전기 충격 기법을 개발하기로 마음먹었다. 그의 목표는 얼굴을 해부학적·생리학적으로 더 온전히 이해하는 것이었다. 뒤셴은 이 방법으로 새로운 과학인 생리학을 훨씬 오래된 관상학적 징표 연구와 연결했다.[53] 그는 콜로디온법 같은 최신 사진 기법을 동원했는데, 이를 통해 노출 시간을 훨씬 줄여 찰나적인 근육 움직임과 표정을 사진에 담을 수 있었다.[54]

이 초창기 단계에조차 얼굴들은 결코 자연스럽거나 현실에서 나타나는 표정이 아니라 근육에 전기를 무자비하게 가해 발생시킨 '자극'이었다. 그럼에도 뒤셴은 사진술을 비롯한 기술 시스템을 이

프랑스 신경학자 뒤셴의 『인간 생리의 기전 또는 감정 표현의 전기생리학적 분석』에 실린 도판.
자료 제공 : 미국 국립의학도서관

용하면 재현이라는 질척거리는 작업을 과학 연구에 더 알맞은 객관적이고 증거 능력이 있는 것으로 탈바꿈시킬 수 있으리라 믿었다.[55] 다윈은 『인간과 동물의 감정 표현』 머리말에서 뒤셴의 '탁월한 사진'을 호평과 함께 책에 실었다.[56] 감정은 일시적이고 심지어 찰나적인 현상이었기 때문에, 사진을 통해서만 얼굴에 나타난 감정의 시각적 표현을 고정하고 비교하고 범주화할 수 있었다. 하지만 뒤셴의 사진들은 고도로 조작된 것이었다.

에크먼은 뒤셴의 뒤를 따라 사진을 실험의 중심에 놓았다.[57] 그는 슬로모션 사진이 자신의 접근법에 필수적이라고 여겼는데, 그 이유는 많은 표정이 인간의 지각 능력으로 감지할 수 없을 만큼 순간적으로 나타났다 사라지기 때문이었다. 에크먼의 목표는 이른바 미세 표정, 즉 얼굴의 작은 근육 움직임을 찾는 것이었다. 그의 견해에 따르면 미세 표정은 지속 시간이 '너무 짧아서 슬로모션 투영법을 쓰지 않으면 지각의 문턱을 넘지 못한'다.[58] 훗날 에크먼은 누구든 특별한 훈련이나 슬로모션 사진 없이도 미세 표정을 인식하는 법을 한 시간 만에 배울 수 있다고 주장했다.[59] 하지만 너무 빨라서 사람이 인식할 수 없는 표정을 대체 어떻게 인식한단 말인가?[60]

에크먼이 초기 연구에서 품은 야심 중 하나는 표정을 탐지하고 분석하는 체계를 구축하는 것이었다.[61] 1971년 그는 이른바 '얼굴 움직임 점수 산정 기법Facial Action Scoring Technique, FAST'을 공동으로 발표했다. 이 접근법은 연출 사진을 바탕으로 여섯 가지의 기본 감정 유형(대부분 에크먼이 자신의 직관에 따라 선정했다)을 대입했다.[62] 하지만 다른 과학자들이 에크먼의 분류에 들어 있지 않은 표정을 밝혀내자

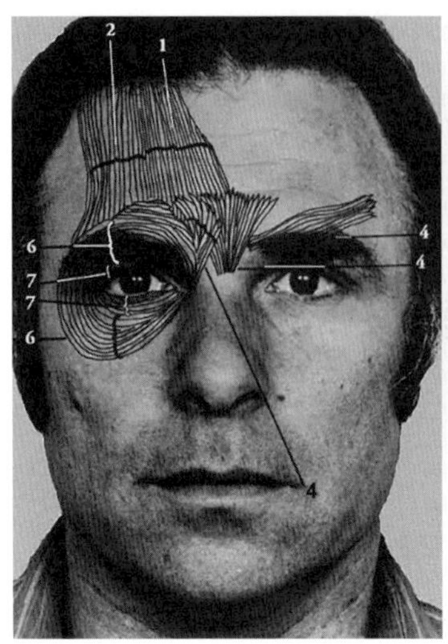

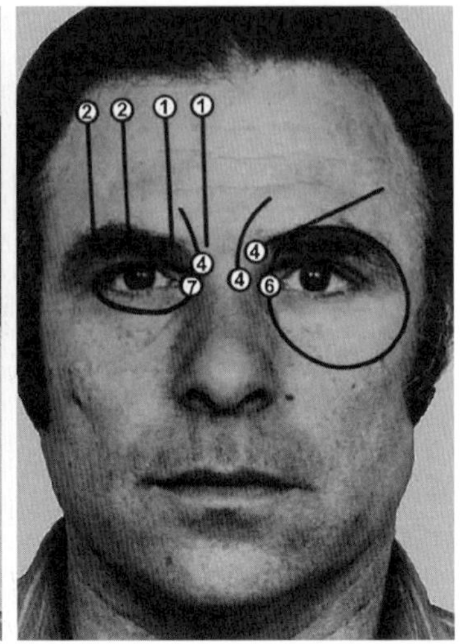

얼굴 움직임 해독법의 요소들. 출처 : 폴 에크먼과 월리스 V. 프리즌

FAST는 금세 문제에 봉착했다.[63] 그래서 에크먼은 뒤센이 원래 실시한 전기 충격 연구에 주목하여 다음번에는 얼굴 근육 조직을 측정 도구의 바탕으로 삼았다. 에크먼은 얼굴에서 대략 마흔 개의 개별적 근육 수축을 파악했으며 각 표정의 기본 요소를 '행동 단위Action Unit'라고 불렀다.[64] 얼마간 검증과 확인을 거친 뒤 에크먼과 월리스 프리즌은 1978년 '얼굴 움직임 해독법Facial Action Coding System, FACS'을 발표했다. 이것은 FAST의 개정판으로, 지금까지 널리 쓰이고 있다.[65] FACS는 측정 도구로 쓰기에는 무척 노동 집약적이었다. 에크먼은 이용자에게 FACS 방법론을 훈련시키는 데 75~100시간이 걸리고 1분 분량의 얼굴 영상에 대해 점수를 매기는 데 한 시간이 걸린다고 말했다.[66]

1980년대 초 에크먼은 학술 대회에서 연구 발표를 듣다가 노동

집약적 FACS의 문제를 해결할 방안을 알게 되었다. 그것은 컴퓨터를 이용하여 측정을 자동화하는 것이었다. 에크먼의 회고록에는 논문을 제출한 연구자가 누구인지 언급되어 있지 않지만 그는 시스템의 이름이 위저드Wizard이고 런던의 브루넬 대학교에서 개발했다고 확언한다.[67] 아마도 이고르 알렉산더의 초기 기계학습 사물 인식 시스템인 위저드WISARD일 것이다. 이 시스템은 당시에 한물간 접근법인 신경망을 채택했다.[68] 일부 문헌에서는 위저드WISARD가 '훌리건 축구 팬 데이터베이스'를 통해 훈련받았다고 기록한다. 이것은 범죄자 머그샷을 이용하여 얼굴 인식 기술을 훈련시키는 현재의 보편적 관행을 연상시킨다.[69]

얼굴 인식이 1960년대에 인공지능의 기초 응용 분야로 등극했기에 이 분야에서 일하는 초창기 연구자들이 에크먼의 얼굴 분석법에서 공감대를 느낀 것은 놀랄 일이 아니다.[70] 에크먼 본인은 ARPA 자금 지원을 받던 시절 이래로 국방·정보기관과 오랫동안 교류하면서 자동 감정 인식을 발전시키는 데 혁혁한 공을 세웠다고 자부한다. 그는 FACS 데이터로 작업하는 두 연구진이 비공식적 경쟁을 벌이도록 독려했으며 이것은 오래도록 영향을 미친 듯하다. 두 연구진은 그 뒤로 감정 연산 분야에서 두각을 나타내게 된다. 한 연구진은 테리 세이나우스키와 그의 학생 메리언 바틀릿으로 구성되었는데, 바틀릿은 감정 인식 전산학의 중요 인물이자 2016년 애플에 인수된 이모션트의 수석 과학자가 되었다.[71] 두 번째 팀은 피츠버그에 기반을 두었으며 피츠버그 대학교의 심리학자 제프리 콘과 카네기멜론 대학교의 저명한 컴퓨터 시각 연구자 가나데 다케오가 주도했다.[72]

이 두 인물은 오랫동안 감정 인식에 매진했으며 널리 알려진 콘-가나데CK 감정 표현 데이터 집합과 그 후신들을 개발했다.

에크먼의 FACS 시스템은 후대의 기계학습 애플리케이션에 긴요한 두 가지를 제공했다. 그것은 인간이 얼굴 사진을 범주화할 때 이용할 수 있는 안정적이고 구별되고 유한한 라벨 집합과 측정을 실시하기 위한 시스템이었다. 그의 시스템은 내면의 삶을 표현하는 까다로운 과제를 예술가와 소설가의 손에서 빼앗아 연구실, 기업, 정부에 알맞은 합리적이고 파악 가능하고 측정 가능한 항목의 우산 아래로 가져왔다.

감정을 포착하다 : 감정을 연기하는 수법

감정 인식에 컴퓨터를 이용하는 방안이 윤곽을 드러내기 시작하자 연구자들은 실험에 이용할 수 있는 표준화된 이미지 묶음의 필요성을 알아차렸다. 1992년 에크먼이 공저한 국립과학재단 보고서에서는 '다양한 얼굴 연구 집단이 공유하며 쉽게 이용할 수 있는 멀티미디어 데이터베이스가 얼굴 이해와 관련한 사안들을 해결하고 확장할 중요한 자원이 될' 것이라고 권고했다.[73] 1년이 지나지 않아 국방부는 (이 책의 제3장에서 보았듯) 얼굴 사진을 수집하는 FERET 계획에 자금을 지원하기 시작했다. 1990년대 말에 기계학습 연구자들이 수집하고 라벨링하고 공개하기 시작한 데이터 집합들은 오늘날 기계학습 연구를 추동하는 원동력이 되었다.

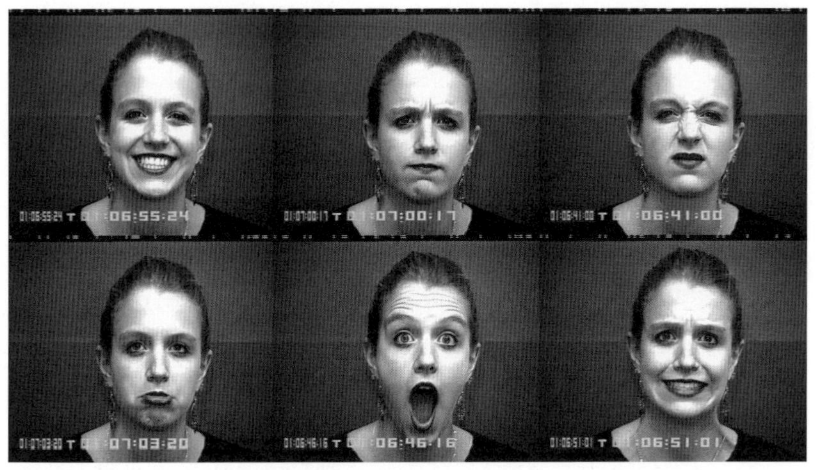

콘-가나데 데이터 집합에 포함된 '기쁨, 분노, 혐오, 슬픔, 놀람, 공포' 표정을 연출한 사진.
출처 : T. 가나데 외, 『자연인류학 연감』(2000년) © Cohn & Kanade

에크먼의 FACS 지침은 CK 데이터 집합에도 직접적 영향을 미쳤다.[74] 에크먼의 표정 연출 전통을 따라 '피험자들은 실험자로부터 스물세 가지의 표정을 잇따라 지으라는 지시를 받았'다. 그러면 FACS 전문가들이 사진을 분석하여 데이터에 라벨을 달았다. CK 데이터 집합 덕에 연구실들은 새로운 표정 인식 시스템을 구축하면서 결과를 평가하고 진척도를 비교할 수 있었다.

다른 연구실과 기업들도 비슷한 과제를 진행하면서 수십 가지의 사진 데이터베이스를 만들어냈다. 이를테면 스웨덴의 한 연구실에서는 '카롤린스카 지도형 감정적 얼굴Karolinska Directed Emotional Faces'을 제작했다. 이 데이터베이스는 에크먼의 범주에 따라 연출된 감정 표현을 드러내는 사진으로 이루어졌다.[75] 참가자들은 여섯 가지의 기본 감정 상태에 맞는 표정을 지었다. 이 훈련 집합을 보면 극단적인 표정들에 놀라지 않을 수 없다. '믿을 수 없는 놀람! 풍성한 기쁨! 몸이 마비되는 두려움!' 피험자들이 만들고 있는 것은 말 그대로 기계가 읽을 수 있는 감정이다.

감정 인식 분야의 규모와 복잡성이 커짐에 따라 감정 인식에 쓰이는 사진의 유형도 다양해졌다. 연구자들은 연출된 표정뿐 아니라 (때로는 연구실 밖에서 수집한) 무의식적 표정으로 구축한 데이터에 FACS 시스템을 이용하여 라벨을 달기 시작했다. 이를테면 CK 데이터 집합이 공개되어 엄청난 성공을 거둔 지 10년 뒤에 한 연구진은 2세대인 '확장된 콘-가나데CK+ 데이터 집합'을 발표했다.[76] CK+에는 평범한 수준의 연출된 표정이 들어 있었지만, 피험자가 임의로 표정을 짓는 동영상에서 수집한 이른바 비연출(자발적) 표정도 포함되기 시작했다.

2009년 즈음 애펙티바가 MIT 미디어 랩을 기반으로 설립되었다. 회사의 목표는 '자연스럽고 자발적인 표정'을 현실 상황에서 포착한다는 것이었다.[77] 이 회사는 이용자의 동의를 받아 그들이 일련의 광고를 시청하는 동안 웹캠으로 얼굴을 촬영하여 데이터를 수집했다. 그러면 에크먼의 FACS로 훈련받은 작업자들이 전용 소프트웨어를 이용하여 영상을 수작업으로 라벨링했다.[78] 하지만 여기서 우리는 또 다른 순환 문제를 발견한다. FACS는 에크먼의 방대한 연출 사진 모음으로부터 발전했다.[79] 이런 탓에 자연적 상황에서 수집된 영상조차도 연출 사진에서 파생한 체계에 따라 분류되는 일이 비일비재했다.

에크먼의 연구는 거짓말 탐지 소프트웨어에서 컴퓨터 시각에 이르기까지 모든 것에 깊고 폭넓은 영향을 미쳤다. 〈뉴욕 타임스〉는 에크먼을 '세계에서 가장 유명한 관상가'로 묘사했으며 〈타임〉은 그를 세계에서 가장 영향력 있는 100인 중 한 명으로 꼽았다. 그는 달라이 라마, 연방수사국, 중앙정보국, 비밀경호국, 심지어 만화 속 얼굴을 실물처럼 렌더링하고 싶어 하는 애니메이션 제작사 픽사 등 다양한 고객에게 컨설팅을 제공하기에 이르렀다.[80] 그의 아이디어들은 대중문화의 일부가 되었고 맬컴 글래드웰의 『블링크』 같은 베스트셀러와 텔레비전 드라마 「라이 투 미Lie to Me」에 반영되었다. 이 드라마에서 에크먼은 주연 배우에게 자문을 제공했는데, 이 배역은 그를 얼추 바탕으로 삼은 것이 틀림없어 보였다.[81]

사업도 승승장구했다. 에크먼은 속임수 탐지 기법을 교통안전국 같은 보안기관에 팔았으며, 교통안전국은 이 기법을 이용하여 '관찰을 통한 승객 선별 기법Screening of Passengers by Observation Techniques, SPOT' 프로그램을 개발했다. SPOT은 9·11 공격 이후에 항공 여행객의 표정을 감시하여 테러범을 '자동으로' 탐지하는 데 이용되었다. 시스템에 채택된 아흔네 가지의 기준은 전부 스트레스나 두려움, 속임수의 징후라고 한다. 하지만 이런 반응에 주목하다 보면 일부 집단이 직접적으로 불이익을 당하게 마련이다. 스트레스를 받거나 질문을 거북하게 여기거나 경찰과 국경 경비대에 대해 부정적 경험이 있었던 사람들은 점수가 높게 나왔다. 일종의 인종 프로파일링(피부색이나 인종 등을 기반으로 용의자를 추적하는 수사 기법 - 옮긴이)인 셈이었다. 미국 회계감사원과 시민 자유 단체들은 SPOT 프로그램이 과학적 방법론이 결여되었고 9억 달러의 예산을 쓰고도 뚜렷한 성과를 내지

못했다고 비판했다.[82]

표정은 실제로 감정을 표현하는가

에크먼의 명성이 커지면서 그의 연구에 대한 의혹도 커져갔다. 비판은 다양한 분야에서 제기되었다. 초기 비판자였던 문화인류학자 마거릿 미드는 1960년대 후반 감정의 보편성이라는 문제를 놓고 에크먼과 논쟁했는데, 에크먼은 미드뿐 아니라 자신의 절대적 보편성 개념에 비판적인 다른 인류학자들과도 격한 공방을 벌였다.[83] 미드는 문화적 요인에 대한 고려 없이 보편적이고 생물학적인 행동 결정 요인을 상정하는 에크먼의 믿음을 신뢰하지 않았다.[84] 특히 에크먼은 감정을 지나치게 단순화되고 상호 배타적인 이분법에 욱여넣는 경향이 있었다. 감정이 보편적이거나 아니거나 둘 중 하나라는 식이었다. 이에 대해 미드 같은 비판자들은 더 섬세한 입장이 가능하다고 지적했다.[85] 미드는 중간자적 입장에서 '인간 존재가 핵심적인 선천적 행동을 공유할 가능성과…… 감정 표현이 그와 동시에 문화적 요인에 의해 고도로 조건화된다는 생각' 사이에는 내재적 모순이 전혀 없다고 강조했다.[86]

수십 년에 걸쳐 다른 분야의 더 많은 과학자가 이 같은 입장에 동조했다. 최근 심리학자 제임스 러셀과 호세 미겔 페르난데스 돌스는 과학의 가장 기본적인 측면들이 여전히 미해결 상태임을 밝혀냈다. '얼굴의 감정 표현이 실제로 감정을 표현하는가 같은 가장 근본적인 질문들은 여전히 크나큰 논란거리다.'[87] 사회과학자 마리아 장드롱과 리사 펠드먼 배럿은 에크먼의 이론이 AI 업계에 이용되는 현상에 특별한 위험이 있다고 지적했다. 자동 표정 탐지가 내면적 마음 상태를 신뢰성 있게 나타내지 못한다는 이유에서였다.[88] 배럿이 말한다. '기업들은 무슨 말이든 하고 싶은 대로 하지만, 데이터는 분명하다. 찌푸린 얼굴을 탐지할 수는 있어도 그것이 위험을 탐지하는 것과 같지는 않다.'[89]

더 심각한 문제는 감정 연구 분야에서 감정이 실제로 무엇인지에 대해 연구자들 사이에 합의가 전혀 없다는 것이다. 감정이 무엇인가, 감정이 어떻게 형성되고 표현되는가, 감정의 생리적·신경생물학적 기능으로는 무엇이 있는가, 감정과 자극의 관계, 심지어 감정을 어떻게 정의할 것인가 등 이 모든 질문은 전혀 해결되지 않았다.[90]

에크먼의 감정 이론을 가장 앞장서서 비판하는 사람은 과학사가 루스 리스일 것이다. 그녀는 『감정의 상승The Ascent of Affect』에서 '에크먼의 연구 아래에 깔려 있는 기본적인 관상학적 가정의 함의, 즉 우리가 혼자 있을 때 짓는 표정과 남들이 곁에 있을 때 짓는 표정의 차이를 근거로 진실한 감정 표현과 인위적 감정 표현을 엄밀히 구분할 수 있다는 생각'을 산산조각 낸다.[91] 리스는 에크먼의 방법에서 근본적 순환성을 본다. 첫째, 그가 이용한 연출(또는 모사) 사진은 '이미 문화적 영향으로부터 자유로운' 기본적 감정 상태의 집합을 표현하는 것으로 가정된다.[92] 그런 다음 이 사진들은 저마다 다른 인구 집단으로부터 도출한 라벨을 가지고서 표정의 보편성을 입증하기 위해 이용되었다. 리스는 심각한 문제를 지적한다. '에크먼은 실험에 쓴 사진의 표정들이 문화적 오염으로부터 자유로운 것은 보편적으로 인식되기 때문이라고 가정한다. 그와 동시에 그 얼굴 표정들이 보편적으로 인식되는 이유는 문화적 오염으로부터 자유롭기 때문이라고 주장한다.'[93] 에크먼의 접근법은 기본적으로 순환적이다.[94]

에크먼의 발상이 기술 시스템에 구현되면서 다른 문제들도 뚜렷해졌다. 앞에서 보았듯 감정 인식 분야를 떠받치는 많은 데이터 집합은 배우가 카메라 앞에서 연기하며 모사하는 감정 상태를 바탕으로 삼는다. 이 말은 AI 시스템이 가짜 감정 표현을 인식하도록 훈련받는다는 뜻이다. AI 시스템이 자연적인 내적 상태에 대한 실측자료에 접근할 수 있다고 주장하더라도, 훈련 자료 자체는 만들어진 것에 불과하다. 심지어 광고나 영화에 대한 사람들의 반응을 포착한 영상에서도 사람들은 자신이 촬영되고 있음을 자각하며 이 때문에 반응에 영향을 받을 수 있다.

얼굴 움직임과 기본적 감정 범주를 자동으로 연결하는 과제의 어려움은 도대체 감정을 소수의 분리된 범주로 묶을 수 있는가라는 더 폭넓은 질문으로 이어진다.[95] 이 관점은 톰킨스로 거슬러 올라갈 수 있는데, 그는 '각 종류의 감정은 몸 안에서 일어나는 다소 독특한 반응으로 식별할 수 있'다고 주장했다.[96] 하지만 이를 뒷받침하는 일관된 증거는 거의 찾아볼 수 없다. 심리학자들은 발표된 증거를 여러 차례 검토했지만 측정 가능한 반응과 자신들이 가정하는 감정 상태의 연관성을 찾는 데 실패했다.[97] 마지막으로, 표정이 우리의 솔직한 내적 상태에 대해 알려주는 것이 거의 없다는 까다로운 문제가

있다. 실제로는 기쁘지 않으면서 미소를 지어본 사람이라면 누구나 동의할 것이다.[98]

에크먼의 주장을 떠받치는 토대에 대해 이처럼 심각한 질문들이 제기되었지만 그의 연구는 여전히 현재의 AI 응용에서 중요한 역할을 맡고 있다. 수십 년간 학술적 논쟁이 이어졌지만 표정이 해석 가능하다는 에크먼의 견해를 (마치 아무 문제도 없다는 듯) 인용하는 논문은 수백 건에 이른다. 감정 탐지가 불확실하다고 주장하는 논문들은 많은 전산학자에게 인정조차 받지 못한다. 이를테면 감정 연산 연구자 아비드 카파스는 기본적인 과학적 합의의 부재를 단도직입적으로 지적한다. '우리는 그런 상황에서 표현 행동으로부터 감정 상태를 신뢰성 있게 측정할 수 있는 얼굴의, 또한 (아마도) 그 밖의 표현적 활동에 관여하는 복잡한 사회적 조절 요인에 대해 거의 알지 못한다. 이것은 더 나은 알고리즘으로 해결할 수 있는 공학 문제가 아니다.'[99] 감정 인식 분야의 많은 사람들이 감정 인식을 자신감 있게 지지하는 데 반해 카파스는 컴퓨터가 감정을 느끼려고 하는 것이 좋은 생각이라는 믿음 자체에 의문을 제기한다.[100]

다른 배경을 가진 연구자들이 에크먼의 작업을 검토할수록 반대 증거도 많아진다. 2019년 리사 펠드먼 배럿이 이끄는 연구진은 표정에서 감정을 추론하는 논문들을 두루 검토했다. 그들이 내린 확고한 결론은 표정이 여전히 논란거리이며 표정은 문화와 맥락을 아우르는 것은 고사하고 감정 상태를 신뢰성 있게 표상하는 '지문이나 진단적 표시'조차 아니라는 것이다. 연구진은 현재의 모든 근거를 토대로 이렇게 단언했다. '현재의 많은 기술이 과학적 사실로 오인되는 것을 적용하려 할 때와 마찬가지로 미소에서 기쁨을, 찌푸린 얼굴에서 분노를, 찡그린 얼굴에서 슬픔을 확실하게 추론하는 것은 가능하지 않다.'[101]

배럿 연구진은 감정 추론을 자동화할 수 있다는 AI 기업들의 주장에 비판적이었다. '이를테면 기술 기업들은 그런 공통된 견해를 마치 과학적으로 탄탄하게 뒷받침되는 사실로 착각한 채 얼굴에서 감정을 읽는 기기를 개발하려고 수백만 달러의 연구 자금을 쓴다. (……) 정작 우리가 과학적 증거를 검토했더니 특정 얼굴 움직임이 어떻게 왜 감정을 표현하는가에 대해서는 알려진 것이 거의 없었다. 그런 결론을 현실에 중요하게 적용할 만큼 세부적인 수준에서는 말할 것도 없다.'[102]

얼굴에서 '감정을 읽'는 접근법은 왜, 수많은 비판에도 불구하고 살아남았을까? 이 생각들의 역사를 분석하면 군사 연구 기금, 치안 우선주의, 이윤 동기가 어떻게 감정 인식 분야를 형성했는지 실마리를 얻을 수 있다. 1960년대 이후 국방부의 대규모 자금 지원에 힘입어 개발된 여러 시스템이 얼굴 움직임을 점차 정확히 측정하고 있었다. 얼굴 움직임을 측정하여 내적 상태를 판단할 수 있다는 이론이 등장하고 측정 기술이 발전하자 사람들은 그 기반이 되는 전제를 기꺼이 받아들였다. 이론은 도구가 할 수 있는 일과 맞아떨어졌다. 에크먼의 이론이 신생 분야인 컴퓨터 시각에 이상적으로 보인 이유는 대규모의 자동화가 가능해졌기 때문이다.

기관과 기업들은 에크먼이 정립한 이론과 방법론의 타당성을 믿고서 막대한 투자를 실시했다. 감정이 쉽게 분류되지 않는다거나

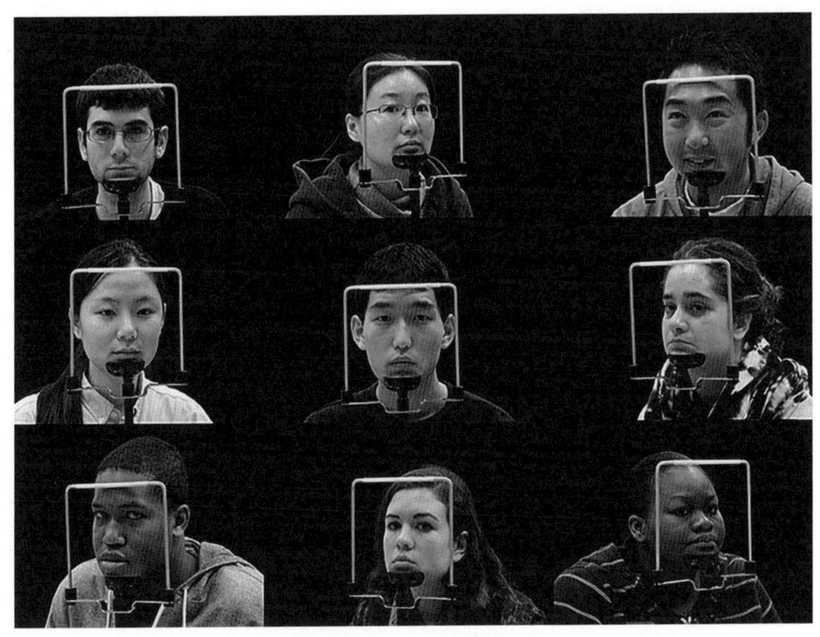

컬럼비아 시선 데이터 집합Columbia Gaze Dataset. 출처 : 브라이언 A. 스미스 외,
「시선 고정 : 인간과 물체의 상호작용을 위한 수동 눈맞춤 감지」, 『사용자 인터페이스 소프트웨어 및 기술UIST에 관한 ACM 심포지엄』, 2013년 10월, 271~80쪽.
자료 제공 : 브라이언 A. 스미스

표정으로부터 신뢰성 있게 탐지할 수 없다는 사실을 인정하는 것은 성장 중인 산업에 타격을 가하는 격이다. AI 분야에서는 마치 이 문제가 해결된 것처럼 에크먼을 인용한다. 공학적 난제는 아직 직접 파고들지도 않았는데 말이다. 맥락, 조건화, 문화적 요인이라는 복잡한 요인들은 현행 전산학의 학제적 접근법이나 상업적 기술 부문의 야심과 어우러지기 힘들다. 그리하여 에크먼의 기본적 감정 범주가 표준이 되었다. 미드의 중간자적 입장 같은 더 미묘한 접근법들은 대체로 무시당했다. 이런 탓에 우리가 감정을 경험하고 드러내고 숨기는 여러 가지 방법, 우리가 타인의 표정을 해석하는 방법에 대한 더 거창한 질문들에 대처하기보다는 AI 시스템의 정확도를 끌어올리는 데 초점이 맞춰졌다.

배럿이 말한다. '우리 분야에서 가장 영향력이 큰 모형 중 상당수는 감정이 자연에 의해 정해진 생물학적 범주이며, 따라서 감정 범주가 인간 정신에 의해 구성되는 것이 아니라 인식된다고 가정한다.'[103] 감정 탐지를 위한 AI 시스템은 이 생각을 전제로 삼는다. 하지만 '인식'은 감정에 대해 생각할 때 완전히 틀린 토대인지도 모른다. 인식은 감정 범주가 생성적이고 관계적인 것이 아니라 주어진 것이라고 가정하기 때문이다.

얼굴의 정치학

우리는 표정을 기계가 읽을 수 있는 범주로 묶는 시스템을 더 많이 만들려고 노력할 게 아니라 그 범주들 자체의 기원과 그 사회적·정치적 결과에 의문을 제기해야 한다. 이미 감정 인식 도구가 정치적 공격에 투입되고 있다. 이를테면 한 보수파 블로그는 하원의원 일한 압둘라히 오마르의 동영상을 판정할 '가상 거짓말 탐지기 시스템'을 제작했다고 주장했다.[104] 이 블로거는 아마존 레코그니션, 엑스아르비전 센티널 AI XRVision Sentinel AI, IBM 왓슨 등의 얼굴 및 음성 분석 소프트웨어를 이용했더니 오마르의 거짓말 분석 점수가 '진실 기준선'을 초과했으며 스트레스, 경멸감, 불안감의 수치가 높게 나왔다고 주장했다. 여러 보수 매체는 이 주장을 보도하면서 오마르가 '병적 거짓말쟁이'이고 국가의 안보를 위협한다고 주장했다.[105]

이 시스템들은 여성, 특히 흑인 여성이 발언할 때의 감정을 남성의 경우와 달리 판단한다고 알려져 있다. 제3장에서 보았듯 대표성이 없는 훈련 데이터에서 '평균'을 구성하는 것은 애초부터 인식론적으로 의심스러우며 인종차별적 편향이 뚜렷하다. 메릴랜드 대학교에서 실시한 연구에 따르면 일부 얼굴 인식 소프트웨어는 흑인의 얼굴이 백인의 얼굴보다 부정적 감정을 더 많이 나타낸다고 해석한다. 특히, 더 분노했거나 더 경멸적이거나 심지어 미소를 억누르고 있다고 판단한다.[106]

이것이 감정 인식 도구의 맹점이다. 앞에서 보았듯 이 도구들은 우리를 과거의 관상학으로 데려간다. 거짓 주장이 제기되고 허용되고 기존 권력 체제를 떠받치는 데 동원되던 시절 말이다. 사람 얼굴에서 명확한 감정을 추론한다는 생각이 수십 년간 학계에서 논란거리였다는 사실이 강조하는 핵심은 이것이다. 만능 인식 모형은 감정 상태의 파악을 묘사하는 올바른 은유가 아니다. 감정은 복잡하며 가족, 친구, 문화, 역사와 맞물려 발전하고 변화한다. 이 모든 다층적 맥락은 AI의 테두리 밖에 존재한다. 많은 경우 감정 탐지 시스템은 장담하는 결과를 내놓지 못한다. 사람들의 내적 마음 상태를 직접 측정하기보다는 얼굴 사진들 사이에서 물리적 성격의 상관관계를 통계적으로 최적화할 뿐이다. 자동 감정 탐지의 학술적 토대가 의문시되고 있지만, 치안에서 채용에 이르는 중요한 맥락에서 새로운 세대의 감정 도구들이 이미 감정을 추론하고 있으며 사용 범위가 점차 확대되고 있다.

증거는 감정 탐지의 신뢰성 결여를 가리키고 있지만 기업들은 수십억 달러의 이익을 약속하는 이 부문에서 시장점유율을 높이려고 여전히 얼굴 이미지화를 위한 새로운 채굴 원천을 찾고 있다. 사람들의 얼굴에서 감정을 추론하는 작업 이면의 연구를 체계적으로 검토한 배럿은 다음과 같은 경고문으로 마무리한다. '더 일반적으로 보자면 기술 기업들은 근본적으로 틀린 질문을 던지고 있는 듯하다. 맥락의 다양한 측면을 고려하지 않은 채 얼굴 움직임을 분석하는 것만으로 사람들의 내적 상태를 읽어내려는 노력은 잘해야 불완전하며 최악의 경우에는 연산 알고리즘이 아무리 정교하더라도 타당성을 완전히 잃을 수 있다. (……) 이 기술을 이용하여 얼굴 움직임을 토대로 사람들이 무엇을 느끼는지에 대한 결론에 도달하려는 것은 시기상조다.'[107]

감정 인식을 자동화하려는 욕구에 저항하지 않는다면 우리는 입사 지원자가 자신의 미세 표정이 다른 직원들과 일치하지 않는다는 이유로 부당한 평가를 받고, 학생들이 자신의 얼굴이 의욕 결핍을 나타낸다는 이유로 동급생들보다 낮은 점수를 받고, 고객들이 AI 시스템에 의해 얼굴 단서를 바탕으로 잠재적 좀도둑으로 판정되어 제지당할 위험을 감수해야 한다.[108] 기술적으로 불완전할 뿐 아니라 미심쩍은 방법론을 토대로 한 시스템의 비용을 누군가는 짊어질 것이기 때문이다.

이 시스템이 작동하는 삶의 영역은 급속히 확장되고 있으며, 연구실과 기업들은 이를 위한 새로운 시장을 만들어내고 있다. 하지만 그들은 모두 분노, 기쁨, 놀람, 혐오, 슬픔, 공포라는 에크먼의 최초 집합에서 파생한 지엽적 감정 이해에 기대어 시공간을 아우르는 인간 감정과 표현의 무한한 우주를 몇 가지 범주로 대신해버린다. 이것은 세상의 복잡성을 단 하나의 분류 체계에 담는 앙상한 세계관으로 회귀하는 꼴이다. 우리가 거듭 목격한 문제, 즉 지독히 복잡한 것을 (쉽게 연산하여 시장에 내놓을 수 있도록) 지나치게 단순화하려는 욕망으로 돌아가는 셈이다. AI 시스템은 우리의 신체적 자아가 겪는 가변적이고 사적이고 다양한 경험을 추출하려 하지만 그 결과물은 감정적 경험의 뉘앙스를 포착하지 못하는 만화적 스케치에 불과하다.

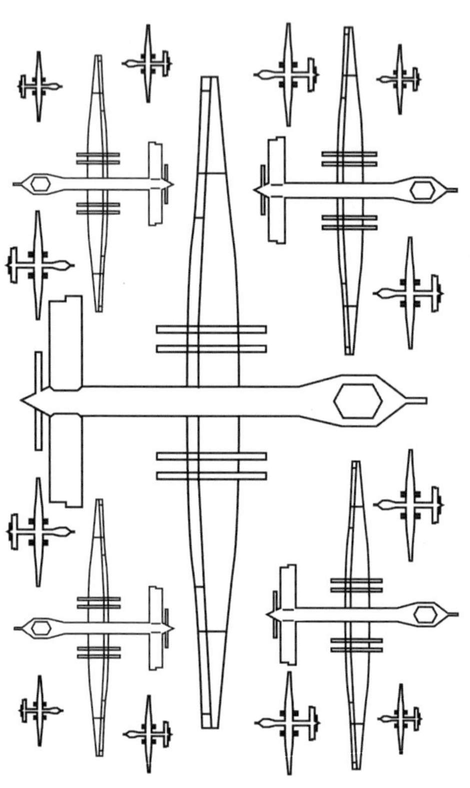

6 국가

나는 뉴욕의 한 창고 빌딩 10층에서 인터넷 접속이 차단된 노트북 앞에 앉아 있다. 화면에는 평상시 디지털 포렌식에 쓰이는 소프트웨어 프로그램이 떠 있다. 증거를 조사하고 하드 드라이브에 저장된 정보를 검증하는 도구다. 내가 여기에 온 것은 기계학습이 어떻게 정보 부문에서 (세상에서 가장 부유한 정부들을 필두로) 쓰이기 시작했는가에 대한 가장 구체적인 내역이 보관된 자료실을 조사하기 위해서다. 이곳은 스노든 자료실이다. 전직 국가안보국 계약 직원 에드워드 스노든이 2013년에 유출한 모든 문서, 파워포인트 프레젠테이션, 내부 메모, 뉴스레터, 기술 설명서가 소장되어 있다. 페이지마다 맨 위에 분류 형식이 표시되어 있다. 1급 비밀TOP SECRET // 특수 정보SI // 복사·인쇄 불허ORCON // 외국인에게 배포 금지NOFORN.[1] 각각의 분류는 경고이자 명칭이다.

영화 제작자 로라 포이트러스가 내게 이 자료실의 접근권을 부여한 것은 2014년이다. 자료를 읽는 것은 어마어마한 고역이었다. 이곳에는 미국 국가안보국과 영국 정부통신본부, 그리고 파이브 아이스Five Eyes[2] 국제 네트워크의 내부 문서를 비롯하여 10여 년에 걸친 정보 판단과 통신이 보관되어 있다. 이 정보는 고급 비밀 취급 인가가 없는 사람들에게는 엄격히 제한된다. 이것은 '분류된 정보 제국'의 일부로, 예전에는 공개 자료보다 다섯 배 빨리 증가한다고 추산되었으나 지금은 아무도 모른다.[3] 스노든 자료실은 데이터 수집의 양상이 달라진 현황을 고스란히 보여준다. 전화, 웹 브라우저, 소셜 미디어 플랫폼, 이메일은 모두 국가를 위한 데이터 출처가 되었다. 문서들은 우리가 지금 인공지능이라고 부르는 상당수 기법의 발전에 정보 공동체가 한몫했음을 보여준다.

스노든 자료실은 비밀리에 개발된 또 다른 AI 부문을 폭로한다. 방법에는 비슷한 점이 많지만 범위, 목표, 결과는 사뭇 다르다. 추출과 수집을 정당화하는 수사적 겉치레는 모두 사라졌다. 모든 소프트웨어 시스템은 단지 소유해야 하는 것, 타도해야 하는 것으로 묘사된다. 모든 데이터 플랫폼은 만만한 표적이며, 보호해야 할 대상으로 지정된 것은 거의 없다. 국가안보국의 한 파워포인트에서는 인터넷의 준準실시간 상호형 지도를 구축하기 위해 설계된 프로그램인 트레저맵TREASUREMAP을 소개한다.[4] 이 프로그램은 인터넷에 연결된 모든 컴퓨터, 휴대용 기기, 라우터의 위치와 소유자를 추적한다고 주장한다. 슬라이드는 '인터넷 전체를 지도로 만들어 언제 어디에서나 모든 장치를 추적한'다고 자부한다. '조력자로서의 트레저맵'

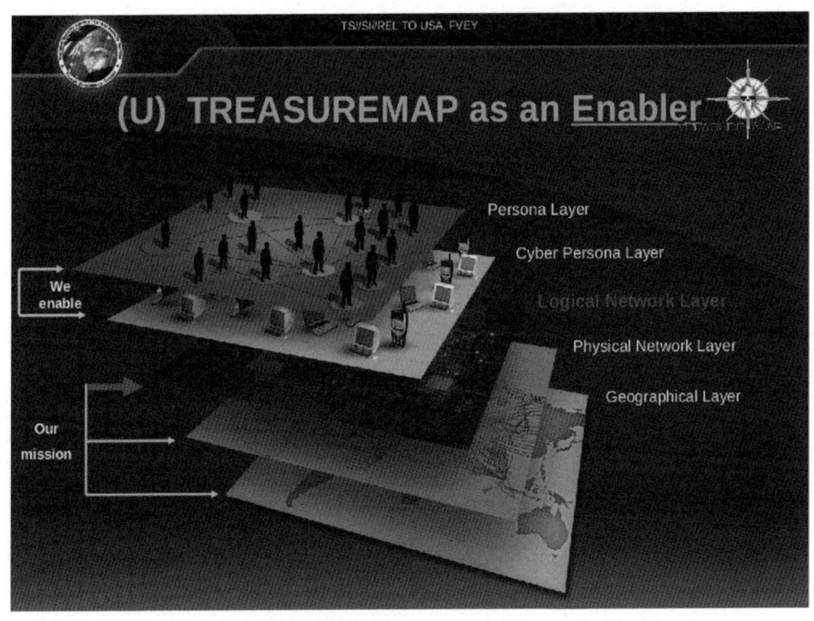

조력자로서의 트레저맵. 스노든 자료실

에 대한 슬라이드는 신호 분석의 계층을 보여준다. 지리 계층과 네트워크 계층 위에는 '사이버 페르소나 계층'(이채롭게도 젤리빈 시대 아이맥과 노키아 피처폰으로 대표된다)이 있고 그 위에는 개인 연결을 나타내는 '페르소나 계층'이 있다. 이것은 연결된 기기를 이용하는 전 세계인을 '인터넷의 대축척 지도'로 묘사하려는 시도다. 케임브리지 애널리티카 같은 소셜 네트워크 분석 및 조작 기업들의 결과물과도 무척 비슷해 보인다.

스노든 문서는 2013년에 공개되었지만 여전히 오늘날의 AI 마케팅 전단처럼 읽힌다. 트레저맵이 페이스북의 전능한 네트워크 감시를 예견했다면 폭스애시드FOXACID라는 프로그램은 하루하루의 활동을 기록한다는 점에서 가정용 컴퓨터를 위한 아마존 링Ring을 떠올리게 한다.[5] 슬라이드에서는 이렇게 설명한다. '표적으로 하여금 모종의 브라우저로 저희를 방문하게 할 수 있으면 그것들을 소유할 수 있습니다.'[6] 사람들이 꾐에 넘어가 스팸 이메일을 클릭하거나 가짜 웹사이트를 방문하면 국가안보국은 브라우저를 통해 파일을 주입하며 이 파일은 사람들의 기기에 영구적으로 머물면서 그들이 하는 모든 일을 은밀히 본부에 보고한다. 한 슬라이드는 어떻게 분석가들이 표적에 대한 '일정 수준의 유죄지식guilty knowledge'(사람의 뇌 속에 들어 있는 범행 관련 정보로, 유죄의 단서가 된다 – 옮긴이)이 필요한 '고도로 맞춤화된 이메일을 배포하'는지 설명한다.[7] 거의 논의되지 않는 사실은 국가안보국이 유죄지식을 수집하는 것에 어떤 제약이 있는가다(적어도 미국 국민의 데이터인 경우). 한 문서에서는 국가안보국이 전방위적으로 '정보 시대에 더 온전히 부합하는 법적 권위와 정책 토대를 공격적으로 추구한'다고 언급한다.[8] 말하자면 법률에 맞게 도구를 바꾸는 게 아니라 도구에 맞게 법률을 바꾼다는 것이다.

미국 정보기관들은 유서 깊은 빅데이터 보관자다. 그들은 방위고등연구계획국Defense Advanced Research Projects Agency, DARPA과 더불어 1950년대 이후 AI 연구의 주된 원동력이었다. 과학사가 폴 에드워즈가 『닫힌 세계The Closed World』에서 말하듯 군사 연구 기관들은 AI로 알려지게 된 신생 분야에 초창기부터 적극적으로 관여했다.[9] 이를테면 해군연구국은 1956년 다트머스 대학교에서 열린 첫 번째 '하계 인공지능 연구 프로젝트'를 지원했다.[10] AI 분야는 대규모로 현실성을 발휘할 수 있다는 사실이 밝혀지기 오래전부터 늘 군부의 지원을 받았고 종종 우선순위에 놓였다. 에드워즈가 말한다.

> 직접적 쓰임새가 가장 적고 야심이 가장 원대한 사업인 AI는 ARPA 자금을 이례적으로 두둑이 받게 되었다. 그 결과 ARPA는 AI 연구의 첫 20년간 주된 후원자가 되었다. 전직 국장 로버트 스프라울은 '한 세대 전체의 컴퓨터 전문가들이 DARPA 자금으로 시작했'으며 '인공지능, 병렬 연산, 음성 이해, 자연어 프로그래밍 등 (1980년대 중엽의) 5세대 (첨단 연산) 사업으로 발전할 모든 아이디어가 궁극적으로 DARPA 지원 연구에서 출발했'다고 자랑스럽게 결론 내렸다.[11]

군부는 지휘·통제, 자동화, 감시를 중시했으며 이는 장차 AI의 성격에 심대한 영향을 미쳤다. DARPA의 지원으로 탄생한 도구와 접근법들은 컴퓨터 시각, 자동 번역, 자율주행을 비롯하여 이 분야에 뚜렷한 족적을 남겼다. 하지만 이 기술적 방법들에는 더 깊은 의미가 담겨 있다. AI의 전체 논리에 스며 있는 것은 표적, 자산, 이상異狀 탐지 같은 명백한 전투 중심 개념에서 고위험, 중위험, 저위험 같은 더 미묘한 범주에 이르는 일종의 분류적 사고다. 지속적 상황 주시 및 표적 개념은 수십 년간 AI 연구를 주도하며 업계와 학계에 영향을 미칠 인식론적 토대를 놓았다.

국가의 관점에서 빅데이터와 기계학습으로의 전환은 정보 추출의 형식을 확장했으며 사람들이 어떻게 추적되고 이해되는가에 대한 사회 이론에 영향을 미쳤다. '그들의 메타데이터로 그들을 알지니.' 누구에게 문자 메시지를 보내는지, 어느 장소를 방문하는지,

무엇을 읽는지, 기기가 언제 무슨 이유로 실행되는지 등의 미세한 행동들은 (범죄이든 아니든) 위협의 식별과 평가를 위한 자료가 되었다. 대량의 데이터 덩어리를 멀리서 수집하고 측정하는 것은 단체와 집단에 대한 이른바 통찰과 잠재적 살해 표적에 대한 평가를 개발하는 방법으로 선호되었다. 국가안보국(미국)과 정부통신본부(영국)만 그런 것이 아니다. 중국, 러시아, 이스라엘, 시리아를 비롯한 많은 나라에도 비슷한 기관이 있다. 수많은 국가 감시·통제 시스템이 있으며 이러한 온갖 전쟁 기계는 결코 멈추지 않는다. 스노든 자료실은 아실 음벰베가 '인프라 전쟁'이라고 부르는 것을 만들어내려고 국가와 기업이 어떻게 협력하는지 잘 보여준다.[12]

하지만 군부와 AI 업계의 관계는 안보 맥락을 넘어서 확대되었다. 한때 (본질적으로 '탈법적'인) 정보기관만 이용할 수 있었던 기술들이 정부와 법 집행 기관 같은 국가 행정 부처에까지 스며들었다. 국가안보국이 프라이버시 우려의 초점이 되는 동안, 점차 커져가는 상업적 감시 부문에는 그만한 관심이 쏠리지 못하고 있다. 이 부문은 자신의 도구와 플랫폼을 경찰과 공공 기관에 공격적으로 판촉 활동을 한다. AI 업계는 국가의 전통적 역할에 도전하는 동시에 이것을 재구성하고 있으며, 그와 더불어 옛 형태의 지정학적 권력을 강화하고 확대하는 데 이용하고 있다. 알고리즘적 통치는 전통적 국가 통치의 일부이자 이를 뛰어넘는다. 이론가 벤저민 브래턴의 말을 살짝 바꾸자면, 국가는 기계의 외장外裝을 두르고 있는데 그 이유는 기계가 국가의 역할과 범위를 이미 떠맡았기 때문이다.[13]

제3차 상쇄 전략

인터넷이 탄생한 사연의 중심은 미국 군부·학계의 혁신과 지배였다.[14] 하지만 AI의 공간에서 우리는 순수한 국가 체제라는 것이 결코 존재하지 않음을 본다. 오히려 AI 시스템은 다국적이고 다면적인 도구, 인프라, 노동의 복잡하게 얽힌 네트워크 안에서 작동한다. 이를테면 베오그라드 길거리에 설치된 얼굴 인식 시스템을 생각해 보라.[15] 경찰서장은 얼굴과 차량 번호판을 촬영하기 위해 도시 전역 800개소에 2,000대의 카메라를 설치하라고 명령했다. 중국의 무선통신 거인 화웨이는 영상 감시, 4G 네트워크 지원, 통합 데이터·지휘 센터를 제공하기로 세르비아 정부와 계약을 맺었다. 이런 계약은 흔한 일이다. 하부local 시스템은 종종 중국, 인도, 미국 등지의 인프라가 혼재되어 있으며 구멍 뚫린 장벽, 저마다 다른 보안 프로토콜, 잠재적 데이터 백도어(비밀문)가 존재한다.

하지만 인공지능을 둘러싼 수사적 표현은 훨씬 적나라하다. 우리는 AI 전쟁이 벌어지고 있다는 얘기를 거듭거듭 듣는다. 주된 근심거리는 미국과 중국의 초국적 시도인데, 중국은 AI 부문에서 글로벌 리더가 되겠노라는 결의를 반복해서 천명하고 있다.[16] 알리바바, 화웨이, 텐센트, 바이트댄스를 비롯한 중국 유수의 기술 기업들이 채택한 데이터 관행은 종종 사실상 중국의 국가 정책으로 규정되며, 그렇기에 (국가와 기업의 과제와 유인誘引이 복잡하게 얽혀 있기는 하지만) 아마존과 메타 같은 미국의 사기업들보다 본질적으로 더 위협적으로 간주된다. 하지만 전쟁의 언어는 외국인 혐오, 상호 의심, 국제 첩보 활동, 네트워크 해킹의 일상적 표현을 넘어선다. 전희경과 후텅후이 같은 미디어학자들이 주장하듯 세계 디지털 시민들이 네트워크의 추상적 공간에서 대등하게 활동한다는 자유주의적 시각은 타 인종 적국에 맞서 국가 클라우드를 방어한다는 편집증적 시각으로 대체되었다.[17] 외국의 위협이라는 망령은 AI에 대해 일종의 주권을 행사하며 (인프라와 영향력 면에서 초국적인) 기술 기업들의 세력권을 국민국가의 테두리 안에 새로 그리려 한다.

하지만 기술적 우위를 차지하려는 국가 경쟁은 수사적인 동시에 현실적이며 상업 부문과 군사 부문 안팎에서 지정학적 경쟁의 원동력을 만들어내어 두 부문의 경계를 점차 흐릿하게 한다. 또한 AI 애플리케이션이 민간 영역과 군사 영역에서 이중으로 쓰임으로써 긴밀한 협력과 자금 지원의 강력한 유인이 생겨났다.[18] 미국에서는 군사적·기업적 이점을 확보하기 위해 국가적 통제와 국제적 AI 우위를 추구하는 이러한 행태가 명시적 전략이 된 것을 볼 수 있다.

이 전략이 최근 반복된 예는 2015년부터 2017년까지 국방부 장관을 지낸 애슈턴 카터의 재임기다. 카터는 실리콘밸리가 군부와 더 긴밀한 관계를 맺는 데 중요한 역할을 했다. 그는 국가 안보와 외교 정책이 미국의 AI 지배에 달렸다며 기술 기업들을 설득했다.[19] 그는 이것을 '제3차 상쇄' 전략이라고 불렀다. 일반적으로 상쇄는 조건을 변화시킴으로써 기존의 군사적 불리함을 벌충하는 방법으로 이해된다. 전직 국방부 장관 해럴드 브라운은 1981년에 이렇게 말했다. '기술은 전력 증강자 역할을 할 수 있다. 적의 수치상 우위를 상쇄하는 데 이용될 수 있는 자원인 것이다. 우월한 기술은 탱크 대

탱크, 또는 병사 대 병사로 적과 맞서지 않고도 군사력의 균형을 유지하는 매우 효과적인 방법 중 하나다.'[20]

제1차 상쇄는 흔히 1950년대의 핵무기 사용으로 이해된다.[21] 제2차 상쇄는 1970년대와 1980년대에 추진된 비밀, 병참, 재래식 무기의 팽창이었다. 카터에 따르면 제3차 상쇄는 AI, 컴퓨터 전쟁, 로봇의 조합이어야 한다.[22] 하지만 국가안보국이 탄탄한 감시 능력을 갖춘 것과 달리 미 군부는 미국 유수의 기술 기업들이 가진 AI 자원, 전문성, 인프라를 보유하지 못했다.[23] 2014년 로버트 워크 국방부 부장관은 제3차 상쇄를 '인공지능과 자율 구동에서의 모든 발전을 활용하'려는 시도로 규정했다.[24]

AI 전쟁 기계를 제작하기 위해 국방부에 필요한 것은 거대한 추출 인프라다. 하지만 고임금 엔지니어링 노동력과 정교한 개발 플랫폼을 확보하려면 업계와의 제휴가 필수적이다. 국가안보국은 프리즘PRISM 같은 시스템을 통해 무선 통신 및 기술 기업과 협력하면서도 그들에게 은밀히 침투하는 방식으로 길을 닦았다.[25] 하지만 이 은밀한 접근법은 스노든의 폭로 이후 새로운 정치적 역풍을 맞았다. 의회는 2015년 미국 자유법을 통과시켜 실리콘밸리의 실시간 데이터에 대한 국가안보국의 접근을 제한했다. 하지만 데이터와 AI를 중심으로 더 큰 규모의 군산 복합체가 탄생할 가능성은 여전히 지척에 있다. 실리콘밸리는 새로운 상쇄를 추진하는 데 필요한 논리와 인프라를 이미 구축하고 상업화했다. 하지만 그 전에, 전쟁 인프라의 건설을 위한 제휴를 통해 (직원을 소외하거나 대중적 불신을 심화하지 않고서) 수익을 거둘 수 있으리라는 확신이 필요했다.

메이븐 계획

2017년 4월 국방부는 '알고리즘 전쟁 교차 기능 팀Algorithmic Warfare Cross-Functional Team'(코드명 '메이븐 계획Project Maven')을 선언하는 메모를 공개했다.[26] 국방부 부장관은 이렇게 썼다. '국방부는 역량이 점차 향상되는 적국과 경쟁국에 대해 우위를 유지할 수 있도록 여러 작전을 망라하여 인공지능과 기계학습을 더 효과적으로 통합해야 한다.'[27] 메이븐 계획의 목표는 최상의 알고리즘 시스템을 신속하게(심지어 80퍼센트밖에 완성되지 않았더라도) 전장에 투입하는 것이었다.[28] 이것은 규모가 훨씬 큰 '합동 방위 인프라Joint Enterprise Defense Infrastructure' 클라우드 계획(제다이JEDI)의 일환이었다. 제다이 계획은 펜타곤에서 현장 지원에 이르기까지 국방부의 IT 인프라를 모조리 재설계하는 어마어마한 사업이었다. 메이븐 계획은 이 큰 그림의 작은 조각이었으며, 그 목표는 분석관들이 표적을 선정한 다음 해당 표적과 그의 이동 수단을 촬영한 모든 드론 영상을 볼 수 있도록 하는 AI 시스템을 만드는 것이었다.[29] 궁극적으로 국방부가 원한 것은 적 전투원을 탐지하고 추적하는 자동 드론 영상 검색 엔진이었다.

메이븐 계획에 필요한 기술 플랫폼과 기계학습 기술은 상업적 기술 부문이 주로 보유하고 있었다. 국방부는 미국 국내 개인정보보호법이 적용되지 않는 장소에서 위성과 전장戰場 드론으로부터 수집된 군사 데이터를 분석해주는 대가로 기술 기업에 비용을 지불하기로 결정했다. 이렇게 되면 국가안보국의 사례와 달리 헌법적 프라이버시 인계철선을 직접 건드리지 않고도 AI를 중심으로 군사적 이

'알고리즘 전쟁 교차 기능 팀'(코드명 '메이븐 계획')의 공식 문장. 라틴어 모토를 번역하면 '우리의 임무는 돕는 것이다'라는 뜻이다. 제작 : 미국 국방부

익과 미국 기술 부문의 금전적 이익이 맞아떨어진다. 아마존, 마이크로소프트, 구글을 비롯하여 메이븐 계약을 따내고 싶어 하는 기술 기업들 사이에 입찰 전쟁이 시작되었다.

첫 번째 메이븐 계획 계약은 구글에 돌아갔다. 계약에 따르면 펜타곤은 구글의 텐서플로TensorFlow AI 인프라를 이용하여 드론 영상을 탐색하고 이동 중인 물체와 사람을 탐지할 계획이었다.[30] 당시 구글 AI/ML(인공지능/기계학습) 부문 수석 과학자였던 리페이페이는 이미지넷을 만들고 인공지능 데이터로 자동차를 탐지·분석하는 경험을 쌓았기에 이미 물체 인식 데이터 집합을 구축하는 일에 전문가였다.[31] 하지만 그녀는 계획을 비밀에 부쳐야 한다고 고집했다. 리는 구글 동료들에게 보낸 (나중에 유출된) 이메일에서 이렇게 말했다. '인공지능을 언급하거나 암시하는 건 무슨 일이 있어도 피해야 해요. 무기화된 AI는 AI에서 가장 민감한 주제이거나 그중 하나일 거예요. 구글을 해코지하려고 눈에 불을 켠 미디어에는 고깃덩어리인 셈이죠.'[32]

하지만 2018년 구글 직원들은 메이븐 계획에서 구글의 역할이 얼마나 방대한지 발견했다. 그들은 자신의 업무가 전쟁 목적에 쓰이고 있다는 사실을 알고서 격분했다. 메이븐 계획의 이미지 식별 목표에 차량, 건물, 사람 등이 포함된다는 사실이 알려진 뒤에는 더욱 뒤숭숭했다.[33] 3,100여 명의 직원은 구글이 전쟁 사업에 참여해서는 안 된다는 항의 서한에 서명했으며 계약을 철회하라고 요구했다.[34] 압박이 거세지자 구글은 메이븐 계획 참여를 공식적으로 중단하고 펜타곤의 100억 달러짜리 제다이 계약 경쟁에서도 철수했다. 그해 10월 브래드 스미스 마이크로소프트 사장은 블로그 게시물에서 '우리는 미국의 강력한 방위가 중요하다고 믿으며 미국을 지키는 사람들이 마이크로소프트를 비롯한 이 나라 최고의 기술에 접근할 수 있기를 바랍니다'라고 공언했다.[35] 마이크로소프트는 결국 아마존을 따돌리고 계약을 따냈다.[36]

내부 봉기가 일어난 직후 구글이 발표한 '인공지능 원칙Artificial Intelligence Principles'에는 '우리가 추구하지 않을 AI 응용 분야'라는 항목이 들어 있었다.[37] 여기에는 '사람들에게 부상을 일으키거나 직접적으로 부상을 용이하게 하는 것이 주된 목적이거나 기능인 무기 또는 그 밖의 기술'과 더불어 '국제적으로 승인되는 규범에 어긋나는 감시를 위해 정보를 수집하거나 이용하는 기술'이 포함되었다.[38] AI 윤리를 내세워 안팎의 우려를 일부 가라앉히긴 했지만 윤리적 제한의 실효성과 한계는 여전히 불분명했다.[39]

이에 대해 전직 구글 최고경영자 에릭 슈미트는 메이븐 계획에 대한 역풍을 '말하자면 군산 복합체가 우리의 결과물을 가지고 사람들을 부정확하게 죽이는 데 이용한다는 기술업계의 전반적 우려'로 묘사했다.[40] 전쟁에서의 AI 이용 자체에 대한 논쟁에서 AI가 '사람들을 정확하게 죽이'는 데 일조할 수 있는가에 대한 논쟁으로의 화제 전환은 매우 전략적이었다.[41] AI가 군사 기술로 이용될 때의 근본적 윤리에서 정밀도와 기술적 정확성에 대한 질문으로 초점이 옮겨갔으니 말이다. 하지만 루시 서치먼은 전쟁 자동화의 문제란 살해가 '정확한가' 여부를 훌쩍 뛰어넘는다고 주장했다.[42] 특히 물체 탐지의 사례에 대해 서치먼은 이렇게 묻는다. 누가 훈련 집합을 구축하고 어떤 데이터를 이용하며 어떻게 임박한 위협이라는 라벨을 붙이는가? 합법적 드론 공격의 근거가 되기에 충분한 비정상적 활동을 판단할 때 어떤 분류 체계를 이용하는가? 왜 우리는 이 불안정하고 본질적으로 정치적인 분류가 우리의 생사를 좌우하도록 내버려둬야 하는가?[43]

메이븐 일화는 (이 사건에 등장하는 AI 원칙들에서도 알 수 있듯) AI 업계에서 군사 부문과 민간 부문의 관계를 바라보는 시각에 깊은 간극이 있음을 보여준다. 현실에서든 상상에서든 AI 전쟁은 공포와 불안의 정치를 주입함으로써 내부의 반대를 억누르고 국가주의적 의제에 대한 무조건적 지지 분위기를 조성한다.[44] 메이븐의 여파가 저물자 구글의 최고법무책임자 켄트 워커는 구글이 국방부와 더 긴밀히 협력하기 위해 더 높은 보안 인증을 목표로 삼을 것이라고 말했다. "분명히 말씀드립니다. 우리는 미국 기업임을 자랑스럽게 생각합니다."[45] 애국주의를 정책으로 표방함으로써 기술 기업들은 자신들의 플랫폼과 능력이 전통적 국가 정부를 초월하는 상황에서도 국민국가의 이해관계에 대한 강력한 유대감을 점점 더 표출하고 있다.

국가의 외주화

국가와 AI 업계의 관계는 국가적 군사 부문을 훌쩍 뛰어넘는다. 한때 교전 지역과 첩보 활동의 전유물이던 기술이 이제는 복지 기관에서 법 집행 기관에 이르는 지방정부 차원에 도입되고 있다. 이 전환의 원동력은 국가의 핵심 기능을 기술 도급업체에 외주한 것이었다. 이것은 표면상으로는 록히드 마틴이나 핼리버튼 같은 기업을 통해 국가 기능을 민간 부문에 외주하는 관행과 그다지 달라 보이지 않는다. 하지만 지금은 군사화된 형태의 패턴 탐지 및 위협 판단이 지자체 차원의 서비스와 기관에 대규모로 도입되고 있다.[46] 이 현상의 중요한 사례는 『반지의 제왕』의 천리안 구슬 팔란티르와 같은 이름의 회사다.

팔란티르는 2004년에 설립되었는데, 공동 창업자 피터 틸은 페이팔 출신의 억만장자로, 트럼프 대통령에게 조언과 재정 지원을 제공한 인물이다. 틸은 훗날 기명 칼럼에서 AI가 무엇보다 군사 기술이라고 주장했다. '과학소설 판타지는 잊어라. 실제로 존재하는 AI

의 위력은 컴퓨터 시각과 데이터 분석 같은 무미건조한 작업에 적용된다는 사실이다. 이 도구들은 프랑켄슈타인의 괴물보다는 덜 섬뜩하지만, 그럼에도 어느 군에나 귀중하다. 이를테면 정보 우위를 얻는 데 쓰일 수 있다. (……) 기계학습 도구가 민간 부문에서 쓰임새가 있다는 것 또한 의심할 여지가 없다.'[47]

틸은 기계학습의 비非군사적 쓰임새를 인정하면서도 특히 '사이 공간in-between space'의 중요성을 믿는다. 이곳에서는 상업적 기업이 군사적 성격의 도구를 제작하여, 정보 우위를 차지하고 싶어 하고 비용을 지불할 의향이 있는 모든 사람에게 제공한다. 틸과 팔란티르의 최고경영자 앨릭스 카프는 팔란티르를 '애국적'이라고 묘사하며 카프는 군 기관들과 협조하기를 거부하는 다른 기술 기업들을 '경계성 비겁자'라고 비난한다.[48] 저술가 모이라 와이글은 통찰력 있는 에세이에서 카프의 대학 논문을 연구하여 그가 일찍부터 침략에 흥미를 느꼈으며 '폭력을 저지르려는 욕구가 인간 삶의 꾸준한 기초적 사실'이라고 믿었다는 사실을 밝혀냈다.[49] 카프의 논문 제목은 '생활 세계에서의 침략Aggression in the Life World'이었다.

팔란티르의 원래 고객은 국방부, 국가안보국, 연방수사국, 중앙정보국을 비롯한 연방의 군사·정보기관이었다.[50] 트럼프가 대통령이 된 뒤 미헨테Mijente(라틴계 권리 옹호 단체 - 옮긴이)의 조사에서 드러났듯 팔란티르와 미국 기관들의 계약 총액은 10억 달러를 넘었다.[51] 하지만 팔란티르는 록히드 마틴을 본뜬 전형적 방위산업체를 표방하지는 않았다. 팰로앨토에 기반을 두고 젊은 엔지니어들이 주축을 이루는 실리콘밸리 스타트업의 성격을 내세웠으며, 중앙정보국의 지원을 받는 벤처 투자 회사 인큐텔In-Q-Tel로부터 후원을 받았다. 팔란티르는 처음의 정보기관 고객들 말고도 헤지펀드, 은행, 월마트 같은 기업들과 손잡기 시작했다.[52] 하지만 그 DNA를 형성한 것은 국방 공동체를 위해, 또한 그 내부에서 일한 경험이었다. 팔란티르는 사람과 자산을 추적 및 평가하려고 기기를 넘나들며 데이터를 뽑아내고 네트워크에 침투하는 등 스노든 문서에서 보는 것과 같은 기법을 구사했다. 팔란티르는 이민관세집행국Immigration and Customs Enforcement, ICE을 위해 추방 절차를 효율화하는 데이터베이스 및 관리 소프트웨어를 설계하는 등 금세 기관들이 선호하는 외주 감시 업체가 되었다.[53]

팔란티르의 비즈니스 모델은 기계학습을 이용한 데이터 분석과 패턴 탐지에 통상적 컨설팅을 접목했다. 팔란티르는 기업에 엔지니어들을 보내 이메일, 통화 기록, 소셜 미디어, 직원 출입 기록, 항공권 예약 기록 등 회사가 공유할 수 있는 모든 데이터를 수집한 다음 패턴을 찾아 대책을 조언한다. 한 가지 흔한 접근법은 현실적이거나 잠재적인 이른바 말썽꾼을 색출하는 것이다. 불만을 품은 직원이 정보를 유출하거나 횡령을 저지를지도 모르니 말이다. 팔란티르의 도구에는 '모든 것을 수집한 다음 데이터에서 이상 징후를 찾으라'는 세계관이 스며 있으며 이는 국가안보국을 떠올리게 한다. 하지만 국가안보국의 도구가 (통상적 작전에서든 비밀 작전에서든) 국가의 적을 감시하고 겨냥하기 위한 것인 데 반해 팔란티르의 접근법은 민간인을 표적으로 삼았다. 2018년 블룸버그의 대규모 조사에서 언급하듯 팔란티르는 '전 세계 테러와의 전쟁을 위해 설계된 정보 플랫폼'이며 이제는 '본국의 평범한 미국인을 상대로 무기화되었'다. '팔란티르는 아프가니스탄과 이라크에서 펜타곤과 중앙정보국을 위해 일하면서 역량을 키웠다. (……) 미국 보건복지부는 팔란티르를 이용하여 메디케어 부정수급을 적발한다. 연방수사국은 범죄 조사에 이용한다. 국토안보부는 항공 여행객을 심사하고 이민자를 감시하는 데 활용한다.'[54]

미등록 노동자에 대한 감시는 금세 학교와 일터에서 사람들을 체포하여 추방하는 것으로 진화했다. 이 목표를 추진하기 위해 팔란티르는 팰컨FALCON이라는 휴대폰 앱을 개발했다. 이것은 거대한 저인망 역할을 하며 사람들의 이민 내역, 가족 관계, 고용 정보, 학력 등이 저장된 여러 법 집행 기관 및 공공의 데이터베이스에서 데이터를 수집한다. 2018년 ICE 요원들은 이른바 '트럼프 시대에 단일 고용주 상대로는 최대 규모의 작전'에서 팰컨의 도움을 받아 100곳 가까운 미국 전역의 세븐일레븐을 단속했다.[55]

팔란티르는 자사의 구조나 시스템 작동 방식을 비밀에 부치려고 애쓰지만 특허 출원서를 보면 회사가 어떻게 AI를 추방에 이용하는지 엿볼 수 있다. '동적 상호형 모바일 이미지 분석 및 식별을 위한 데이터베이스 시스템 및 이용자 인터페이스'라는 평범한 이름이 붙은 애플리케이션에서 팔란티르는 짧은 시간 안에 사람들의 사진을 찍어 (그들이 용의자이든 아니든) 이용 가능한 모든 데이터베이스에서 사진을 대조할 수 있다고 장담한다. 본질적으로 이 시스템은 얼굴 인식과 백엔드 처리를 이용하여 모든 체포나 추방의 근거로 삼을 수 있는 토대를 만들어낸다.

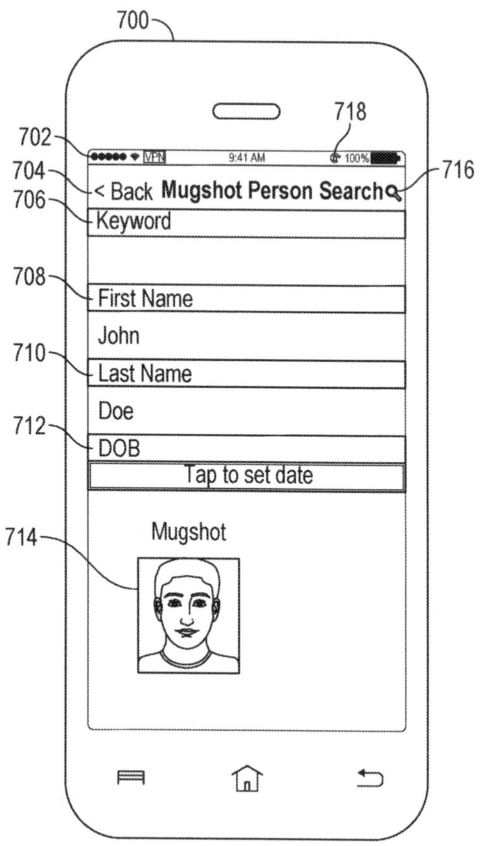

팔란티르 특허 출원서(US10339416B2)에 실린 이미지.
자료 제공 : 미국 특허상표청

팔란티르의 시스템은 국가안보국의 시스템과 구조적 유사점이 있지만 지역사회 차원으로 전환되어 슈퍼마켓 체인과 지방 경찰 기관에 판매되었다. 이것은 전통적 치안에서 탈피하여 군사 정보 인프라와 유사한 목표를 추구하게 되었다는 뜻이다. 법학 교수 앤드루 퍼거슨은 이렇게 설명한다. “우리는 검찰과 경찰이 ‘알고리즘이 시키는 대로 했기 때문에 제가 무슨 일을 하고 있었는지 몰랐습니다' 라고 말하게 되는 국가로 나아가고 있습니다. 이 현상은 폭넓은 차원에서 감독을 거의 받지 않은 채 벌어질 것입니다."[56]

사회학자 세라 브레인은 팔란티르의 데이터 플랫폼이 현실에서, 구체적으로 로스앤젤레스 경찰국에서 어떻게 이용되는지 직접 관찰한 최초의 학자 중 한 명이다. 2년 넘도록 경찰관과 함께 경찰차를 타고 그들이 책상 앞에서 일하는 광경을 들여다보고 다수의 인터뷰를 진행한 뒤 브레인은 이 도구들이 일부 영역에서는 이전의 경찰 업무를 단순히 확장할 뿐이지만 다른 영역에서는 감시 과정을 완전히 탈바꿈시키고 있다고 결론 내렸다. 한마디로 경찰은 정보기관으로 변모하고 있다.

> 전통적 방식에서 빅데이터 감시로의 전환은 경찰 업무가 정보활동 쪽으로 이행되는 것과 연관되어 있다. 경찰 업무와 정보 업무의 기본적 차이는 다음과 같다. 경찰은 일반적으로 범죄 사건이 벌어진 뒤에 관여한다. 법률상 경찰은 있음직한 원인이 생길 때까지는 수색을 하거나 개인정보를 수집할 수 없다. 이에 반해 정보는 기본적으로 예측과 관계가 있다. 정보활동은 데이터를 수집하고 의심스러운 패턴, 장소, 활동, 개인을 식별하고 취득한 정보를 바탕으로 선제적으로 개입하는 것과 관계가 있다.[57]

이런 종류의 감시는 모든 사람을 대상으로 하지만 이민자, 미등록자, 빈곤층, 유색인 등 일부 사람들이 더 큰 영향을 받는다. 브레인이 논문에서 주장했듯, 팔란티르 소프트웨어를 이용하면 불평등이 생겨 빈곤층, 흑인, 라틴계 우세 지역의 주민들이 훨씬 철저히 감시당하게 된다. 팔란티르의 점수 체계는 객관성의 분위기를 풍긴다. 한 경찰관의 말마따나 '산수일 뿐'이라는 것이다. 하지만 이 체계는 스스로를 강화하는 순환논리를 만들어낸다.[58] 브레인이 말한다.

> 점수 체계의 공언된 취지는 경찰력 집행에서 법적으로 논란이 될 만한 편향을 피하기 위한 것이지만, 이것은 치안에서의 의도적인 편향과 비의도적인 편향을 둘 다 숨기고 '스스로를 영구화하는' 순환을 만들어낸다. 점수가 높을수록 감시의 강도가 커지기 때문에 그런 사람은 검문당할 가능성이 커져 점수가 더욱 높아진다. 형사 사법 체제에 이미 구속된 사람들이 감시 그물에 더 끌려 들어가지 않으려고 애쓰더라도 이런 관행은 그런 노력을 저해하며 경찰 업무가 위험 점수의 산정에 영향을 미치고 있음을 감춘다.[59]

팔란티르와 유사 업체들의 기계학습 접근법은 되먹임 고리로 이어질 수 있는데, 형사 사법 데이터베이스에 등록된 사람들은 감시당할 가능성이 커져 더 많은 정보가 등록되며 이는 경찰의 조사 강화를 정당화한다.[60] 불평등은 심화될 뿐 아니라 '기술 세탁'되며, 이를 정당화하는 것은 겉보기엔 오류로부터 안전한 듯하지만 실제로는 경찰력 과잉 행사와 인종 편향적 감시의 문제를 악화시키는 시스템이다.[61] 국가의 정부 기관에서 시작된 정보 도구들은 이제 지방 경찰 업무의 일부가 되었다. 경찰국의 국가안보국화는 역사적 불평등을 악화시키며 경찰력 행사를 급격히 변화시키고 확대한다.

정부의 AI 시스템 계약이 대규모로 증가하고 있지만 정부가 이 시스템을 이용하는 과정에서 피해가 발생했을 때 민간 AI 기술업체들이 법적 책임을 져야 하는가의 문제는 거의 주목받지 못했다. 정부가 (치안 체제이든 복지 체제이든) 국가의 의사 결정을 위한 알고리즘 아키텍처의 공급을 도급업체에 의존하는 일이 비일비재한 상황에서 팔란티르 같은 기술 도급업체들이 차별을 비롯한 위법 행위에 책임져야 하는 사례가 발생하고 있다. 현재 대부분의 국가는 조달된 AI 시스템으로 인한 문제에 대해 어떤 책임도 지지 않으려 하며 '이해하지 못하는 것에 대해서는 책임질 수 없다'라고 주장한다. 이 말은 상업적 알고리즘 시스템이 유의미한 책임성 메커니즘 없이 정부의 의사 결정 과정에 관여한다는 뜻이다. 나는 법학자 제이슨 슐츠와 함께 정부의 결정에 직접적 영향을 미치는 AI 시스템 개발자가 정부에 소속되어 일정한 맥락에서 헌법적 책임을 져야 한다고 주장했다.[62] 그래야 국가와 마찬가지로 그들에게도 위해에 대한 법적 책임을 지울 수 있다. 그때까지 공급업체와 도급업체는 자신들의 시스템이 역사적 피해를 가중하거나 전혀 새로운 피해를 만들어내지 않도록 할 유인을 거의 느끼지 않을 것이다.[63]

이 현상의 또 다른 사례는 2005년에 설립된 비질런트 솔루션스Vigilant Solutions다. 이 회사의 영업 방식은 하나의 전제를 바탕으로 한다. 그것은 정부에서 운용할 경우 사법적 감시를 받아야 할 감시 도구를 헌법적 개인정보 보호 테두리 바깥에서 번창하는 민간사업으로 전환한다는 것이다. 비질런트는 미국 전역의 여러 도시에서 사업을 시작했는데 자동차에서 신호등, 주차장, 아파트 건물에 이르기까지 모든 곳에 '자동 번호판 인식Automatic License-Plate Recognition, ALPR' 카메라를 설치했다. 이렇게 늘어선 네트워크 카메라들은 지나가는 차량을 전부 촬영하여 번호판 이미지를 거대한 영구적 데이터베이스에 저장한다. 그런 다음 비질런트는 데이터베이스 접근 권한을 원하는 경찰, 민간 조사업체, 은행, 보험회사에 판매한다. 경찰관이 전국에서 차량을 추적하여 모든 이동 경로를 표시하고 싶어 하면 비질런트는 그 정보를 보여줄 수 있다. 마찬가지로 은행이 차량을 압류하고 싶어 하면 비질런트는 (대가를 받고서) 차량이 어디에 있는지 알려줄 수 있다.

캘리포니아에 기반을 둔 비질런트는 스스로를 '경찰 기관이 범죄자보다 우위를 차지하여 범죄를 더 빨리 해결할 수 있도록 돕는 듬직한 범죄 대처 도구 중 하나'로 판촉 활동을 하며 텍사스 주, 캘리포니아 주, 조지아 주 등 다양한 주정부와 제휴하여 ALPR 시스템 일체를 경찰에 공급했다.[64] 그 대가로 지방정부는 미집행 체포영장과 미납 법원 비용의 기록을 비질런트에 제공한다. 데이터베이스에서 과태료 미납자의 차량과 일치하는 번호판은 모두 경찰관의 휴대용 시스템으로 전송되어 경찰관으로 하여금 차량을 세우도록 한다. 운전자는 현장에서 미납 과태료를 납부하거나 체포되거나 둘 중 하나를 선택해야 한다. 비질런트는 25퍼센트의 수수료와 별도로 모든 번호판 판독 기록을 보관하면서 그 데이터를 추출하여 자사의 거대한 데이터베이스에 등록한다.

비질런트는 ICE와 중요한 계약을 체결했는데, 이로써 ICE는 민간기업이 수집한 50억 건의 번호판 기록뿐 아니라 사람들의 집과 직장에 대한 정보를 비롯하여 미국 전역의 지방 법 집행 기관 80곳에서 제공하는 15억 건의 자료점에 접근할 수 있게 되었다. 데이터의 원천은 지방 경찰과 ICE의 비공식 거래이며 이것만으로도 국가 데이터 공유 법률을 위반한 것이다. ICE 자체의 개인정보 보호 정책은 학교, 교회, 시위대 같은 '민간 장소'에서의 데이터 수집을 제한한다. 하지만 이 경우 ICE는 데이터를 수집하거나 데이터베이스를 유지하지 않는 대신 (제약이 훨씬 적은) 비질런트 시스템의 접근권을 구입한다. 이것은 사실상 공공 감시의 민영화로, 민간 도급업체와 국가 기관의 경계를 흐리게 하며 전통적 보호 지침 바깥에 존재하는 모호한 형태의 데이터 수집 방식을 만들어낸다.[65]

그 뒤로 비질런트는 '범죄 해결' 도구를 번호판 판독기에서 얼굴 인식기로 확장했다. 이를 통해 사람 얼굴을 번호판과 동일하게 처리하여 경찰 생태계에 도입하고자 한다.[66] 비질런트는 사설탐정 네트워크처럼 미국의 뒤얽힌 도로와 고속도로, 그 도로를 통행하는 모든 사람을 전능한 눈으로 들여다보면서도 유의미한 규제나 책임으로부터는 완전히 벗어나 있다.[67]

경찰 순찰차에서 현관 포치로 자리를 옮기면 공공 부문과 민간 부문 데이터 관행의 차이가 사라지는 또 다른 장소를 볼 수 있다. 네이버스, 시티즌, 넥스트도어 같은 차세대 소셜 미디어 범죄 신고 앱을 이용하면 실시간으로 신고되는 현지의 사건들에 대해 알림을 받고 토론할 수 있을 뿐 아니라 보안 카메라 영상을 방송하고 공유하고 태그를 달 수 있다. 네이버스는 아마존에서 제작되며 링Ring 현관 카메라를 이용하는데 '새로운 동네 감시자'를 자처하며 범죄, 거동 수상자, 외부인 같은 범주로 영상을 분류한다. 영상은 종종 경찰과 공유된다.[68] 이 거주지 감시 생태계에서는 트레저맵과 폭스애시드의 방식이 결합되어 집과 길거리, 그 사이의 모든 장소에 연결된다.

아마존은 아군과 적군이라는 전장의 논리에 따라 정상 행동과 이상 행동을 분류하는 논리를 구사하는데, 이런 입장에서는 링 기기가 한 대 팔릴 때마다 주택 안팎의 훈련 데이터 집합을 더 대규모로 구축할 수 있는 셈이다. 일례로 이용자들이 아마존 배송 제품의 도난을 신고할 수 있는 기능이 있다. 한 탐사 보도에 따르면 이런 게시물 중 상당수에 인종차별적 발언이 들어 있었으며 동영상 게시물은 거의 어김없이 유색인을 잠재적 절도범으로 묘사했다.[69] 범죄 신고 이외에도 링은 배송 제품을 허술하게 취급한다든지 하는 아마존 직원의 근무 태도 불량을 신고하는 데도 쓰이며 노동자 감시 및 처벌의 새로운 층위를 만들어낸다.[70]

공공과 민간의 감시 인프라를 완성하기 위해 아마존은 경찰서에 공격적으로 링 시스템의 판촉 활동을 하고 있다. 할인 혜택을 제시할 뿐 아니라 경찰이 링 카메라 설치 장소를 확인하고 집주인에게 연락하여 영장 없이도 비공식적으로 영상을 요구할 수 있도록 포털 사이트를 제공한다.[71] 아마존은 600여 곳의 경찰서와 링 영상 공유 제휴 협약을 맺었다.[72]

한 사례에서 아마존은 플로리다 주의 어느 경찰서와 양해각서를 체결했는데, 기자 캐럴라인 해스킨스의 공공 기록 청구를 통해 밝혀진 자료에 따르면 경찰은 네이버스 앱 홍보에 대한 대가를 약속

받았으며 유효 다운로드가 일어날 때마다 무료 링 카메라 포인트를 받을 수 있다.[73] 해스킨스는 이렇게 썼다. '그 결과는 스스로를 영구화하는 감시 네트워크였다. 더 많은 사람이 네이버스를 내려받고 더 많은 사람이 링을 설치하고 감시 영상이 급증하고 경찰은 원할 때마다 영상을 요청할 수 있다.'[74] 한때 법원의 통제하에 있던 감시 능력은 이제 애플 앱 스토어에서 제공되며 현지 순찰 경관들이 홍보를 맡는다. 미디어학자 후텅후이의 말마따나 이런 앱을 이용함으로써 우리는 '국가 보안 기구를 위해 일하는 프리랜서가 된'다.[75]

후는 (전형적 군사 용어인) 타기팅이 타깃 광고에서 의심스러운 이웃의 타기팅, 타기팅 드론에 이르는 모든 형태에서 서로 연결된 하나의 권력 체계로 간주되어야 한다고 말한다. '우리는 한 형태의 타기팅을 다른 것과 독립된 것으로 치부할 수 없다. 이것이 데이터 주권과 결합된 상황에서 우리는 클라우드 시대에서의 권력을 달리 이해해야 한다.'[76] 한때 정보기관의 전유물이던 감시 방법들은 이제 세분화되어 (직장, 가정, 차량에 도입되는 등) 많은 사회 시스템에 확산되었으며, 상업적 및 군사적 AI 부문을 아우르는 교차 공간에서 살아가는 기술 기업들에 의해 판촉 활동이 이루어진다.

테러범 신용 점수에서 사회적 신용 점수로

타기팅의 군사 논리 근저에는 '징후signature'라는 개념이 있다. 조지 W. 부시의 두 번째 임기가 끝나갈 즈음 중앙정보국은 개인에게서 관찰된 '행동 패턴', 즉 '징후'만을 바탕으로 드론 공격을 벌일 수 있어야 한다고 주장했다.[77] '신상 타격personality strike'이 특정 개인을 표적으로 삼는 데 반해 '징후 타격signature strike'은 메타데이터상의 징후를 바탕으로 삼는다. 말하자면 신원은 알지 못해도, 데이터에 따르면 테러범일지도 모른다는 이유로 사람을 살해한다는 것이다.[78] 스노든 문서에서 보듯 오바마 집권기 국가안보국의 세계 메타데이터 감시 프로그램은 용의자의 유심카드나 휴대 단말기의 위치를 추적한 다음 미군의 드론이 타격을 실시하여 해당 기기 소유자를 살해했다.[79] 국가안보국과 중앙정보국의 전직 국장 마이클 헤이든 대장이 말한다. "우리는 메타데이터를 기반으로 사람들을 살해합니다."[80] 국가안보국의 지오셀Geo Cell 담당 부서는 더 원색적인 언어를 썼다. '우리는 그들을 추적하여 혼쭐을 낸다.'[81]

'징후 타격'이라는 말은 정밀하고 검증된 것처럼 들릴지도 모른다. 마치 누군가의 신원을 올바르게 식별했다는 느낌이 든다. 하지만 2014년 법률 단체 리프리브Reprieve에서 발표한 보고서에 따르면 41명을 살해하려고 시도한 드론 공격으로 어림잡아 1,147명이 목숨을 잃었다고 한다. 보고서 작성을 주도한 제니퍼 깁슨이 말한다. "드론 공격은 '정밀하다'라는 주장을 내세워 미국 대중에게 홍보됐어요. 하지만 제공되는 정보만큼만 정밀할 뿐이죠."[82] 하지만 징후 타격의 토대는 정밀함이 아니라 상관관계다. 데이터에서 패턴이 발견되어 일정한 문턱 값을 넘으면 결정적 증거가 없어도 행동을 취하기에 충분한 의심으로 간주된다. 패턴 인식에 의한 이러한 판단 모형은 많은 영역에서 찾아볼 수 있으며 주로 점수 형식을 채택한다.

2015년 시리아 난민 위기를 예로 들어보자. 만연한 내전과 적의 점령에 시달린 수백만 명이 유럽 망명길을 찾아 피란하고 있었다. 난민들은 뗏목과 초만원 보트에 목숨을 걸었다. 9월 2일 보트가 뒤집혀 알란 쿠르디라는 세 살배기 아이가 다섯 살배기 형과 함께 지중해에서 익사했다. 쿠르디의 시신이 튀르키예 해변에 밀려온 사진은 인도주의 위기의 심각성에 대한 생생한 상징으로 전 세계 헤드라인을 장식했다. 한 장의 사진이 거대한 공포를 고스란히 보여준 것이다. 하지만 어떤 사람들은 이것을 위협의 증대로 여겼다. 이 당시 IBM은 새로운 사업을 제안받았다. 자사의 기계학습 플랫폼을 이용하여 지하드 운동(이슬람 근본주의 무장투쟁 - 옮긴이)과 연계 가능성이 있는 난민의 데이터 징후를 탐지할 수 있겠느냐는 것이었다. 한마디로 테러범과 난민을 자동으로 구별할 수 있겠느냐고 물은 것이다.

IBM 전략 담당 임원 앤드루 보린은 이 계획 이면의 논리를 군사 잡지 〈디펜스 원〉에 설명했다. "유럽에 있는 직원들을 비롯한 우리의 전 세계 팀은 굶주림과 절망에 빠진 채 망명지를 찾는 사람들 중에서 전투원 연령의 남성들이 몹시 건강한 모습으로 보트에서 내리는 것을 보고 우려가 들었습니다. 저 사람들이 ISIS와 연관된 것은 아닐까, 그렇다면 이런 해결책이 도움이 되지 않을까 하는 생각이 들었습니다."[83]

멀리 떨어진 안전한 회사 사무실에 앉은 IBM 데이터 과학자들은 이 문제를 데이터 추출과 소셜 미디어 분석을 통해 가장 효과적으로 해결할 수 있다고 생각했다. 임시 난민수용소의 열악한 여건에 존재하는 많은 변수와 테러범의 행동을 분류하는 데 이용하는 수십 가지의 가정을 제쳐둔 채 IBM은 난민 중에서 ISIS 전투원을 가려내는 실험적 '테러범 신용 점수'를 작성했다. 분석가들은 트위터를 비롯하여 그리스와 튀르키예 연안에서 전복된 많은 보트와 함께 익사한 사람들의 공식 명단에 이르는 다양한 비구조적 데이터를 수집했다. 또한 국경 수비대가 입수할 수 있는 메타데이터를 모델링하여 데이터 집합을 구축했다. 그들은 이 개개의 측정치로부터 가설적 위협 점수를 개발했다. 그들은 이것이 개인의 유무죄를 나타내는 절대적 지표가 아니라 과거 주소, 직장, 인맥을 비롯한 심층적 '통찰'이라고 설명했다.[84] 그러는 동안 시리아 난민들은 자신을 잠재적 테러범으로 지목할지도 모르는 시스템을 검증하기 위해 자신의 개인 데이터가 수집되고 있다는 사실을 전혀 몰랐다.

국가 통제의 새로운 기술 시스템이 난민의 신체를 시험 사례로 이용하는 경우는 이것만이 아니다. 이러한 군사와 치안의 논리에 이제는 일종의 금융화가 스며들었다. 사회적으로 구성된 신용 평가 모형이 많은 AI 시스템에 접목되어 융자 능력에서 국경 통과 허가에 이르기까지 모든 것을 좌우한다. 이런 플랫폼 수백 개가 중국에서 베네수엘라, 미국에 이르기까지 전 세계에서 쓰이면서, 사전에 정해진 사회적 행동을 보상하고 순응하지 않는 사람들을 처벌한다.[85] (사회학자 마리옹 푸르카드와 키런 힐리의 말을 빌리자면) 이 '도덕화된 사회적 분류의 새로운 체제'는 전통적 경제의 '고성과자'에게 혜택을 주고 가장 열악한 집단에 불이익을 준다.[86] 가장 넓은 의미로 볼 때 신용 점수 산정은 군사적 징후와 상업적 징후가 결합되는 지점이다.

이런 AI 점수 산정의 논리는 국가의 전통적 영역인 치안과 국경 통제에 깊이 얽혀 있지만 복지 혜택 수급 같은 또 다른 국가 기능에도 관여한다. 정치학자 버지니아 유뱅크스가 『자동화된 불평등』에서 밝히듯 AI 시스템이 복지국가의 일부로 운용되면 사람들에게 지원을 확대하는 수단보다는 공적 자원에 대한 접근을 감시하고 평가하고 제한하는 수단으로 주로 이용된다.[87]

이 역학 관계의 핵심적 사례일 법한 사건이 발생한 것은 컴퓨터 하드웨어 회사 게이트웨이의 회장을 지낸 미시간 주 전 공화당 주지사 릭 스나이더가 주 예산이 삭감될 상황에서 가장 빈곤한 주민들의 경제적 안정을 해치게 될 알고리즘 기반의 긴축 프로그램 두 가지를 실행하기로 마음먹었을 때였다. 처음에 그는 미시간 주 '도망 중범죄자' 정책을 구현하기 위해 대조 알고리즘을 이용하라고 지시했다. 이 알고리즘은 미집행 중범죄 영장을 근거로 식품 지원 수급 자격을 자동으로 박탈했다. 2012년부터 2015년까지 1만 9,000여 명의 미시간 주민이 잘못된 판정으로 인해 식품 지원 자격을 박탈당했다.[88]

두 번째 계획은 '미시간 통합 데이터 자동 시스템Michigan Integrated Data Automated System'(마이더스MiDAS)으로 불렸는데, 미시간 주 실업 급여를 부정 수급한 사람들을 '로봇 판정'하여 처벌하는 시스템이었다. 마이더스는 개인 기록의 모든 데이터 불일치나 모순을 불법행위의 잠재적 근거로 취급하도록 설계되었다. 시스템은 4만여 명의 미시간 주민을 부정행위자로 오인했다. 결과는 참혹했다. 몰수된 세금 환급금, 압류된 임금, 부과된 벌금은 부정수급액의 네 배에 이르렀다. 결국 두 시스템은 재정적 대실패로 끝났으며 미시간 주가 절감한 금액보다 훨씬 많은 비용이 소요되었다. 피해를 입은 사람들은 시스템 도입과 관련하여 주정부를 상대로 소송을 제기했지만, 이미 수천 명이 타격을 입고 많은 사람이 파산한 뒤였다.[89]

국가 주도 AI 시스템이라는 전체 맥락에서 살펴보면 테러범이나 미등록 노동자를 타기팅하는 것과 도망 중범죄자나 부정행위 의심자를 타기팅하는 것 사이에 일관된 논리가 있음을 알 수 있다. 식품 지원과 실업 급여는 빈곤층을 지원하고 사회적·경제적 안정을 도모하기 위한 조치였지만 처벌과 배제를 목표로 하는 군사적 지휘·통제 시스템은 복지 체제의 전반적 목표를 훼손한다. 본질적으로 이 시스템은 처벌 위주이며 위협 공략 모형에 따라 설계되었다. 점수 산정과 위험이라는 주제는 국가 관료 체제의 구조에 깊숙이 스며들었으며 그 기관들에서 구상하는 자동 결정 시스템은 지역사회와 개인이 상상되고 평가되고 점수가 매겨지고 혜택을 받는 방식에 그러한 논리를 깊숙이 주입한다.

초국가, 국가, 나의 일상

하루 종일 스노든 자료실을 뒤지다가 막바지에 지구를 '정보의 건초 더미'로 묘사하는 슬라이드를 우연히 발견한다. 그 의미는 바람직한 정보란 밀짚 속 어딘가에 잃어버린 바늘이라는 것이다. 슬라이드에는 파란 하늘 아래 들판에 놓인 커다란 건초 더미의 화사한 클립아트 이미지가 들어 있다. 정보 수집을 표현하는 이 상투적인 문구는 전술적이다. 건초는 농장의 이익을 위해 베어지고 가치를 창출하기 위해 거두어지지 않는가. 이 표현을 들으면 데이터 농사라는 편안한 목가적 이미지가 떠오른다. 질서 정연한 수확·생산의 순환을 촉진하기 위해 밭을 가는 것처럼 말이다. 필 애그리는 이렇게 주장한 적이 있다. '현재의 기술은 몸을 숨긴 철학이다. 관건은 기술을 공공연히 철학적인 것으로 만드는 것이다.'[90] 여기서 철학은 미국의 헤게모니를 유지하려면 데이터를 전 세계에서 뽑아내어 구조화해야 한다는 것이다. 하지만 앞에서 우리는 이 이야기들이 어떻게 무너지는지를 자세히 들여다보았다.

지구적 연산의 중첩적 그물망은 복잡하게 얽혀 있으며 기업과 국가의 논리를 교배하고 전통적 국경과 통치의 한계를 뛰어넘는다. 승자 독식 개념이 의미하는 것보다 훨씬 뒤죽박죽이다. 벤저민 브래턴은 이렇게 주장한다. '지구적 규모 연산의 외장外裝은 (자기 성취까지는 아니더라도) 자기 강화적인 결정적 논리를 가지고 있으며, 이것은 자신의 인프라 작동을 자동화하여 설령 국가를 위해 쓰이더라도 국가의 모든 설계를 뛰어넘는다.'[91] '국경 안에 고이 담긴 주권적 AI'라는 국가주의적 관념은 허구다. AI 인프라는 이미 잡종이며, 후텅후이가 주장하듯 전자부품을 제작하는 중국의 공장 노동자에서 클라우드 노동을 공급하는 러시아의 프로그래머, 콘텐츠를 걸러내고 이미지를 라벨링하는 모로코의 프리랜서에 이르기까지 이 인프라를 떠받치는 노동력도 마찬가지다.[92]

군사적 차원에서 지자체 차원에 이르기까지 국가가 이용하는 AI 시스템과 알고리즘 시스템을 뭉뚱그려 들여다보면 추출식 데이터 기법, 타기팅 논리, 감시의 조합을 통한 '총체적' 인프라 지휘·통제의 은밀한 철학이 드러난다. 이 목표들은 수십 년간 정보기관들의 중심에 있었으나 이제는 지방정부의 치안에서 복지 배분에 이르는 그 밖의 여러 국가 기능에도 퍼져나갔다.[93] 이것은 추출식 지구적 연산을 통해 국가, 지자체, 기업의 논리가 깊숙이 얽혀 있는 현상의 일각에 불과하다. 하지만 거북한 거래이기도 하다. 국가는 자신이 통제할 수 없고 온전히 이해하지도 못하는 기술 기업들과 계약을 맺고 있으며 기술 기업들은 자신에게 적합하지 않고 미래의 어느 시점에는 책임져야 할지도 모르는 국가적·초국가적 기능을 떠맡고 있다.

스노든 자료실은 이렇듯 중첩되고 모순되는 감시의 논리가 어디까지 확장되는지 보여준다. 한 문서에서 국가안보국 직원은 데이터가 제공하는 (것처럼 보이는) 전지적 시각에 대한 중독의 증상을 이렇게 묘사한다. '산악인은 이 현상을 정상 열병summit fever이라고 부른다. 이것은 정상에 오르는 것에 어찌나 몰두했던지 나머지 모든 것이 의식에서 사라지는 것을 일컫는다. 나는 신호 정보 수집 담당자들이 세계 정상급 등반가와 마찬가지로 정상 열병에 대해 면역력이 없다고 생각한다. 그들은 악천후를 간과하고 무작정 밀어붙이기 십상이다. 무언가에 돈, 시간, 자원을 많이 쏟아부은 뒤에는 더더욱 그렇다.'[94]

무차별적 감시에 쓰이는 모든 자금과 자원은 중앙 집중화된 통제라는 '열에 들뜬 꿈fever dream'의 일부이며, 그 대가로 사회구조에 대한 다른 시각들을 희생시키게 된다. 스노든의 폭로는 국가와 상업 부문이 결탁할 때 추출의 문화가 어디까지 치달을 수 있는지를 보여주는 분수령이었지만, 네트워크 도표와 파워포인트 클립아트는 그 뒤로 일어난 모든 일에 비하면 구닥다리처럼 느껴진다.[95] 국가안보국의 독특한 방법과 도구는 교실, 경찰서, 직장, 고용지원센터에 스며들었다. 이것은 막대한 투자, 사실상의 민영화, 위험과 공포를 이용한 안보 정당화가 낳은 결과다. 여러 형태의 권력이 깊숙이 얽힌 현재의 상황은 제3차 상쇄 전략이 품은 희망이었다. 이것은 전장에서의 전략적 우위라는 목표를 훌쩍 뛰어넘어, 선량한 시민이 어떻게 소통하고 행동하고 지출해야 하는가에 대한 규범적 정의를 바탕으로 (추적하고 점수를 매길 수 있는) 일상생활의 모든 측면을 아우른다. 이 전환은 '기업의 알고리즘적 통치에 의해 조종되는 국가 주권'이라는 것에 대한 새로운 관점을 동반하며 국가 기관들과 (국가의 봉사를 받아야 하는) 국민 사이에 심각한 권력의 불균형을 강화한다.

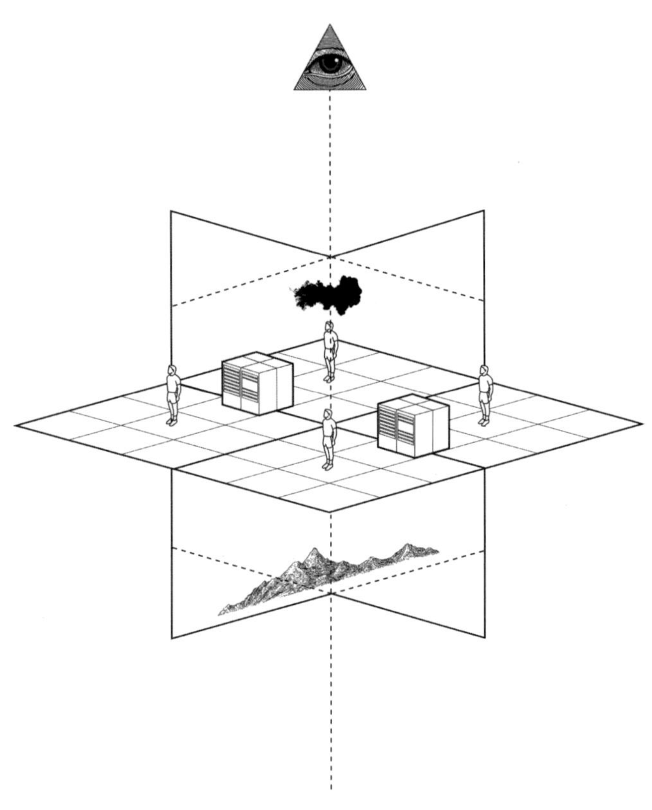

| 맺음말 |

권력

인공지능은 인간의 지시 없이 판단을 내리는 객관적이고 보편적인 연산 기법이 아니다. 인공지능 시스템은 사회적·정치적·문화적·경제적 세계에 붙박여 있으며, 무엇을 어떻게 해야 하는지 결정하는 인간, 제도, 명령에 의해 빚어진다. 이 시스템은 차별하고 서열을 증폭하고 편협한 분류를 구현하도록 설계되었다. 치안, 사법체계, 보건 의료, 교육 같은 사회적 맥락에 적용되면 기존의 구조적 불평등을 재생산하고 최적화하고 확장한다. 이것은 결코 우연이 아니다.

AI 시스템은 국가와 제도, 그리고 그들의 봉사를 받는 기업에 주로 혜택을 주는 방식으로 세상을 바라보고 개입하도록 제작된다. 이 점에서 AI 시스템은 더 폭넓은 경제적·정치적 힘으로부터 생겨나는 권력의 표현이며, 권력을 휘두르는 자들을 위해 이익을 증가시

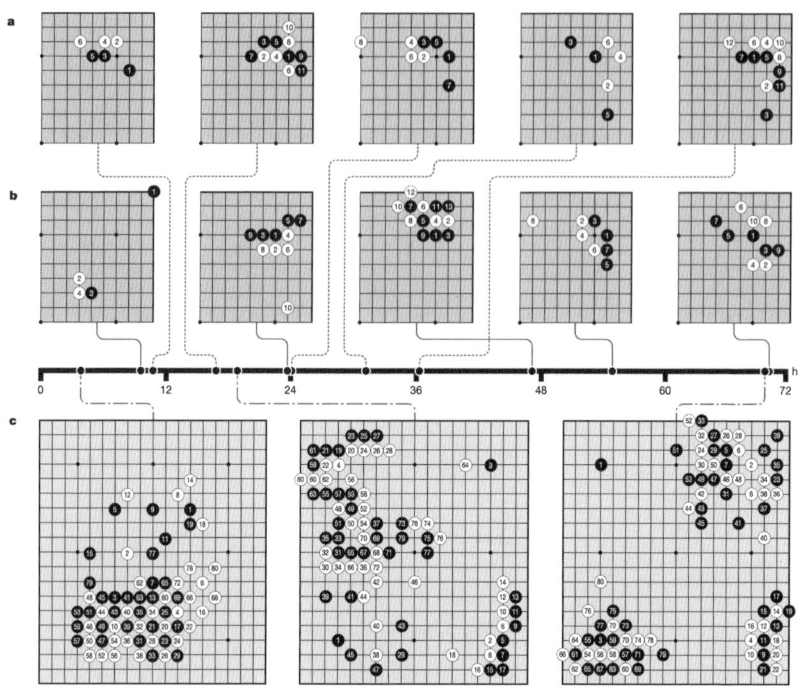

알파고 제로가 학습한 바둑 지식. 자료 제공 : 딥마인드

키고 통제권을 중앙 집중화하기 위해 창조된다. 하지만 인공지능의 이야기가 이런 식으로 서술되는 일은 드물다.

AI에 대한 일반적 설명은 종종 일종의 알고리즘 예외주의를 중심으로 전개된다. AI 시스템이 무시무시한 연산 능력을 가지고 있으니 결함 있는 인간 창조자보다 틀림없이 더 똑똑하고 객관적이라는 것이다. 구글 딥마인드에서 전략 게임을 하도록 설계된 AI 프로그램 알파고 제로의 도표를 보라.[1] 도표에서 보듯 알파고 제로는 바둑을 '학습'할 때 한 수手당 1,000개 이상의 선택지를 평가한다.

알파고 제로 개발을 설명한 논문에서 저자들은 이렇게 말한다. '우리의 새 프로그램 알파고 제로는 백지상태에서 시작하여 초인적 실력을 쌓았다.'[2] 딥마인드 공동 창업자 데미스 허사비스는 이 게임 엔진을 외계인 지능과 비슷한 것으로 묘사했다. "알파고 제로는 인간처럼 두지 않습니다. 컴퓨터 엔진처럼 두지도 않습니다. 제3의, 마치 외계인 같은 방식으로 둡니다. (……) 다른 차원에서 온 체스 같은 거죠."[3] 다음 버전이 사흘 만에 바둑을 터득하자 허사비스는 이렇게 말했다. "3,000년에 걸친 인간 지식을 72시간 만에 재발견했습니다!"[4]

바둑 도표에서는, 별세계 실력을 갖춘 여느 추상적 규칙 기반 시스템과 마찬가지로 어떤 기계도, 어떤 인간 노동자도, 어떤 자본 투자도, 어떤 탄소 발자국도 보이지 않는다. 마법과 신비화의 서사는 AI의 역사를 통틀어 번번이 나타나며 엄청난 속도, 효율, 연산 추리의 경이로움에 밝은색으로 동그라미를 친다.[5] 현대 AI의 상징적 사례 중 하나가 게임인 것은 결코 우연이 아니다.

한계를 모르는 게임

게임은 1950년대 이래로 AI 프로그램의 시험대로 선호되었다.[6] 일상생활과 달리 게임의 배경은 정의된 매개변수와 명확한 승리 조건을 가진 닫힌 세계다. AI의 역사적 뿌리는 제2차 세계대전 당시 군의 자금 지원을 받는 신호 처리 및 최적화 연구로 거슬러 올라간다. 이 연구들은 세계를 단순화하여 전략 게임과 비슷하게 표현할 방법을 모색했다. 그리하여 합리적 설명과 예측을 무척 강조하는 태도와 더불어 수학적 형식주의가 인간과 사회의 이해에 일조하리라는 믿음이 생겨났다.[7] 정확한 예측이란 세상의 복잡성을 단순화하는 것이라는 믿음은 사회에 대한 암묵적 이론을 낳았다. 그것은 잡음 속에서 신호를 찾고 무질서에서 질서를 만들어내라는 것이었다.

예측을 위해 복잡성을 명확한 신호로 짜부라뜨리는 이 인식론적 접근법은 이제 기계학습의 중심 논리가 되었다. 기술사가 앨릭스 캠폴로와 나는 이것을 '마법에 걸린 결정론'이라고 부른다. AI 시스템은 마법에 걸리고 기지既知의 세상 너머에 있는 것처럼 보이지만, 예측 가능한 정확성을 가지고 일상생활에 적용될 수 있는 패턴을 발견한다는 점에서 결정론적이다.[8] 데이터의 추상적 표상을 쌓아올려 기계학습 기법을 확장하는 심층 학습 시스템의 논의에서, 마법에 걸린 결정론은 거의 신학적 지위를 누린다. 심층 학습 접근법이 종종 (심지어 그것을 제작한 엔지니어에게도) 해석 불가능하다는 사실은 규제하기에는 너무 복잡하고 거부하기에는 너무 강력하다는 아우라를 이 시스템에 씌운다. 사회인류학자 F. G. 베일리에 따르면 '신비화를 통한 모호하게 하기' 기법이 공적 마당에서 구사되는 것은 종종 어떤 현상의 필연성을 주장하기 위해서다.[9] 우리는 1차적인 것, 즉 사물 자체의 목적보다는 방법의 혁신적 성격에 주목하라는 말을 듣는다. 무엇보다 마법에 걸린 결정론은 권력을 모호하게 얼버무리고 정보에 입각한 공적 논의, 비판적 검토, 직접적 거부를 차단한다.

마법에 걸린 결정론에는 두 가지의 주된 가닥이 있는데, 각각은 서로의 거울상이다. 하나는 연산적 개입을 어느 문제에나 적용 가능한 보편적 해법으로 제시하는 일종의 기술 유토피아주의이며, 다른 하나는 알고리즘을 빚어내는 요인이자 알고리즘이 작동하는 환경인 맥락을 문제 삼지 않은 채 마치 알고리즘이 독립된 행위자인 양 부정적 결과에 대해 알고리즘을 비난하는 기술 디스토피아적 관점이다. 극단적인 경우 기술 유토피아적 서사는 특이점이나 초지능으로 끝맺는다. 이것은 궁극적으로 인간을 지배하거나 파멸시킬 기계지능이 등장할 수 있다는 학설이다.[10] 이 관점은 전 세계 수많은 사람들이 추출식 지구적 연산 시스템에 의해 '이미' 지배되고 있는 현실에는 좀처럼 이의를 제기하지 않는다.

이 디스토피아적 담론과 유토피아적 담론은 형이상학적 쌍둥이다. 하나는 AI를 모든 문제에 대한 해결책으로서 신뢰하고, 다른 하나는 AI를 가장 큰 위험으로서 두려워한다. 둘 다 권력을 오로지 기술 자체 내부에 두는 지극히 몰역사적인 관점을 취한다. AI가 만능 도구로 추상화되든 전능한 지배자로 추상화되든 그 결과는 기술결정론이다. AI는 사회의 구원이나 파멸에서 중심적 위치를 차지하며, 그 덕에 우리는 고삐 풀린 신자유주의, 긴축의 정치, 인종 불평등, 만연한 노동 착취의 구조적 힘을 외면할 수 있다. 기술 유토피아주의와 기술 디스토피아주의 둘 다 언제나 기술을 중심에 두고서 문제를 규정하며, 권력을 확대하고 권력에 복무하면서도 그로부터 떨어져 나와 필연적으로 삶의 모든 부분 속으로 확장된다.

알파고가 바둑 명인을 이겼을 때 우리는 일종의 별세계적 지능이 도래했다고 상상하려는 유혹을 느낀다. 하지만 훨씬 간단하고 더 정확한 설명이 있다. AI 게임 엔진은 수백만 건의 시합을 하고 승리를 위해 최적화된 통계 분석을 실시한 뒤에도 수백만 건의 시합을 더 실행하도록 설계된다. 이 프로그램들은 인간의 시합에서는 보기 드문 놀라운 수手를 두며 어느 인간이 할 수 있는 것보다 훨씬 많은 시합을 훨씬 빠르게 치르고 분석할 수 있다. 이것은 마법이 아니라 통계 분석을 대규모로 실시한 결과에 불과하다. 그럼에도 기계가 초자연적 지능을 가졌다는 말은 사그라들지 않는다.[11] AI에서 우리는 데카르트적 이분법의 이데올로기를 거듭거듭 목격한다. 그것은 AI 시스템이 자신의 창조자, 인프라, 바깥세상으로부터 독립적으로 지식을 흡수하고 생산하는 비실체적 두뇌라는 판타지다. 하지만 이 환상에 현혹되면 다음과 같은 훨씬 중요한 질문을 간과하게 된다. 이 시스템은 누구에게 봉사하는가? AI 시스템을 구성하는 정치·경제는 무엇인가? AI 시스템은 지구 전체에 어떤 영향을 미치는가?

AI의 파이프라인

AI를 또 다른 측면에서 살펴보자. 그것은 구글이 최초로 소유하고 운영한 오리건 주 더댈스 데이터 센터의 청사진이다. 청사진에

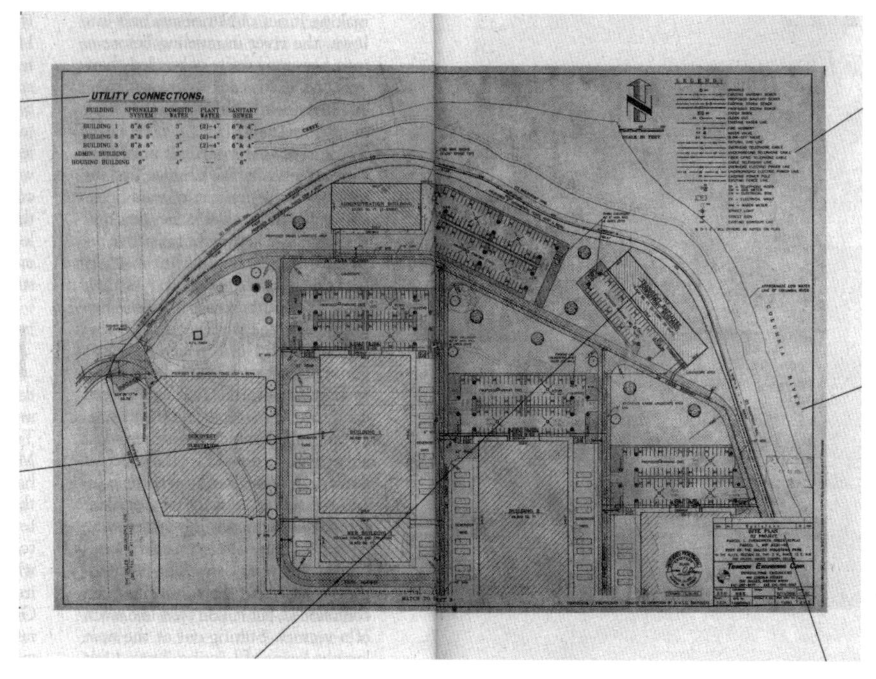

구글 데이터 센터의 청사진. 자료 제공 : 〈하퍼스〉

는 6,380제곱미터 면적의 건물 세 채가 그려져 있다. 2008년 추산으로 일반 가정 8만 2,000곳, 즉 워싱턴 주 터코마 규모의 도시와 맞먹는 에너지를 사용하는 거대한 시설이다.[12] 지금의 데이터 센터는 컬럼비아 강 연안을 따라 뻗어 있으며 북아메리카에서 가장 값싼 전기 중 하나를 힘껏 빨아들이고 있다.

구글의 로비스트들은 현지 공무원들과 여섯 달간 협상하여 세금 면제, 값싼 에너지 보장, 시에서 건설한 광섬유망 이용 등을 포함하는 계약을 얻어냈다. 바둑의 추상적 이미지와 달리 데이터 센터 구축 계획은 구글의 기술적 구상이 가스관, 하수도, 할인된 전기가 흐를 고압전선을 비롯한 공공시설에 얼마나 의존하는지를 잘 보여준다. 저술가 진저 스트랜드가 말한다. '우리는 도시 인프라, 주州 환급, 연방 전력 보조금을 통해 유튜브에 자금을 지원하는 셈이다.'[13]

청사진에서 보듯 인공지능 산업은 국방비와 연방 연구 기관에서 공공시설과 세금 감면, 검색 엔진을 이용하거나 이미지를 온라인에 게시하는 사람들에게서 취한 데이터와 무급 노동에 이르는 공적 보조금을 받으며 팽창했다. AI는 20세기의 주요 공공사업으로 시작되었으며 무차별적으로 민영화되어 추출 피라미드의 꼭대기에 있는 극소수에게 막대한 금전적 이익을 가져다준다.

이 도식들은 AI의 작동 방식을 이해하는 두 가지의 서로 다른 방식을 제시한다. 나는 우리가 AI를 어떻게 정의하는가, AI의 경계선은 무엇인가, 누가 그것을 정하는가에 많은 것이 결부되어 있다고 주장한다. 이것은 무엇을 볼 수 있고 이의를 제기할 수 있는가를 결정한다. 바둑 도식은 제작에 필요한 지구 자원으로부터 동떨어진 추상적 연산 클라우드에 대한 업계의 서사를 읊는다. 이 패러다임에서는 기술 혁신이 우대받고 규제가 거부당하고 진짜 비용이 결코 공개되지 않는다. 청사진은 우리에게 물리적 인프라를 가리키지만, 온전한 환경 영향과 이것을 가능케 한 정치적 거래를 누락한다. AI에 대한 이 부분적 설명들은 철학자 마이클 하트와 안토니오 네그리가 말한 '(정보자본주의에서의) 추상과 추출이라는 이중 작전'을 대표적으로 보여준다. 그것은 생산의 물적 조건을 추상화하면서 더 많은 정보와 자원을 추출하는 것을 말한다.[14] AI를 기본적인 추상적 대상으로 묘사하는 것은 AI를 생산하는 데 필요한 에너지, 노동, 자본과 이를 가능케 하는 다양한 채굴 방식으로부터 거리를 두는 셈이다.

이 책은 AI의 물질적 탄생 배경에서 그 작동 방식의 정치·경제, 그 비물질성과 필연성의 아우라를 떠받치는 담론에 이르는 AI의 지구적 하부 구조를 추출 산업의 관점에서 탐구했다. 우리는 AI 시스템이 세상을 인식하도록 훈련받는 방식에 내재하는 정치적 성격을 살펴보았다. 그리고 현재 모습의 AI를 만드는 체계적 불평등을 관찰했다. 핵심 사안은 기술, 자본, 권력이 깊숙이 얽혀 있다는 것이며 AI는 이것이 드러난 최근 사례다. 이 시스템들은 불가해하고 이질적인 것이라기보다는 중대한 물질적 영향을 미치는 포괄적인 사회적·경제적 구조의 산물이다.

지도는 영토가 아니다

인공지능의 온전한 라이프 사이클과 이를 추동하는 권력의 역학 관계를 파악하려면 어떻게 해야 할까? AI를 더 폭넓은 지형에서 포착하려면 통상적 지도maps를 넘어서야 한다. 지도책atlases은 시야의 규모에 변화를 일으켜 공간들이 서로 어떻게 맞물리는지 보게 해준다. 이 책은 AI의 진짜 버팀목이 인공화, 추상화, 자동화라는 기술 관료적 가공물이 아니라 지구적으로 상호 연결된 추출과 권력의 체계라고 주장한다. AI의 실상을 이해하려면 AI를 활용하는 권력의 구조를 들여다보아야 한다.

AI는 볼리비아의 소금 호수와 콩고의 광산에서 탄생하여, 크라우드 노동자들에 의해 라벨링되며 인간의 행동과 감정과 정체성을 분류하려 드는 데이터 집합으로부터 구성된다. 예멘 상공에 드론을 날리고 미국에서 이민자 단속을 지휘하고 전 세계에서 인간의 가치와 위험에 대한 신용 점수를 조정하는 데 이용된다. 이 중첩하는 체제와 맞서려면 AI를 광각廣角적이고 다多규모적인 관점에서 바라보아야 한다.

이 책은 인공지능이 지닌 추출의 정치적 성격을 가장 적나라하게 볼 수 있는 땅속에서 출발했다. 희토류 광물, 물, 석탄, 석유에 이르기까지 기술 부문은 땅을 깎아내어 고도로 에너지 집약적인 그들의 하부 구조에 연료를 공급한다. 기술 부문은 AI의 탄소 발자국을 결코 온전히 인정하거나 해명하지 않으며, 데이터 센터의 네트워크를 확장하는 동시에 남은 화석연료 매장지를 찾아내도록 석유 및 가스 산업을 지원한다. (일반적으로는) 연산과 (구체적으로는) AI의 포괄적 공급사슬이 모호한 것은 공유재에서 가치를 뽑아내고 영구적 피해에 대한 보상을 회피하는 통상적 비즈니스 모델에 따른 것이다.

노동은 또 다른 형태의 추출을 대표한다. 제2장에서 우리는 고임금 기계학습 엔지니어들을 뛰어넘어 인공지능 시스템의 작동에 필요한 그 밖의 노동 형태들을 살펴보았다. 인도네시아에서 주석을 채굴하는 광부, 인도에서 아마존 메커니컬 터크 작업을 수행하는 크라우드 노동자, 중국 폭스콘의 아이폰 공장 노동자에 이르기까지 AI

의 노동력은 우리가 일반적으로 상상하는 것보다 훨씬 규모가 크다. 심지어 기술 기업 내에도 계약직 노동자의 거대한 그림자 노동력이 존재한다. 이들은 정규직보다 수적으로 훨씬 많지만 복지 혜택은 거의 누리지 못하며 고용 안정은 꿈도 못 꾼다.[15]

기술 부문의 물류 노드에서는 기계가 할 수 없는 작업을 인간이 수행하고 있음을 본다. 자동화라는 환상을 떠받치려면 수많은 사람이 필요하다. 그들은 AI 시스템이 원활하게 작동하는 것처럼 보이도록 태깅, 교정, 평가, 편집 등의 작업을 수행한다. 제품을 나르고 차량 호출 앱을 위해 운전하고 식품을 배달하는 사람들도 있다. AI 시스템은 그들을 감시하는 한편 인체의 기본 기능으로부터 최대한의 산출을 쥐어짠다. 손가락, 눈, 무릎의 복잡한 관절은 로봇보다 값싸고 쉽게 이용할 수 있다. 이런 공간에서는 노동의 미래가 과거의 테일러주의 공장과 더 비슷해 보이지만, 노동자들은 실수를 저지르면 진동하는 손목 띠를 차고 있으며 화장실에 너무 자주 가면 처벌을 받는다.

작업장 AI 이용은 고용주의 손에 더 많은 통제권을 부여함으로써 권력 균형을 왜곡한다. 노동자를 추적하고 더 오래 일하도록 유도하고 실시간으로 등급을 매기는 데 앱이 이용된다. 아마존은 공간을 이동하는 신체와 그 움직임을 규율하는 권력의 미시물리학이 지구적 시간과 정보의 이동을 뜻하는 권력의 거시물리학과 어떻게 연결되는지를 보여주는 전형적인 예다. AI 시스템은 시장들 간의 시간 및 임금 격차를 활용하여 자본의 순환 속도를 끌어올린다. 난데없이 도심의 모든 사람이 당일 배송을 받을 수 있고 마땅히 기대하게 되었다. 시스템은 다시 한 번 속도를 끌어올리고 있으며 그 물질적 결과는 골판지 상자, 배달 트럭, '바로 구매' 버튼 뒤에 숨겨져 있다.

데이터 층위에서는 또 다른 추출의 지리학을 볼 수 있다. 구글 스트리트 뷰 엔지니어는 2012년에 이렇게 말했다. "우리는 실제 세상에 대한 거울상을 만들고 있습니다. 당신이 현실에서 보는 모든 것이 우리 데이터베이스에 존재해야 합니다."[16] 그 뒤로 현실의 수집은 나날이 강화되어 이전에는 포착하기 힘들었던 공간에까지 진출했다. 제3장에서 보았듯 공적 공간의 약탈이 광범위하게 저질러졌다. 얼굴 인식 시스템을 훈련시키기 위해 길거리에서 사람들의 얼굴을 수집했고 언어 예측 모형을 구축하기 위해 소셜 미디어 게시물을 내려받았으며 기계 시각과 자연어 알고리즘을 훈련시키기 위해 사람들이 개인적 사진을 보관하거나 온라인 토론을 벌이는 사이트의 게시물을 긁어모았다. 이 관행이 어찌나 흔해졌던지 AI 분야에서는 질문을 던지는 사람조차 거의 없다. 이것은 부분적으로 너무나 많은 일자리와 시장 가치가 여기에 달려 있기 때문이다. 한때 정보기관의 면죄부이던 '모조리 수집하라' 사고방식은 이제 정상으로뿐 아니라 규범으로 취급받으며, 가능할 때마다 데이터를 수집하지 않는 것이야말로 낭비로 치부된다.[17]

데이터는 일단 채굴되어 훈련 집합에 입력되면 AI 시스템이 세상을 분류하는 인식론적 토대가 된다. 이미지넷이나 MS-셀럽, NIST 데이터베이스 같은 벤치마크 훈련 집합이 표상하는 개념들은 라벨이 의미하는 것보다 훨씬 관계적이며 이론의 여지가 있다.

제4장에서는 라벨링 분류 체계가 어떻게 성별 이분법, 지나치게 단순하고 불쾌한 인종 범주화, 성격, 장점, 감정 상태에 대한 고도로 규범적이고 상투적인 분석 등에 사람들을 억지로 끼워 맞추는지 보았다. 이 분류는 불가피하게 가치에 영향을 받으며 세상을 보는 방식을 강요하면서도 과학적 중립성을 주장한다.

AI의 데이터 집합은 결코 알고리즘에 공급되는 원료가 아니다. 본질적으로 정치적인 개입이다. 데이터를 수집하고 범주화하고 라벨링한 다음 시스템 훈련에 이용하는 전체 행위는 일종의 정치다. 이로 인해 이른바 운용 이미지operational image, 즉 오로지 기계를 위해 만들어진 세계 표상으로의 전환이 일어났다.[18] 편향은 증상이며 근본 원인은 더 깊숙한 곳에 있다. 그것은 세상을 어떻게 보고 평가해야 하는가를 결정하는 데 이용되는 광범위하고 중앙 집중적인 규범 논리다.

이것의 핵심적 사례는 제5장에서 설명한 감정 탐지로, 얼굴과 감정의 관계에 대한 논쟁적 개념을 현실에 적용하면서 거짓말 탐지 검사의 단순화 논리를 접목한다. 이 과학 분야는 아직도 열띤 논란거리다.[19] 기관들은 언제나 사람들을 정체성 범주로 분류하여 개인의 특성을 지엽적으로 판단하며 정확히 측정되는 규격에 끼워 맞춘다. 기계학습은 이 작업을 대규모로 실시하게 해준다. 파푸아뉴기니의 산간 마을에서 메릴랜드의 군사 연구소에 이르기까지 감정, 내적 상태, 선호, 동일시의 복잡한 양상을 양적이고 탐지 가능하고 추적 가능한 것으로 단순화하는 기법이 개발되었다.

세상을 기계학습 시스템이 읽을 수 있도록 만들려면 어떤 인식론적 폭력이 필요할까? AI는 체계화할 수 없는 것을 체계화하고, 사회적인 것을 규격화하고, 무한히 복잡하고 변화하는 우주를 기계가 읽을 수 있는 린네식 질서로 바꾸려 든다. AI의 성취 중 상당수는 사물을 대리물에 바탕을 둔 간결한 집합으로 좁인 덕분이었다. AI는 일부 특징을 식별하고 명명하면서 수많은 다른 특징을 무시하거나 얼버무렸다. 철학자 바벳 배비치의 말을 바꿔 쓰자면, 기계학습은 아는 것을 활용하여 모르는 것을 예측한다. 이것은 되풀이되는 어림짐작의 게임이다. 또한 데이터 세트는 '대리물'로서, 자신이 측정한다고 주장하는 것의 대역이다. 간단히 말하자면 이것은 차이를 연산 가능한 같음으로 바꾸는 셈이다. 이런 종류의 지식 체계는 '다면적이고 계산할 수 없는 것을 동일하고 비슷하고 계산할 수 있는 것으로 위조하는 것'이라는 프리드리히 니체의 묘사를 떠올리게 한다.[20] 이 대리물이 실측 자료로 받아들여지고 유동적 복잡성에 고정된 라벨이 달리면 AI 시스템은 결정론적으로 바뀐다. AI를 이용하여 얼굴 사진으로부터 성별, 인종, 성적 지향을 예측하는 사례에서 이것을 볼 수 있다.[21] 이 접근법들은 겉모습을 바탕으로 정체성을 추출하고 부여하려는 욕망이라는 점에서 골상학과 관상학을 닮았다.

제6장에서 보았듯 AI 시스템의 실측 자료가 가진 문제는 국가 권력의 맥락에서 한층 커진다. 정보기관들은 데이터의 대량 수집을 주도했는데, 이때 메타데이터 징후는 치명적 드론 공격의 충분한 근거가 되며 휴대폰 위치는 미지의 표적을 나타내는 대리물이 된다. 심지어 여기에서도 메타데이터와 수술적 타격의 청결한 언어는 드

론 미사일로 인한 비의도적 살해와 직접적으로 모순된다.[22] 루시 서치먼은 이렇게 물었다. '사물'은 어떻게 해서 임박한 위협과 동일시되는가? 우리는 'ISIS 픽업트럭'이 수작업 라벨링 데이터에 기반을 둔 범주임을 알지만, 그 범주를 선택하고 그 차량을 지목한 것은 누구인가?[23] 우리는 이미지넷 같은 사물 인식 훈련 집합에서 인식론적 혼란과 오류를 본다. 군사용 AI 시스템과 드론 공격도 똑같이 불안정한 토대에 놓여 있다.

기술 부문과 군사 부문 사이의 깊은 상호 관계는 이제 강력한 국가주의 의제라는 테두리 안에 놓여 있다. 미국과 중국의 AI 전쟁에 대한 수사적 표현은 거대 기술 기업들이 정부 지원을 더 받고 제약은 덜 받으며 운영될 수 있도록 그들의 이익을 뒷받침한다. 한편 국가안보국과 중앙정보국 같은 기관들이 이용하는 감시 수단들은 국내에서는 상업·군사 도급계약의 중간 지대에서 팔란티르 같은 회사들에 의해 지자체 수준에서 활용된다. 미등록 이민자들을 사냥하는 것은 불법 첩보 행위에만 적용되던 총체적 정보 통제 및 수집의 병참 시스템이다. 복지 의사 결정 시스템은 사람들을 실업 급여에서 탈락시키고 부정수급을 고발하기 위해 이상 데이터 패턴을 추적하는 데 이용된다. 번호판 판독 기술은 가정용 감시 시스템에 이용되고 있으며 예전에는 독립적이던 감시 네트워크들이 두루 통합되고 있다.[24]

그 결과로 감시가 깊고도 빠르게 팽창하고 있으며 민간 도급업체, 경찰 기관, 기술 부문의 경계가 흐릿해지고 있다. 뇌물과 비밀 계약도 여기에 일조한다. 이것은 시민의 삶을 극단적으로 재구성하고 있으며 자본, 치안, 군사화의 논리를 구사하는 감시 도구들이 권력의 중심을 강화한다.

정의를 위한 연대를 향하여

AI가 기존 권력 구조에 봉사한다면 명백한 질문이 하나 떠오를지도 모르겠다. AI의 민주화를 추구하면 안 되나? 사람들을 위한 AI가 존재할 수는 없을까? 산업적 추출과 차별이 아니라 정의와 평등을 향해 방향을 전환할 순 없을까? 이런 생각이 매력적으로 보일지는 모르겠지만, 이 책에서 줄곧 보았듯 AI를 강화하고 AI 덕분에 강화되는 권력의 하부 구조와 형태는 통제의 중앙 집중화를 향해 급격히 기울어져 있다. 권력의 불균형을 줄이기 위해 AI를 민주화해야 한다는 주장은 평화를 위해 무기 제조를 민주화해야 한다는 주장과 얼추 비슷하다. 오드리 로드의 말마따나 주인의 연장은 결코 주인의 집을 부수지 않는다.[25]

기술 부문을 평가할 때가 왔다. 지금껏 업계의 통상적 반응은 AI 윤리 원칙에 서명하는 것이었다. 유럽 의회 의원 마리트여 스하커에 따르면 2019년에 AI 윤리 규정은 유럽에서만 128건에 이르렀다.[26] 이 문서들은 종종 AI 윤리에 대한 '폭넓은 합의'의 산물로 제시된다. 하지만 이 중 압도적 다수는 경제적으로 발전한 나라들에서 제정되며 아프리카, 남아메리카, 중앙아메리카, 중앙아시아를 대변하는 일은 거의 없다. AI 시스템으로 인해 가장 큰 피해를 입는 사람들의 목소리는 이 규정들을 제정하는 과정에서 누락되는 경우가 태반이다.[27] 더욱이 윤리 원칙과 성명은 실행 방법을 논하지 않으며 집행력을 가지거나 대중에게 책임을 지는 일은 드물다. 섀넌 매턴의 말마따나 AI 구현의 윤리적 수단을 평가하지 않은 채 AI의 윤리적 목표에 초점을 맞추는 경우가 더 일반적이다.[28] 의료나 법률과 달리 AI는 공식적인 직업적 관리 구조나 규범이 전혀 없다. 이 분야에 대한 합의된 정의와 목표 또는 윤리적 관행을 강제할 표준 규약은 전무하다.[29]

자율 규제식 윤리 규정 덕에 기업들은 어떤 기술을 이용할지 선택할 수 있으며, 더 나아가 윤리적 AI가 세상에 대해 어떤 의미인지를 결정할 수 있다.[30] 기술 기업들은 자사의 AI 시스템이 법을 어겼을 때 막대한 금전적 처벌을 받는 경우가 많지 않으며 윤리적 원칙을 어겼을 때는 더더욱 드물다. 게다가 상장 기업들은 주주들로부터 윤리적 고려보다 투자 수익을 극대화하라는 압박을 받으며, 이 때문에 윤리가 이익보다 뒷전으로 밀리는 경우가 허다하다. 이런 까닭에 윤리는 (필요하긴 하지만) 이 책에서 제기하는 근본적 우려에 대처하기에는 충분치 않다.

무엇이 관건인지를 이해하려면 윤리보다는 권력에 더 초점을 맞춰야 한다. AI는 최적화를 위해 동원된 권력 형태를 증폭하고 재생산하도록 어김없이 설계된다. 여기에 맞서려면 가장 큰 피해를 입는 공동체의 이익을 중심에 놓아야 한다.[31] 기업 창업자, 벤처 투자가, 기술 예측 전문가를 찬미하는 것이 아니라 AI 시스템에 의해 권력을 박탈당하고 차별당하고 피해를 당하는 사람들의 생생한 경험에서 출발해야 한다. 누군가가 'AI 윤리'를 입에 올리면 광부, 도급업자, 크라우드 노동자의 노동 여건을 떠올려야 한다. '최적화'라는 말을 들으면 이것이 이민자를 비인도적으로 처우하는 수단이 아닌지 물어야 한다. '대규모 자동화'가 칭송받으면 지구가 이미 극심한 스트레스를 받고 있는 시대에 자동화로 인해 생겨나는 탄소 발자국을 명심해야 한다. 이 모든 시스템을 아울러 정의를 추구한다는 것은 어떤 의미일까?

1986년 정치 이론가 랭던 위너는 삶의 조건에 가져올 피해를 전혀 고려하지 않은 채 '인공적인 현실을 만드는 데 열을 올리'는 사회를 이렇게 묘사했다. '우리의 상식적 세계의 구조에 엄청난 변화가 일어났지만 그 변화의 의미가 무엇인지에는 아무도 주목하지 않는다. (……) 기술의 영역에서 우리는 반복적으로 여러 가지 사회계약을 맺지만, 그 내용은 계약서에 사인한 뒤에야 밝혀지곤 한다.'[32]

그로부터 40년이 지난 지금, 대기의 화학 조성, 지표면의 온도, 지각의 내용물을 바꿔놓을 만큼 대규모의 변화가 일어나고 있다. 기술이 발표 시점에 어떻게 평가받는가와 어떤 지속적 영향을 미치는가의 격차가 커져만 간다. 사회계약은 유례없는 기후 위기, 치솟는 부의 불평등, 인종차별, 만연한 감시와 노동 착취를 가져왔다. 하지만 이 변화들이 어떤 결과가 닥칠 것인지 모르는 채 일어났다는 생각 자체가 문제의 일부다. 철학자 아실 음벰베는 21세기의 지식 체계를 우리가 예견할 수 없었다는 주장을 예리하게 비판한다. 그것들은 언제나 '기업 논리의 기반 위에서 세상의 합리화를 표방하는 추상화 작업'이었기 때문이다.[33] 그가 말한다. '이것은 추출, 수집, 데이터 선별, 인간 사유 능력의 상품화, 프로그래밍을 위한 비판적 이성 포기에 대한 것이다. (……) 그 어느 때보다 지금 필요한 것은 기술에 대한, 기술적 삶의 경험에 대한 새로운 비판이다.'[34]

비판의 다음 시대에는 불가피성의 도그마를 전복하여 기술적 삶을 넘어선 공간을 찾아야 할 것이다. AI의 급속한 팽창이 멈출 수 없어 보일 때에는 데이터 집합을 가다듬고 개인정보보호법을 강화하고 윤리위원회를 신설하는 등 사후에 시스템에 대한 법적·기술적 제한을 땜질식으로 짜맞추는 것이 고작이다. 이것은 언제나 기술을 전제로 하는 부분적이고 불완전한 대응일 것이며, 나머지 모든 것은 현실에 적응해야만 할 것이다. 하지만 우리가 방향을 뒤집어 더 공정하고 지속 가능한 세상이라는 목표에서 출발한다면 어떨까? 사회적·경제적·기후적 불의의 상호 의존적 문제들에 우리는 어떻게 개입할 수 있을까? 기술은 이 이상에 어떻게 이바지할까? AI가 정의를 침해할 경우 이용을 불허해야 할 장소가 있을까?

이것은 새로운 저항의 정치를 떠받치는 토대다. '가능한 일은 실현될 것이다'라고 말하는 기술 불가피론 서사에 반대하는 것이다. 단순히 가능하다는 이유로 AI가 어디에 적용될 것인지 묻는 게 아니라 '왜' 적용되어야 하는지에 방점을 찍어야 한다. 우리는 '왜 인공지능을 이용하는가?'라고 물음으로써 통계적 예측과 이윤 축적의 논리, 즉 도나 해러웨이가 '지배의 정보과학'이라고 부른 것에 모든 것이 종속되어야 한다는 생각에 의문을 제기할 수 있다.[35] 사람들이 예측 기반 치안을 해체하고 얼굴 인식을 금지하고 알고리즘적 점수 산정에 항의하는 쪽을 선택할 때 우리는 이 저항의 어렴풋한 모습을 본다. 지금껏 이 소소한 승리들은 단편적이고 국지적이었으며 종종 런던, 샌프란시스코, 홍콩, 오리건 주 포틀랜드처럼 조직할 자원이 풍부한 도시에 집중되었다. 하지만 이것은 기술 우선식 접근법을 거부하고 기저의 불평등과 불의에 맞서는 국가적·국제적 운동을 확장해야 할 필요성을 보여준다. 저항을 위해서는 자본, 군대, 경찰에 봉사하는 도구가 마치 어디에나 적용될 수 있는 가치중립적 계산기인 것처럼 학교, 병원, 도시, 생태를 탈바꿈시키는 데에도 적합하다는 생각을 물리쳐야 한다.

노동, 기후, 데이터 정의를 요구하는 외침은 뭉칠 때 가장 큰 힘을 발휘한다. 무엇보다 자본주의, 연산, 통제의 연관성을 공략하는 정의 추구 운동들의 확산에서 가장 큰 희망을 본다. 기후 정의, 노동권, 인종 정의, 개인정보 보호, 과도한 경찰력과 군사력의 제한 같은 사안들이 하나로 모이고 있다. 불평등과 폭력을 키우는 시스템을 거부하는 것은 AI가 강화하고 있는 권력 구조에 도전하고 다른 사회의 토대를 쌓는 일이다.[36] 루하 벤저민이 말한다. '데릭 벨은 사물을 있는 그대로 보려면 그것이 어떤 모습일지 상상해야 한다고 말했다. 우리는 패턴을 만드는 사람이며 우리는 기존 패턴의 내용을 바꿔야 한다.'[37] 이렇게 하려면 기술적 해결책의 매혹을 떨쳐버리고 대안적 연대를, 음벰베가 '지구에 거주하는 것, 지구를 수선하고 공유하는 것에 대한 다른 정치'라고 말한 것을 끌어안아야 한다.[38] 가치 추출을 넘어선 지속 가능한 집단적 정치는 분명히 존재한다. 지킬 가치가 있는 공유재, 시장을 넘어선 세상, 차별과 무차별적 최적화 방식을 넘어선 삶의 방식이 존재한다. 우리의 임무는 그곳에서 지도에 길을 그리는 것이다.

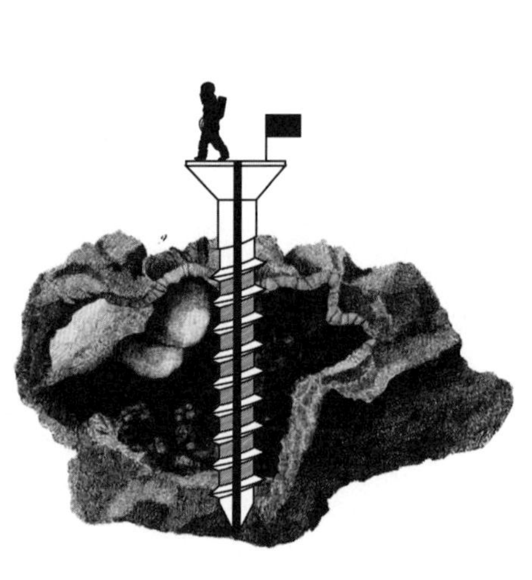

| 덧붙이며 |

우주

카운트다운이 시작된다. 숫자판이 돌아간다. 우뚝 선 새턴 5호 추진부의 엔진이 점화되어 로켓이 이륙한다. 제프 베이조스의 목소리가 들린다. "제가 다섯 살 때 닐 암스트롱이 달 표면에 발을 디뎠습니다. 그 이후로 저는 우주, 로켓, 로켓 엔진, 우주여행에 열광했습니다." 정상에 오른 등반가, 협곡으로 내려가는 탐험가, 물고기 떼를 헤치며 헤엄치는 해양 다이버 등의 감동적 이미지가 줄줄이 지나간다.

로켓이 발사되는 동안 제어실에서 헤드셋을 고쳐 쓰는 베이조스에게 다시 앵글이 맞춰진다. 그의 목소리가 계속 흘러나온다. "이것은 제가 하는 일 중에서 가장 중요합니다. 이유는 단순합니다. 이곳은 최고의 행성입니다. 그리고 우리는 선택에 직면했습니다. 장차 우리는 인구를 억제하고 1인당 에너지 사용량을 억제해야 하는 정체의 문명을 선택할 것인가, 아니면 우주로 진출하여 문제를 해결할 것인가의 기로에 놓일 겁니다."[1]

사운드트랙이 고조되면서 머나먼 우주의 이미지에 로스앤젤레스의 번잡한 고속도로와 꽉 막힌 입체교차로 사진이 겹쳐진다. "달 착륙 이후에 폰 브라운이 말했습니다. '나는 불가능이라는 단어를 무척 조심해서 써야겠다는 교훈을 얻었다.' 여러분도 그런 태도로 살아가시길 희망합니다."[2]

이 장면은 베이조스의 민간 항공우주회사 블루오리진Blue Origin의 홍보 영상에 들어 있다. 회사의 구호인 '그라다팀 페로키테르Gradatim Ferociter'는 '한 걸음씩, 맹렬하게'라는 뜻의 라틴어다. 단기적으로, 블루오리진은 재사용 가능 로켓과 달 착륙선을 제작하고 있으며 텍사스 서부의 기지와 준準궤도 기지에서 검사를 실시하고 있다. 회사는 2024년까지 우주 비행사와 화물을 달에 왕복시킬 계획이다.[3] 하지만 장기적으로 보자면 회사의 목표는 훨씬 야심차다. 그것은 미래에 수백만 명이 우주에서 생활하고 일하도록 하겠다는 것이다. 특히 베이조스는 거대 우주 식민지를 건설하겠다는 희망을 피력했다. 공중에 떠 있는 인공 환경에서 사람들이 살게 되리라는 것이다.[4] 중공업은 아예 지구를 떠나 채굴을 위한 새로운 영토를 개척할 터였다. 한편 지구는 주거용 빌딩과 경공업 위주로 재편되어 '살아가기에 아름다운 장소, 방문하기에 아름다운 장소'로 남을 것이다. 외계 식민지에서 일하는 사람들보다는 지구에서 살아갈 여유가 있는 사람들에게나 그렇겠지만.[5]

베이조스는 남다른 산업 권력을 소유하고 있으며 점차 힘이 커지고 있다. 아마존은 미국 온라인 상거래를 장악하고 있고, 아마존 웹서비스는 클라우드 컴퓨팅 업계의 절반 가까이를 차지했으며, 일부 추산에 따르면 아마존 사이트에서의 제품 검색량은 구글을 능가한다고 한다.[6] 이 모든 실적에도 베이조스는 걱정스럽다. 그가 두려워하는 것은 지구의 에너지 수요가 증가하여 제한된 공급량이 금세 바닥나리라는 것이다. 그에게 가장 큰 근심거리는 '멸종이라기보다는 정체'다. "우리는 성장을 멈출 수밖에 없을 텐데, 이것은 매우 나쁜 미래라고 생각합니다."[7]

베이조스만 이렇게 생각하는 것이 아니다. 우주에 눈독을 들이는 기술 억만장자는 그 말고도 여럿이 있다. 엑스프라이즈X Prize 설립자 피터 디어맨디스가 주도하고 구글의 래리 페이지와 에릭 슈미트가 투자로 후원하는 플래니터리 리소시스Planetary Resources의 목표는 소행성에서 채굴하는 최초의 상업적 우주 광산을 개발하는 것이다.[8] 테슬라와 스페이스엑스SpaceX의 최고경영자 일론 머스크는 100년 안에 화성을 식민지로 만들겠다는 포부를 밝혔으나 최초의 우주 비행사들은 '죽을 각오를 해'야 할 것이라고 덧붙였다.[9] 머스크는 남북극에서 핵무기를 폭파하여 화성 표면을 인간이 거주할 수 있도록 테라포밍terraforming(지구가 아닌 다른 외계의 환경을 인간이 살 수 있도록 변화시키는 것 - 옮긴이)하는 방안도 지지했다.[10] 스페이스엑스에서 제작한 티셔츠에는 '화성 핵 폭파NUKE MARS'라고 쓰여 있다. 머스크는 아마도 역사상 가장 값비싼 홍보 행사도 진행했는데, 테슬라 승용차를 스페이스엑스 팰컨 헤비 로켓에 실어 발사한 것이다. 연구자들의 추정에 따르면 이 승용차는 수백만 년 동안 지구와 함께 태양을 공전

하다가 마침내 지구에 충돌할 것이다.[11]

이 우주 쇼의 이데올로기는 AI 산업의 이데올로기와 깊이 연관되어 있다. 기술 기업들이 창출하는 어마어마한 부와 권력 덕에 소수의 사람들은 스스로 민간 우주 경쟁을 벌일 수 있다. 그들은 20세기 공공 우주 계획의 지식과 인프라를 활용할 수 있으며 정부 자금 및 세제 혜택에도 종종 손을 벌린다.[12] 그들의 목표는 채굴과 성장을 제한하는 것이 아니라 태양계로 확장하는 것이다. 실제로 이 시도들은 우주, 끝없는 성장, 불멸에 대한 '상상' 못지않게 실제 우주 식민지화의 불확실하고도 불유쾌한 가능성을 불러일으킨다.

베이조스에게 우주 정복의 영감을 선사한 인물 중 한 명은 물리학자이자 공상과학소설가 제라드 K. 오닐이다. 1976년 오닐은 우주 식민지를 주제로 한 공상소설 『허공의 미개척지 : 우주의 인간 식민지The High Frontier: Human Colonies in Space』를 썼는데, 이 책은 록웰(미국 중산층의 생활상을 친근하고 인상적으로 묘사한 화가 노먼 록웰 – 옮긴이)을 연상시킬 만큼 풍부한 삽화로 광물을 달에서 채굴하는 장면을 묘사한다.[13] 베이조스의 블루오리진 계획은 영구적 인간 거주지라는 목가적 이상에서 영감을 얻었는데, 이것을 구현할 수 있는 기술은 현재 존재하지 않는다.[14] 오닐이 이 소설을 쓴 계기는 로마 클럽의 중요한 보고서 『성장의 한계』를 읽고서 느낀 '낙심과 충격'이었다.[15] 보고서는 방대한 자료와 예측 모형으로 재생 불가능 자원의 고갈과 이것이 인구 증가, 지속 가능성, 지구에서의 인류의 미래에 미치는 영향을 분석했다.[16] 건축가이자 도시계획 연구자 프레드 셔먼은 보고서 내용을 이렇게 요약한다.

로마 클럽 모형은 저마다 다른 초기 가정의 집합들로부터 결과를 계산한다. 당시 추세를 반영한 기준 시나리오에 따르면 자원과 인구는 2100년이 되기 전에 붕괴한다. 자원 매장량을 두 배로 가정하면 기간이 약간 길어지기는 하지만 그래도 2100년이 되기 전에 붕괴한다. 기술이 가용 자원을 '무한정' 이용할 것이라고 가정하면 인구는 정점에 도달하여 이전보다 '훨씬 가파르게' 붕괴한다. 인구 통제를 모형에 추가하면 인구는 식량이 고갈된 뒤에 붕괴한다. 농업 생산량이 증가하는 모형에서는 인구가 이전의 대조군을 초과하여 식량과 인구가 둘 다 붕괴한다.[17]

『성장의 한계』는 자원을 지속 가능하게 관리하고 재사용하는 방향으로 전환하는 것이 지구촌의 장기적 안정성을 위한 해답이며 부국과 빈국의 격차를 줄이는 것이 생존의 핵심이라고 주장했다. 하지만 『성장의 한계』가 예견하지 못한 것이 있다. 상호 연결된 더 커다란 시스템들이 지금의 세계 경제를 구성하는 상황에서 예전에는 경제성이 없던 방식의 채굴에 수익성이 생겨 환경 피해 가중, 토질과 수질 악화, 자원 고갈 가속화 등을 일으키리라는 것 말이다.

오닐은 『허공의 미개척지』를 쓰면서 생산과 소비를 제한하는 것이 아니라 무성장 모형에서 벗어나는 새로운 방법을 상상하고 싶었다.[18] 그는 우주를 해결책으로 제시함으로써 1970년대의 휘발유 부족과 석유 위기에 대한 전 세계적 불안을 고요하고 안정된 우주에 대한 환상으로 가라앉혔다. 우주에서는 현상태가 유지되는 동시에 새로운 기회가 창출될 테니 말이다. 오닐은 이렇게 주장했다. '지구에 표면적이 충분하지 않다면 방법은 더 짓는 것뿐이다.'[19] 이것이 어떻게 가능한가에 대한 과학 원리와 우리가 이것을 어떻게 감당할 수 있는가에 대한 경제 원리는 훗날로 미뤘다. 중요한 것은 오로지 꿈이라는 것이었다.[20]

우주 식민지화와 우주 채굴이 기술 억만장자의 공통된 판타지가 되었다는 사실은 이들이 지구와 맺고 있는 관계에 근본적 문제가 있음을 잘 보여준다. 그들의 미래상에는 석유·가스 채굴을 최소화하거나, 자원 소비를 제한하거나, 심지어 자신들을 부자로 만든 노동 착취 관행을 완화하는 것조차 들어 있지 않다. 오히려 기술 엘리트의 언어에서는 지구의 인구를 이주시키고 광물 채굴을 위해 영토를 획득하려는 정착식민주의settler colonialism가 종종 엿보인다. 이와 마찬가지로 실리콘밸리 억만장자들의 우주 경쟁에서도 최후의 공유재인 우주에 가장 먼저 도달하는 제국이 그곳을 차지할 수 있다고 가정한다. 이것은 우주 채굴에 대한 주요 조약인 1967년 우주 조약에 위배된다. 조약에서는 우주가 '인류의 공통 이익'이며 모든 탐사나 이용이 '만인의 유익을 위해 실시되어야 한'다고 규정한다.[21]

2015년 베이조스의 블루오리진과 머스크의 스페이스엑스는 의회와 오바마 행정부에 로비를 벌여 '상업적 우주 발사 경쟁력법'의 제정을 이끌어냈다.[22] 법률은 상업적 우주 기업들에 대한 연방 규제 면제를 2023년까지 연장하여 그들이 소행성에서 자원을 직접 채굴하고 이윤을 계속 거둘 수 있도록 했다.[23] 이것은 우주가 공유재라는 개념을 직접적으로 침해하며 '진군하여 정복'하려는 상업적 동

기를 자극한다.[24]

우주는 궁극적인 제국주의 야심의 대상이 되었으며 지구, 신체, 규제의 한계로부터 벗어나려는 욕구를 상징한다. 실리콘밸리 기술 엘리트 중 상당수가 지구를 폐기한다는 전망을 품는 것은 놀랄 일이 아니다. 우주 식민지화는 생명 연장 식단, 10대 혈액 수혈, 뇌 클라우드 업로딩, 불멸의 비타민 같은 그 밖의 판타지와 잘 맞아떨어진다.[25] 블루오리진의 맵시로운 광고는 이 어두운 유토피아주의의 한 단면이다. 그것은 '초인Übermensch'이 되어 생물학적·사회적·윤리적·생태적인 모든 한계를 넘어서라는 속삭임이다. 하지만 이면에서 멋진 신세계의 이상을 추동하는 것은 무엇보다 두려움인 듯하다. (개인적이자 집단적인) 죽음에 대한 두려움, 시간이 정말로 바닥나고 있다는 두려움 말이다.

마지막 여정을 위해 밴에 앉았다. 뉴멕시코 주 앨버커키에서 남쪽으로 텍사스 국경 지대를 향해 달린다. 도중에 샌오거스틴 산의 암면을 휘돌아 화이트샌즈 미사일 시험장을 향해 가파른 비탈길을 내려간다. 1946년 이곳에서 미국은 카메라가 장착된 최초의 로켓을 우주에 발사했다. 이 임무를 주도한 베르너 폰 브라운은 독일 미사일 로켓 개발 계획의 기술 감독관이었다. 그는 제2차 세계대전 후에 미국에 입국하여 압수된 V-2 로켓으로 실험을 시작했다. 자신이 설계에 참여하여 유럽 전역의 연합군에 발사되었던 바로 그 미사일이었다. 하지만 이번에는 곧장 위로, 우주를 향해 날려 보냈다. 로켓은 고도 100킬로미터까지 올라가 1.5초에 한 번씩 사진을 찍

1946년 10월 24일에 발사된 V-2 13호의 카메라로 찍은 지구 영상.
자료 제공 : 화이트샌즈 미사일 시험장/응용물리학연구소

었으며 결국 뉴멕시코 사막에 추락했다. 필름은 철제 카세트에 들어 있었던 덕에 보존되었으며 자글자글하지만 뚜렷한 지구의 곡선을 보여준다.[26]

베이조스가 블루오리진 광고에서 폰 브라운을 인용하기로 한 것은 주목할 만하다. 폰 브라운은 제3제국의 수석 로켓공학자였으며, 강제 수용소 노예노동을 V-2 로켓 제작에 동원했다고 인정했다. 그를 전쟁범죄자로 여기는 사람들도 있다.[27] 전쟁에서 로켓에 죽은 사람보다 수용소에서 로켓을 만들다가 죽은 사람이 더 많았다.[28] 하지만 폰 브라운의 업적 중에서 가장 널리 알려진 것은 미 항공우주국 마셜우주비행센터 소장으로서 새턴 5호 로켓의 설계를 주도한 것이다.[29] 아폴로 11호의 빛에 바래고 역사에 묻혀 희미해진 영웅을

발견한 것은 베이조스였다. 불가능을 믿지 않으려 한 사람을.

텍사스 주 엘패소를 통과한 뒤 62번 도로를 따라 소금 분지 모래언덕을 향해 달린다. 늦은 오후여서 뭉게구름이 붉게 물들기 시작한다. T자형 삼거리에서 우회전하여 시에라디아블로스로 접어든다. 이곳은 베이조스의 영토다. 이 사실을 알려주는 첫 표시는 도로에서 멀찍이 떨어진 커다란 목장 주택이다. 흰색 출입문 위의 표지판에는 붉은색 글자로 '2번Figure 2'이라고 쓰여 있다. 이곳은 베이조스가 2004년에 매입한 목장으로, 그가 이 지역에서 소유한 12만 헥타르의 일부다.[30] 이 땅에는 폭력적인 식민지 역사가 스며 있다. 텍사스 순찰대와 아파치족은 1881년 이 지역 바로 서쪽에서 최후의 전투를 벌였으며 9년 뒤 한때 남부연합군 파발꾼으로 복무한 목부牧夫 제임스 먼로 도허티가 이곳에 목장을 조성했다.[31]

근처의 갈림길은 블루오리진 준궤도 발사 시설로 이어진다. 사유 도로는 파랑색 출입문으로 막혀 있다. 비디오 감시를 경고하는 알림판이 붙어 있으며 경비 초소에는 카메라가 잔뜩 설치되어 있다. 고속도로를 따라 더 가다가 몇 분 뒤에 길가에 밴을 댄다. 여기에서는 계곡을 가로질러 블루오리진 착륙장까지 훤히 보인다. 저곳에서 블루오리진 최초의 유인 우주 임무를 위해 로켓 점검이 진행되고 있다. 노동자들이 퇴근하면서 차들이 차단기를 통과한다.

뒤를 돌아보니 로켓 기지를 나타내는 창고 단지는 이 건조한 페름기 분지에 비하면 무척 일시적이고 임시방편인 것처럼 느껴진다. 드넓은 계곡에 휑한 동그라미가 뚫려 있다. 착륙장 한가운데의 깃털 로고 위에 블루오리진의 재사용 로켓이 내려앉을 예정이다. 보이는

텍사스 서부의 블루오리진 준궤도 발사 시설. 사진 : 케이트 크로퍼드

것은 이게 전부다. 이곳은 경비원과 차단기로 둘러싸인 채 건설되고 있는 사적 인프라이며 지구에서 가장 부유한 사람이 펼치는 권력, 추출, 탈출의 기술과학적 상상이다. 지구에 대한 헤지(투자자가 가지고 있거나 앞으로 보유하려는 자산의 가치가 변함에 따라 발생하는 위험을 없애려는 시도 - 옮긴이)랄까.

날이 저물고 푸르스름한 잿빛 구름이 하늘을 지나간다. 사막은 은빛으로 보인다. 화이트세이지 덤불이 점점이 자리 잡고 있으며 화산성 응회암 무리는 한때 거대한 내해의 바닥이던 곳을 표시한다. 사진을 찍은 뒤에 밴으로 돌아가 마타를 향해 그날의 마지막 운전을 한다. 차가 출발하고 나서야 미행당하고 있음을 알아차린다. 똑같이

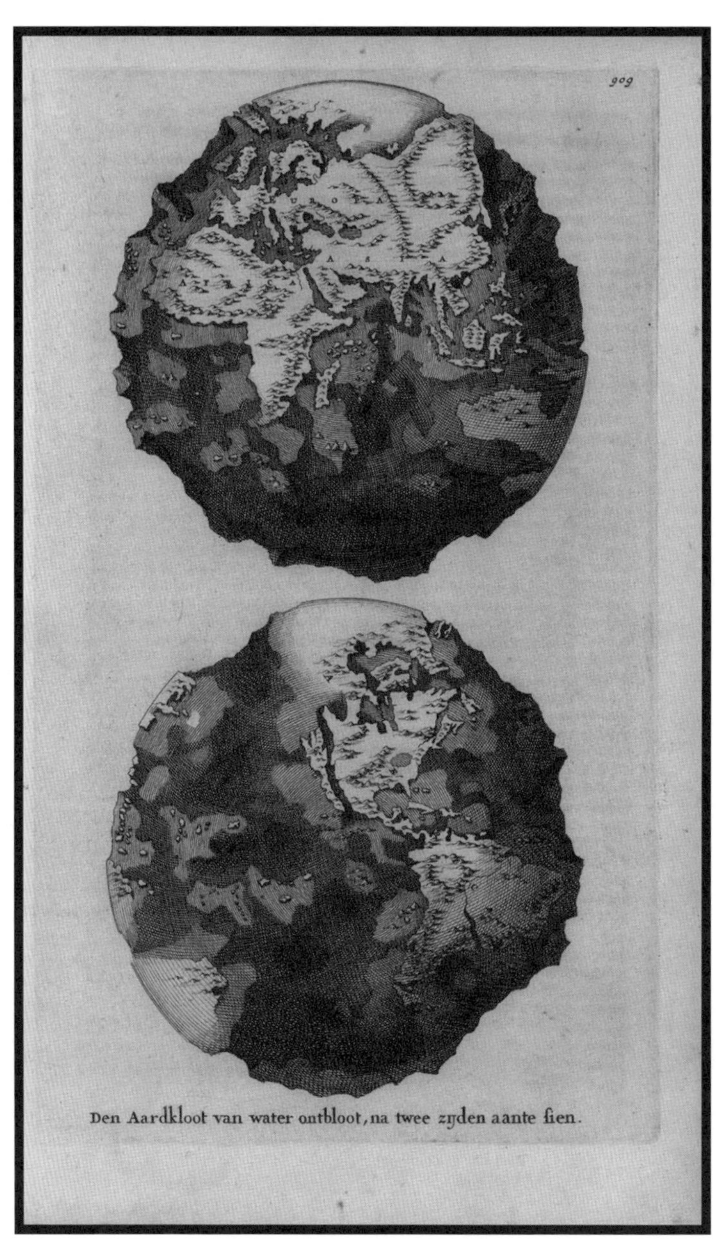

「물 없는 세계Den Aardkloot van water ontbloot」.
바다가 마른 세계를 묘사한 토머스 버넷의 1694년 지도.

생긴 검은색 쉐보레 픽업트럭 두 대가 바싹 따라붙기 시작한다. 그들이 추월하길 바라며 차를 길가에 댄다. 그들도 차를 멈춘다. 아무도 움직이지 않는다. 몇 분 기다렸다가 천천히 다시 차를 출발시킨다. 그들은 어둑어둑해지는 계곡 가장자리까지 섬뜩한 에스코트를 계속한다.

| 감사의 말 |

모든 책은 공동 작업이며, 집필 기간이 길수록 함께하는 사람도 많아진다. 이 책은 여러 해가 걸렸으며, 이 책을 쓸 수 있었던 것은 친구, 동료, 공동 연구자, 공동 모험가들 덕분이다. 수많은 늦은 밤 대화와 이른 아침 커피가 있었고 장거리 여행과 원탁회의가 있었으며 그 모든 것이 이 책에 생명을 불어넣었다. 온전히 감사하려면 책 한 권을 따로 써야겠지만, 지금은 아래의 몇 마디로 만족해야 할 것 같다.

첫째, 이 책에 가장 깊은 자국을 남긴 연구자와 친구인 마이크 애너니Mike Ananny, 제프리 바우커Geoffrey Bowker, 벤저민 브래턴Benjamin Bratton, 시몬 브라운Simone Browne, 전희경Hui Kyong Chun, 블라단 졸러Vladan Joler, 얼론드라 넬슨Alondra Nelson, 조너선 스턴Jonathan Sterne, 루시 서치먼Lucy Suchman, 프레드 터너Fred Turner, 매켄지 워크McKenzie Wark에게 감

사한다. 나란히 글을 쓰며 세월을 보냈고 내게 (매주 그때그때 다르지만) 위로와 축하를 보내준 제어 소프Jer Thorp에게 감사한다.

나는 운 좋게도 다년간 여러 연구 공동체에 소속되어 많은 것을 배울 수 있었다. 마이크로소프트 연구소에는 그곳을 남다른 장소로 만드는 많은 연구자와 엔지니어가 있으며, 페이트FATE 그룹과 소셜 미디어 컬렉티브Social Media Collective의 회원인 것에 감사한다. 이페오마 아준와Ifeoma Ajunwa, 피터 베일리Peter Bailey, 솔론 바로카스Solon Barocas, 낸시 베임Nancy Baym, 크리스천 보그스Christian Borgs, 마르가리타 보야르스카야Margarita Boyarskaya, 데이나 보이드Danah Boyd, 세라 브레인Sarah Brayne, 제드 브러베이커Jed Brubaker, 빌 벅스턴Bill Buxton, 제니퍼 체이스Jennifer Chayes, 트레이시 맥밀런 코텀Tressie McMillan Cottom, 할 다우메Hal Daume, 제이드 데이비스Jade Davis, 페르난도 디아스Fernando Diaz, 케빈 드리스콜Kevin Driscoll, 미로 듀디크Miro Dudik, 수전 듀메이스Susan Dumais, 메건 핀Megan Finn, 팀닛 게브루Timnit Gebru, 탈턴 길레스피Tarleton Gillespie, 메리 L. 그레이Mary L. Gray, 댄 그린Dan Greene, 캐럴라인 잭Caroline Jack, 애덤 칼라이Adam Kalai, 테로 카르피Tero Karppi, 오스 키예스Os Keyes, 아이리 람피넨Airi Lampinen, 제사 링걸Jessa Lingel, 소니아 리빙스턴Sonia Livingstone, 마이클 머데이오Michael Madaio, 앨리스 마윅Alice Marwick, J. 네이선 마티아스J. Nathan Matias, 조시 맥베이 슐츠Josh McVeigh-Schultz, 안드레스 몬로이 에르난데스Andrés Monroy-Hernández, 딜런 멀빈Dylan Mulvin, 로라 노렌Laura Norén, 알렉산드라 올테아누Alexandra Olteanu, 에런 플라세크Aaron Plasek, 닉 시버Nick Seaver, 에런 샤피로Aaron Shapiro, 루크 스타크Luke Stark, 레이나 슈워츠Lana Swartz, TL 테일러TL Taylor, 젠 워트먼 보

건Jenn Wortman Vaughan, 해나 월러크Hanna Wallach, 글렌 와일Glen Weyl에게 감사한다. 이들은 내가 배움을 청할 수 있는 그 누구보다 찬란하게 빛나는 연구자였다.

특히 알레한드로 칼카뇨 베르토렐리Alejandro Calcaño Bertorelli, 앨릭스 버츠백Alex Butzbach, 로엘 도베Roel Dobbe, 시어도라 드라이어Theodora Dryer, 주느비에브 프리드Genevieve Fried, 케이시 골런Casey Gollan, 벤 그린Ben Green, 조앤 그린바움Joan Greenbaum, 암바 카크Amba Kak, 엘리자베스 카지우나스Elizabeth Kaziunas, 바룬 마투르Varoon Mathur, 에린 매켈로이Erin McElroy, 안드레아 닐 산체스Andrea Nill Sánchez, 머라이어 피블스Mariah Peebles, 데브 라지Deb Raji, 조이 리시 란킨Joy Lisi Rankin, 누푸르 라발Noopur Raval, 딜런 라이스먼Dillon Reisman, 라시다 리처드슨Rashida Richardson, 줄리아 블로크 티바우드Julia Bloch Thibaud, 난티나 브곤차스Nantina Vgontzas, 세라 마이어스 웨스트Sarah Myers West, 메러디스 휘태커Meredith Whittaker를 비롯하여 뉴욕 대학교 AI 나우 연구소의 설립에 참여한 모든 사람에게 감사한다.

케이시 올버리Kath Albury, 마크 안드레예비치Mark Andrejevic, 주느비에브 벨Genevieve Bell, 진 버제스Jean Burgess, 크리스 체셔Chris Chesher, 앤 던Anne Dunn, 제라드 고긴Gerard Goggin, 멜리사 그레그Melissa Gregg, 라리사 요르트Larissa Hjorth, 카타리네 룸비Catharine Lumby, 엘스페스 프로빈Elspeth Probyn, 조 타키Jo Tacchi, 그레임 터너Graeme Turner를 비롯하여 맨 처음부터 나를 떠받쳐준 오스트레일리아의 뛰어난 연구자들에게 늘 감사한다. 길은 멀지만 언제나 집으로 다시 이어진다.

이 책은 오랫동안 여러 연구 조수, 검토자, 자료 관리자들에게 큰 도움을 받았다. 다들 자신의 분야에서 대단한 연구자이다. 나로 하여금 더 열심히 생각하고 출처를 추적하고 자료에 접근하고 미주를 마무리하게 해준 샐리 콜링스Sally Collings, 세라 하미드Sarah Hamid, 레베카 호프먼Rebecca Hoffman, 캐런 리덜랜드Caren Litherland, 케이트 밀트너Kate Miltner, 레아 세인트 레이먼드Léa Saint-Raymond, 키런 새뮤얼Kiran Samuel에게 감사한다. 무엇보다 20세기 과학사에 조예가 깊은 앨릭스 캠폴로Alex Campolo에게 감사한다. 당신과 함께 일하는 건 제게 기쁨이에요. 엘모 키프Elmo Keep는 훌륭한 대화 상대였으며 조이 리시 란킨은 통찰력 넘치는 편집자였다. 여러 자료 관리자가 너그럽게 집필을 도왔지만 무엇보다 새뮤얼 모턴 두개골 자료실의 재닛 몽Janet Monge과 스노든 자료실의 헨리크 몰트케Henrik Moltke에게 감사한다.

조지프 칼라미아Joseph Calamia에게는 빚진 게 얼마나 많은지 모른다. 이 과제가 성공하리라 믿어주고 내가 수없이 많은 여행을 다니는 동안 인내심을 발휘해준 것에 감사한다. 이 책이 빛을 보게 해준 예일 대학교 출판부의 빌 프룩트Bill Frucht와 캐런 올슨Karen Olson에게도 감사한다.

나를 초청하고 집필 시간을 허락해준 기관들에 깊이 감사한다. 내가 AI·정의학과 초빙석좌교수를 지낸 파리의 고등사범학교, 리하르트 폰 바이츠제커 연구원을 지낸 베를린의 로베르트 보슈 아카데미, 미에구냐 초빙석좌교수를 지낸 멜버른 대학교에 감사한다. 이 기관들의 연구 공동체는 나를 환대했으며 이 책의 맥락을 넓혀주었다. 이 모든 것을 가능하게 해준 안 부브로Anne Bouverot, 타냐 페렐무터Tanya Perelmuter, 마크 메저드Mark Mezard, 폰다시온 아베오나Fondation Abeona, 샌드라 브레카Sandra Breka, 재니크 러스트Jannik Rust, 지니 패터슨Jeannie Paterson에게 감사한다.

나는 건축, 미술, 비판지리학, 전산학, 문화 연구, 법학, 미디어 연구, 철학, 과학·기술 연구 등의 분야를 아울러 10여 년간 학술 대회 발표, 전시, 강연을 통해 이 책의 개념들을 발전시켰다. 오스트레일리아 국립대학교, 캘리포니아 공과대학교, 컬럼비아 대학교, 세계 문화의 집Haus der Kulturen der Welt, MIT, 미국 국립과학원, 뉴욕 대학교, 런던 왕립학회, 스미스소니언 박물관, 뉴사우스웨일스 대학교, 예일 대학교, 고등사범학교, 그리고 NeurIPS, AoIR, ICML 같은 학술 대회의 청중은 내가 이 책을 집필하는 데 꼭 필요한 의견을 제시했다.

이 책의 여러 장에 나오는 일부 자료는 이전에 발표된 학술지 논문에서 발췌했으며 문맥에 맞게 적잖이 수정했다. 나와 함께한 모든 공저자와 학술지를 이 자리에 소개하고자 한다.

"Enchanted Determinism: Power without Responsibility in Artificial Intelligence," *Engaging Science, Technology, and Society* 6(2020): 1-19(앨릭스 캠폴로와 공저); "Excavating AI: The Politics of Images in Machine Learning Training Sets," *AI and Society* 2020(트레버 패글런과 공저); "Alexa, Tell Me about Your Mother: The History of the Secretary and the End of Secrecy," *Catalyst: Feminism, Theory, Technoscience* 6, no. 1(2020)(제사 링겔과 공저); "AI Systems as State Actors," *Columbia Law Review* 119(2019): 1941-72(제이슨 슐츠와 공저); "Halt the Use of Facial-Recognition Technology until It Is Regulated," *Nature* 572(2019): 565; "Dirty Data, Bad Predictions: How Civil Rights Violations Impact Police Data, Predictive Policing Systems, and Justice," *NYU Law Review Online* 94, no. 15(2019): 15-55(라시다 리처드슨 및 제이슨 슐츠와 공저); "Anatomy of an AI System: The Amazon Echo as an Anatomical Map of Human Labor, Data and Planetary Resources," *AI Now Institute* 및 *Share Lab*, 2018년 9월 7일(블라단 졸러와 공저); "Datasheets for Datasets," Proceedings of the Fifth Workshop on Fairness, Accountability, and Transparency in Machine Learning, Stockholm, 2018(팀닛 게브루, 제이미 모겐스턴, 브리아나 베키오네, 제니퍼 워트먼 보건, 해나 월러크, 할 다우메 3세와 공저); "The Problem with Bias: Allocative Versus Representational Harms in Machine Learning," SIGCIS Conference 2017(솔론 바로카스, 에런 샤피로, 해나 월러크와 공저); "Limitless Worker Surveillance," *California Law Review* 105, no. 3(2017): 735-76(이페오마 아준와 및 제이슨 슐츠와 공저); "Can an Algorithm Be Agonistic? Ten Scenes from Life in Calculated Publics," *Science, Technology and Human Values* 41(2016): 77-92; "Asking the Oracle," *Astro Noise*, ed. Laura Poitras(New Haven: Yale University Press, 2016), 128-41; "Seeing without Knowing: Limitations of the Transparency Ideal and Its Application to Algorithmic Accountability," *New Media and Society* 20, no. 3(2018): 973-89(마이크 애너니와 공저); "Where Are the

Human Subjects in Big Data Research? The Emerging Ethics Divide," *Big Data and Society* 3, no. 1(2016)(제이크 멧커프와 공저); "Exploring or Exploiting? Social and Ethical Implications of Autonomous Experimentation in AI," Workshop on Fairness, Accountability, and Transparency in Machine Learning(FAccT), 2016(세라 버드, 솔론 바로카스, 페르난도 디아스, 해나 월러크와 공저); "There Is a Blind Spot in AI Research," *Nature* 538(2016): 311-13(라이언 캘로와 공저); "Circuits of Labour: A Labour Theory of the iPhone Era," *TripleC: Communication, Capitalism and Critique*, 2014(잭 추 및 멜리사 그레그와 공저); "Big Data and Due Process: Toward a Framework to Redress Predictive Privacy Harms," *Boston College Law Review* 55, no. 1(2014)(제이슨 슐츠와 공저); "Critiquing Big Data: Politics, Ethics, Epistemology," *International Journal of Communications* 8(2014): 663-72(케이트 밀트너 및 메리 그레이와 공저).

다음과 같이, 논문 이외에도 AI 나우 연구소 연구진과 집필한 공동 보고서들이 이 책에 많은 영향을 주었다. *AI Now 2019 Report*, AI Now Institute, 2019(로엘 도베, 시어도러 드라이어, 주느비에브 프리드, 벤 그린, 암바 카크, 엘리자베스 카지우나스, 바룬 마투르, 에린 매켈로이, 안드레아 닐 산체스, 데버러 라지, 조이 리시 란킨, 라시다 리처드슨, 제이슨 슐츠, 세라 마이어스 웨스트, 메러디스 휘태커와 공저); "Discriminating Systems: Gender, Race and Power in AI," AI Now Institute, 2019(세라 마이어스 웨스트 및 메러디스 휘태커와 공저); *AI Now Report 2018*, AI Now Institute, 2018(메러디스 휘태커, 로엘 도베, 주느비에브 프리드, 엘리자베스 카지우나스, 바룬 마투르, 세라 마이어스 웨스트, 라시다 리처드슨, 제이슨 슐츠, 오스카 슈워츠와 공저); "Algorithmic Impact Assessments: A Practical Framework for Public Agency Accountability," AI Now Institute, 2018(딜런 라이스먼, 제이슨 슐츠, 메러디스 휘태커와 공저); *AI Now 2017 Report*, AI Now Institute, 2017(앨릭스 캠폴로, 매들린 산필리포, 메러디스 휘태커와 공저); *AI Now 2016 Report*, NYU Information Law Institute, 2016(매들린 클레어 엘리시, 솔론 바로카스, 에런 플라세크, 카디자 페리먼, 메러디스 휘태커와 공저).

마지막으로 사막 탐사에서 고고학 조사에 이르기까지 진짜 나침반이 되어준 트레버 패글런Trevor Paglen, 지도 제작의 동료로서 자신의 디자인으로 이 책과 내 사유를 빛내준 블라단 졸러, 내게 용기를 준 로라 포이트러스Laura Poitras, 디자이너의 식견을 가진 캐런 머피Karen Murphy, 내가 불을 통과하게 해준 에이드리언 홉스Adrian Hobbes와 에드웨나 소로스비Edwina Throsby, 모든 것을 더 낫게 만들어준 보 데일리Bo Daley, 그리고 우리 가족 마거릿Margaret, 제임스James, 주디스Judith, 클로디아Claudia, 클리프Cliff, 힐러리Hilary가 없었으면 이 책은 탄생하지 못했을 것이다. 내가 아끼는 지도 제작자 제이슨Jason과 엘리엇Elliott에게 언제까지나 감사한다.

기술의 문제가 아닌 정치의 문제

너무 당연해서 오히려 안 보이는 것들이 있다. 고성능 컴퓨터를 만들고 돌리려면 자원과 에너지가 많이 든다는 것, 인공지능이 나의 일을 대신하는 게 아니라 나를 대신하리라는 것, 내가 데이터 수집에 동의한 적이 없다면 그 데이터는 동의 없이 수집되었으리라는 것, 현실에 편견이 존재한다면 그 현실을 데이터로 학습한 인공지능에도 편견이 존재하리라는 것, 전 세계 사람들이 똑같은 방식으로 감정을 표현하진 않으리라는 것, 국민을 감시하는 수단이 존재한다면 국가는 그 수단을 손에 넣고 말리라는 것. 이 책을 다 읽고 나면 '어떻게 이걸 보지 못했을 수가 있지?' 하고 생각하게 된다.

2021년 1월 인공지능 챗봇 '이루다'가 서비스를 시작한 지 두 주 만에 운영을 전면 중단하는 사건이 일어났다. 이용자와 소통하는 과정에서 장애인, 성소수자에 대한 혐오 발언을 내뱉어 물의를 일으킨 것이다. 하지만 책에서 보듯 이 사태는 인공지능 분야에서 예외가 아니라 일상이다. 데이터 자체의 편견, 데이터를 분류하는 기준에 담긴 편견, 사회 전반에 퍼진 편견이 인공지능에도 스며들 수밖에 없기 때문이다. 이런 편견 때문에 인공지능 채용 시스템은 여성 구직자를 차별하고(155쪽) 얼굴 인식 소프트웨어는 흑인의 얼굴을 백인의 얼굴보다 부정적으로 인식하며(211쪽) 기계학습 시스템은 운전면허증 얼굴 사진에서 범죄 성향을 탐지하려고 시도하기도 한다(174쪽).

두개골로 인종의 우열을 따지던 우생학적 사고방식은 인공지능 얼굴 인식의 토대가 되었다. 범죄자의 프로필 사진인 머그샷은 본인의 동의 없이 연구용 데이터베이스가 되었으며 당사자는 그런 사실조차 알지 못했다. 한편 인공지능이 대상을 식별하려면 세상 만물을 분류해야 하는데, 이 과정에서 특정 범주가 배제되기도 하고(성적 소수자) 혐오의 대상으로 내몰리기도 한다(169쪽에 소개된 이미지넷의 '사람' 하위 범주인 콜걸, 재소자, 낙오자, 걸레, 루저 등). 테러범이나 적의 신원을 정확히 파악하지 않은 채 데이터만을 토대로 공격하는 '징후 타격'은 무고한 인명을 앗았다(240쪽). 우리는 전체주의적 시민 감시가 중국의 문제라고만 생각했지만, 서구에서는 국가의 의뢰를 받은 민간 업체가 똑같은 행동을 벌이고 있다(228쪽).

저자는 '인공지능은 인공적이지도 않고 지능도 아니다'(17쪽)라고 말한다. 체스 두는 자동인형으로 알려졌지만 실은 사람이 숨어 있던 기계(83쪽)의 이름과 아마존의 크라우드소싱 플랫폼(84쪽)의 이름이 둘 다 '메커니컬 터크'라는 사실은 의미심장하다. 인공지능은 기계 뒤에 있는 노동자의 존재를 감춰 그들의 발언권을 빼앗고 우리가 그들과 연대하지 못하게 한다. 한편 '서문'에 소개된 영리한 한스의 사례에서 사람들은 말에게 '지능'이 있는 줄 알았지만, 그것은 사실 질문자의 무의식적 힌트에 대한 반응에 불과했다. 이와 마찬가지로 인공지능의 추론 또한 전제에서 논리적으로 도출되는 '연역 추론'이 아니라 미확정적 가설인 '귀납 추론'(116쪽)이다. 게다가 우리는 인공지능이 어떤 과정을 거쳐 결론에 도달했는지 알지 못한다. 이용자와 개발자뿐 아니라 그 누구도, 인공지능 자신도 알지 못한다. 정부는 '이해하지 못하는 것에 대해서는 책임질 수 없다'(235쪽)라며 인공지능으로 인한 피해를 외면한다. 우리 사회에 엄청난 영향을 미칠 수 있는 판단과 조치가 그것에 대해 어떤 책임도 지지 않는 자들에 의해 좌우되는 것이다.

개인적 사례를 언급하자면, 인공지능의 응용 사례 중 눈에 띄는 것으로 기계 번역을 들 수 있다. 대규모 병렬 말뭉치(이를테면 한국어 문장과 그에 대응하는 영어 문장을 데이터베이스화한 것)를 이용하여 인공지능을 학습시키면 웬만한 문장은 인간 번역가 못지않게 훌륭히 번역할 수 있다(대부분의 기계 번역은 예전에 이미 번역되었던 문장을 조합하는 것이니 그럴 수밖에 없다). 하지만 기계 번역에서도 책임의 문제가 똑같이 제기된다. 인공지능은 자신이 어떻게 해서 그 번역을 도출했는지 설명하지 못하며 우리는 인공지능의 오역에 대해 책임을 물을 수 없다. 관광지에서 길을 묻는 간단한 대화라면 별문제 아닐지도 모르지만 거액의 계약이나 법적 공방이 결부된 사안에서 무책임한 번역자에게 번역을 맡길 수는 없을 것이다. 책임지지 않는 권력은 우리가 상상할 수 있는 가장 끔찍한 유토피아 중 하나일 것이다.

이 책에서는 인공지능 산업을 '추출 산업'으로 정의한다. 여기서 '추출'은 자원과 에너지의 추출(채굴)을 뜻하기도 하고 노동력과 데이터의 추출을 뜻하기도 한다. 이러한 인공지능의 토대(또는 과거사)를 알지 못하면 인공지능이 마치 무無에서 불쑥 생겨나 우리에게 혜택을 선사하는 서비스인 것처럼 착각할 수 있다. 하지만 인공지능은 무형의 서비스처럼 보이더라도 실제로는 지구에 막대한 피해를 입히며 노동의 질을 형편없이 떨어뜨린다. 인공지능의 실상을 자세히 들여다보면 사회의 여느 부문과 마찬가지로 권력이 작동하고 있음을 알 수 있다. '너무 당연해서 오히려 안 보이는 것'을 보고 나면 우리가 그동안 변죽을 치고 있었음을 알게 된다. 책임지지 않는 기술기업들에 우리의 현재와 미래를 맡길 순 없다. 인공지능을 기술의 영역에서 정치의 영역으로 끌어들이고 싶다면, 발언하고 투쟁하고 책임을 지우고 싶다면 이 책은 좋은 길잡이가 되어줄 것이다.

| 주 |

서문

1 Heyn, "Berlin's Wonderful Horse."
2 Pfungst, *Clever Hans*.
3 "'Clever Hans' Again."
4 Pfungst, *Clever Hans*.
5 Pfungst.
6 Lapuschkin et al., "Unmasking Clever Hans Predictors."
7 지능-무지, 감정-이성, 주인-노예의 이분법에 대해서는 철학자 밸 플럼우드Val Plumwood의 연구를 보라. Plumwood, "Politics of Reason."
8 Turing, "Computing Machinery and Intelligence"(한국어판은 『앨런 튜링, 지능에 관하여』, 에이치비프레스, 2019, 82쪽).
9 Von Neumann, *The Computer and the Brain*, 44. 이 접근법은 Dreyfus, *What Computers Can't Do*에서 심한 비판을 받았다.
10 Weizenbaum, "On the Impact of the Computer on Society," 612를 보라. 민스키는 사후에 소아 성애범이자 강간범 제프리 엡스타인과 관련된 중범죄 혐의를 받았다. 그는 엡스타인과 만나고 그의 섬 휴양지를 방문한 몇 명의 과학자 중 한 명이었다(그 섬에서는 미성년자 소녀들이 엡스타인 무리와 강제로 성행위를 해야 했다). 연구자 메러디스 브루사드Meredith Broussard의 말마따나 이것은 AI에서 고질병이 되어버린 광범위한 배제 문화의 일부였다. '민스키와 그의 동료들이 놀랍도록 창의적이기는 했지만 그들은 억만장자 소년 클럽으로서의 기술 문화를 공고화했다. 수학, 물리학, 그 밖의 '경성' 과학은 한 번도 여성과 유색인에게 호의적이지 않았다.' Broussard, *Artificial Unintelligence*, 174를 보라.
11 Weizenbaum, *Computer Power and Human Reason*, 202-3.
12 Greenberger, *Management and the Computer of the Future*, 315.

13 Dreyfus, *Alchemy and Artificial Intelligence*.

14 Dreyfus, *What Computers Can't Do*.

15 Ullman, *Life in Code*, 136–37(한국어판은 『코드와 살아가기』, 글항아리사이언스, 2020, 187쪽).

16 많은 예 중 하나로 Poggio et al., "Why and When Can Deep – but Not Shallow – Networks Avoid the Curse of Dimensionality"를 보라.

17 Gill, *Artificial Intelligence for Society*, 3에서 재인용.

18 Russell and Norvig, Artificial Intelligence, 30(한국어판은 『인공지능 1 : 현대적 접근방식』, 제이펍, 2016, 37쪽).

19 Daston, "Cloud Physiognomy."

20 Didi-Huberman, *Atlas*, 5.

21 Didi-Huberman, 11.

22 Franklin and Swenarchuk, *Ursula Franklin Reader*, Prelude.

23 데이터 식민지화 관행에 대한 설명으로는 "Colonized by Data"; Mbembé, *Critique of Black Reason*을 보라.

24 Fei-Fei Li. Gershgorn, "Data That Transformed AI Research"에서 재인용.

25 Russell and Norvig, *Artificial Intelligence*, 1(한국어판은 『인공지능 1 : 현대적 접근방식』, 제이펍, 2016, 1쪽).

26 Bledsoe. McCorduck, *Machines Who Think*, 136에서 재인용.

27 Mattern, *Code and Clay, Data and Dirt*, xxxiv–xxxv.

28 Ananny and Crawford, "Seeing without Knowing."

29 이 작업에 영감과 정보를 제공한 사람과 집단을 모두 언급하려면 어떤 명단도 부족할 것이다. 무엇보다 마이크로소프트 연구소의 페이트Fairness, Accountability, Transparency and Ethics, FATE와 소셜 미디어 컬렉티브, 뉴욕 대학교의 AI 나우 연구소, 고등사범학교의 'AI의 토대' 실무 그룹, 베를린 로베르트 보슈 아카데미의 리하르트 폰 바이츠제커 초빙 연구원들에게 감사한다.

30 Saville, "Towards Humble Geographies."

31 크라우드 노동자에 대해 더 알고 싶으면 Gray and Suri, *Ghost Work*(한국어판은 『고스트워크』, 한스미디어, 2019)와 Roberts, *Behind the Screen*을 보라.

32 Canales, *Tenth of a Second*.

33 Zuboff, *Age of Surveillance Capitalism*(한국어판은 『감시 자본주의 시대』, 문학사상, 2021).

34 Cetina, *Epistemic Cultures*, 3.

35 "Emotion Detection and Recognition(EDR) Market Size."

36 Nelson, Tu, and Hines, "Introduction," 5.

37 Danowski and de Castro, *Ends of the World*.

38 Franklin, *Real World of Technology*, 5.

1 Brechin, *Imperial San Francisco*.
2 Brechin, 29.
3 Agricola. Brechin, 25에서 재인용.
4 Brechin, 50에서 재인용.
5 Brechin, 69.
6 이를테면 Davies and Young, *Tales from the Dark Side of the City*와 "Grey Goldmine"을 보라.
7 샌프란시스코의 길거리 수준에서의 변화에 대해서는 Bloomfield, "History of the California Historical Society's New Mission Street Neighborhood"를 보라.
8 "Street Homelessness." "Counterpoints: An Atlas of Displacement and Resistance"도 보라.
9 Gee, "San Francisco or Mumbai?"
10 H. W. 터너H. W. Turner는 1909년 7월 실버 피크의 상세한 지질 조사 결과를 발표했다. 터너는 아름다운 산문으로 '크림색과 분홍색 응회암 비탈과 밝은 벽돌색의 작은 언덕' 안쪽의 지질학적 다양성을 찬미했다. Turner, "Contribution to the Geology of the Silver Peak Quadrangle, Nevada," 228.
11 Lambert, "Breakdown of Raw Materials in Tesla's Batteries and Possible Breaknecks."
12 Bullis, "Lithium-Ion Battery."
13 "Chinese Lithium Giant Agrees to Three-Year Pact to Supply Tesla."
14 Wald, "Tesla Is a Battery Business."
15 Scheyder, "Tesla Expects Global Shortage."
16 Wade, "Tesla's Electric Cars Aren't as Green."
17 Business Council for Sustainable Energy, "2019 Sustainable Energy in America Factbook." U. S. Energy Information Administration, "What Is U. S. Electricity Generation by Energy Source?"
18 Whittaker et al., *AI Now Report 2018*.
19 Parikka, *Geology of Media*, vii-viii; McLuhan, *Understanding Media*(한국어판은 『미디어의 이해』, 민음사, 2002).
20 Ely, "Life Expectancy of Electronics."
21 산드로 메차드라Sandro Mezzadra와 브렛 닐슨Brett Neilson은 현대 자본주의에서 벌어지는 여러 추출 활동의 관계를 '추출주의extractivism'라는 용어로 묘사한다. 우리는 이것을 AI 산업의 맥락에서 거듭 보게 될 것이다. Mezzadra and Neilson, "Multiple Frontiers of Extraction."

22 Nassar et al., "Evaluating the Mineral Commodity Supply Risk of the US Manufacturing Sector."

23 Mumford, *Technics and Civilization*, 74(한국어판은 『기술과 문명』, 책세상, 2013, 126쪽).

24 이를테면 Ayogu and Lewis, "Conflict Minerals"를 보라.

25 Burke, "Congo Violence Fuels Fears of Return to 90s Bloodbath."

26 "Congo's Bloody Coltan."

27 "Congo's Bloody Coltan."

28 "Transforming Intel's Supply Chain with Real-Time Analytics."

29 이를테면 70인의 연명連名으로 이른바 분쟁 무관 인증 과정의 한계를 비판한 공개 서한 "An Open Letter"를 보라.

30 "Responsible Minerals Policy and Due Diligence."

31 *The Elements of Power*(한국어판은 『희토류 전쟁』, 동아엠앤비, 2017)에서 데이비드 S. 에이브러햄David S. Abraham은 전 세계 전자 공급사슬의 희금속 거래인들의 보이지 않는 네트워크를 묘사한다. '광산으로부터 노트북에 이르는 희금속류 유통망은 거래업자, 가공업자, 그리고 부품 제조자로 짜인 어두침침한 네트워크이다. 거래업자들은 구매 및 판매를 넘어선 그 무엇을 하는 중개인이다. 그들은 정보를 조절하기도 하고, 실메트와 같은 제련업체와 노트북 부품을 제조하는 부품업체들 사이에서 연결고리 역할을 하기도 한다.'(135쪽)

32 "Responsible Minerals Sourcing."

33 Liu, "Chinese Mining Dump."

34 "Bayan Obo Deposit."

35 Maughan, "Dystopian Lake Filled by the World's Tech Lust."

36 Hird, "Waste, Landfills, and an Environmental Ethics of Vulnerability," 105.

37 Abraham, *Elements of Power*, 175(한국어판은 『희토류 전쟁』, 동아엠앤비, 2017, 249쪽).

38 Abraham, 176(한국어판은 『희토류 전쟁』, 동아엠앤비, 2017, 251쪽).

39 Simpson, "Deadly Tin Inside Your Smartphone."

40 Hodal, "Death Metal."

41 Hodal.

42 Tully, "Victorian Ecological Disaster."

43 Starosielski, *Undersea Network*, 34.

44 Couldry and Mejías, *Costs of Connection*, 46을 보라.

45 Couldry and Mejías, 574.

46 해저 케이블의 역사에 대한 빼어난 서술로는 Starosielski, *Undersea Network*를 보라.

47 Dryer, "Designing Certainty," 45.

48 Dryer, 46.

49 Dryer, 266-68.

50 이제 (AI 나우 연구자들을 비롯하여) 이 문제에 주목하는 사람이 늘어나고 있다. Dobbe and Whittaker, "AI and Climate Change"를 보라.

51 이 분야에 대한 초창기 연구의 예로는 Ensmenger, "Computation, Materiality, and the Global Environment"를 보라.

52 Hu, *Prehistory of the Cloud*, 146.

53 Jones, "How to Stop Data Centres from Gobbling Up the World's Electricity." 에너지 효율 관행 개선을 통해 이 문제들을 해소하는 방향으로 일부 진전이 있었지만 적잖은 장기적 과제도 여전히 남아 있다. Masanet et al., "Recalibrating Global Data Center Energy-Use Estimates."

54 Belkhir and Elmeligi, "Assessing ICT Global Emissions Footprint"; Andrae and Edler, "On Global Electricity Usage."

55 Strubell, Ganesh, and McCallum, "Energy and Policy Considerations for Deep Learning in NLP."

56 Strubell, Ganesh, and McCallum.

57 Sutton, "Bitter Lesson."

58 "AI and Compute."

59 Cook et al., *Clicking Clean*.

60 Ghaffary, "More Than 1,000 Google Employees Signed a Letter." "Apple Commits to Be 100 Percent Carbon Neutral"도 보라. Harrabin, "Google Says Its Carbon Footprint Is Now Zero"; Smith, "Microsoft Will Be Carbon Negative by 2030."

61 "Powering the Cloud."

62 "Powering the Cloud."

63 "Powering the Cloud."

64 Hogan, "Data Flows and Water Woes."

65 "Off Now."

66 Carlisle, "Shutting Off NSA's Water Gains Support."

67 물질성은 복잡한 개념이며, 과학기술사회학STS, 인류학, 미디어 연구 같은 분야에는 이 개념을 다루는 방대한 문헌이 있다. 어떤 의미에서 물질성은 리어 리브루가 '사물과 인공물을 특정 조건에서 일정한 목적에 유용하고 이용 가능하도록 하는 물리적 성격과 존재'로 묘사하는 것을 가리킨다. Lievrouw. Gillespie, Boczkowski, and Foot, *Media Technologies*, 25에서 재인용. 하지만 다이애나 쿨Diana Coole과 서맨사 프로스트Samantha Frost는 이렇게 주장한다. '물질성은 언제나 단순한 물질 이상의 무언가, 즉 물질을 능동적이고 자기 창조적이고 생산적이고 비생산적으로 만드는 과잉, 힘, 생기, 관계성, 차이다.' Coole and Frost,

New Materialisms, 9.

68 United Nations Conference on Trade and Development, *Review of Maritime Transport, 2017*.

69 George, *Ninety Percent of Everything*, 4.

70 Schlanger, "If Shipping Were a Country."

71 Vidal, "Health Risks of Shipping Pollution."

72 "Containers Lost at Sea – 2017 Update."

73 Adams, "Lost at Sea."

74 Mumford, *Myth of the Machine*(한국어판은 『기계의 신화 I』, 아카넷, 2013).

75 Labban, "Deterritorializing Extraction." 이 개념이 확장된 사례로는 Arboleda, *Planetary Mine*을 보라.

76 Ananny and Crawford, "Seeing without Knowing."

2 · 노동

1 Wilson, "Amazon and Target Race."

2 Lingel and Crawford, "Alexa, Tell Me about Your Mother."

3 Federici, *Wages against Housework*; Gregg, *Counterproductive*.

4 *The Utopia of Rules*에서 데이비드 그레이버David Graeber는 가장 전문적인 작업장에서 전문가 행정 관리 직원을 대체한 의사 결정 시스템에 데이터를 입력해야 하는 화이트칼라 노동자들이 겪는 상실감을 자세히 묘사한다(한국어판은 『관료제 유토피아』, 메디치미디어, 2016).

5 Smith, *Wealth of Nations*, 4-5(한국어판은 『국부론』, 비봉출판사, 2007, 7쪽).

6 Marx and Engels, *Marx-Engels Reader*, 479. 마르크스는 『자본론』 제1권에서 '부속물'로서의 노동자라는 개념을 확장한다. '매뉴팩처와 수공업에서는 노동자가 도구를 사용하지만, 공장에서는 기계가 노동자를 사용한다. 전자에서는 노동수단의 운동이 노동자로부터 출발하지만, 후자에서는 노동자가 노동수단의 운동을 뒤따라가야 한다. 매뉴팩처에서는 노동자들은 하나의 살아 있는 메커니즘의 구성원들이지만, 공장에서는 하나의 생명 없는 기구가 노동자로부터 독립해 존재하며 노동자는 그것의 단순한 살아 있는 부속물이 되어 있다.' Marx, *Das Kapital*, 548-49(한국어판은 『자본론 I(하)』, 비봉출판사, 2015, 570~571쪽).

7 Luxemburg, "Practical Economies," 444.

8 Thompson, "Time, Work-Discipline, and Industrial Capitalism."

9 Thompson, 88-90.

10 Werrett, "Potemkin and the Panopticon," 6.

11 이를테면 Cooper, "Portsmouth System of Manufacture"를 보라.

12 Foucault, *Discipline and Punish*(한국어판은 『감시와 처벌』, 나남, 2020); Horne and Maly, *Inspection House*.
13 Mirzoeff, *Right to Look*, 58.
14 Mirzoeff, 55.
15 Mirzoeff, 56.
16 Gray and Suri, *Ghost Work*(한국어판은 『고스트워크』, 한스미디어, 2019).
17 Irani, "Hidden Faces of Automation."
18 Yuan, "How Cheap Labor Drives China's A.I. Ambitions"; Gray and Suri, "Humans Working behind the AI Curtain."
19 Berg et al., *Digital Labour Platforms*.
20 Roberts, *Behind the Screen*; Gillespie, *Custodians of the Internet*, 111–40.
21 Silberman et al., "Responsible Research with Crowds."
22 Silberman et al.
23 Huet, "Humans Hiding behind the Chatbots."
24 Huet.
25 Sadowski, "Potemkin AI"를 보라.
26 Taylor, "Automation Charade."
27 Taylor.
28 Gray and Suri, *Ghost Work*(한국어판은 『고스트워크』, 한스미디어, 2019).
29 Standage, *Turk*, 23.
30 Standage, 23.
31 이를테면 Aytes, "Return of the Crowds," 80을 보라.
32 Irani, "Difference and Dependence among Digital Workers," 225.
33 Pontin, "Artificial Intelligence."
34 Menabrea and Lovelace, "Sketch of the Analytical Engine."
35 Babbage, *On the Economy of Machinery and Manufactures*, 39–43.
36 배비지는 품질 관리 절차에 흥미를 가졌으며 자신이 제작하는 계산 기관의 부품을 조달하기 위한 믿을 만한 공급 시설을 구축하려고 (헛되이) 노력한 것이 틀림없다.
37 Schaffer, "Babbage's Calculating Engines and the Factory System," 280.
38 Taylor, *People's Platform*, 42.
39 Katz and Krueger, "Rise and Nature of Alternative Work Arrangements."
40 Rehmann, "Taylorism and Fordism in the Stockyards," 26.
41 Braverman, *Labor and Monopoly Capital*, 56, 67; Specht, *Red Meat Republic*.
42 Taylor, *Principles of Scientific Management*(한국어판은 『과학적 관리법』, 21세기북스, 2010).

43 Marx, *Poverty of Philosophy*, 22(한국어판은 『경제학·철학 초고/자본론/공산당 선언/철학의 빈곤』, 동서문화사, 2008, 398쪽).
44 Qiu, Gregg, and Crawford, "Circuits of Labour"; *Qiu, Goodbye iSlave*.
45 Markoff, "Skilled Work, without the Worker."
46 Guendelsberger, *On the Clock*, 22.
47 Greenhouse, "McDonald's Workers File Wage Suits."
48 Greenhouse.
49 Mayhew and Quinlan, "Fordism in the Fast Food Industry."
50 Ajunwa, Crawford, and Schultz, "Limitless Worker Surveillance."
51 Mikel, "WeWork Just Made a Disturbing Acquisition."
52 Mahdawi, "Domino's 'Pizza Checker' Is Just the Beginning."
53 Wajcman, "How Silicon Valley Sets Time."
54 Wajcman, 1277.
55 Gora, Herzog, and Tripathi, "Clock Synchronization."
56 Eglash, "Broken Metaphor," 361.
57 Kemeny and Kurtz, "Dartmouth Timesharing," 223.
58 Eglash, "Broken Metaphor," 364.
59 Brewer, "Spanner, TrueTime."
60 Corbett et al., "Spanner," 14. House, "Synchronizing Uncertainty," 124에서 재인용.
61 Galison, *Einstein's Clocks, Poincaré's Maps*, 104(한국어판은 『아인슈타인의 시계, 푸앵카레의 지도』, 동아시아, 2017, 137쪽).
62 Galison, 112.
63 Colligan and Linley, "Media, Technology, and Literature," 246.
64 Carey, "Technology and Ideology."
65 Carey, 13.
66 이것은 제도와 기구가 정당성의 특정한 논리와 형태를 만들어내는 과정을 묘사한 푸코의 '권력의 미시물리학'과 대조된다. Foucault, *Discipline and Punish*, 26(한국어판은 『감시와 처벌』, 나남, 2020, 70쪽).
67 Spargo, *Syndicalism, Industrial Unionism, and Socialism*.
68 2019년 10월 8일 뉴저지 주 로빈스빌의 아마존 물류 센터 탐방에서 저자와 나눈 개인 대화.
69 Muse, "Organizing Tech."
70 Abdi Muse, 저자와의 개인 대화, 2019년 10월 2일.
71 Gurley, "60 Amazon Workers Walked Out."
72 Muse. *Organizing Tech*에서 재인용.
73 Desai. *Organizing Tech*에서 재인용.

74 Estreicher and Owens, "Labor Board Wrongly Rejects Employee Access to Company Email."

75 이 주장의 바탕은 다양한 노동 조직가, 기술 노동자, 그리고 애스트라 테일러Astra Taylor, 댄 그린Dan Greene, 보 데일리Bo Daley, 메러디스 휘태커Meredith Whittaker를 비롯한 연구자들과의 대화다.

76 Kerr, "Tech Workers Protest in SF."

3 · 데이터

1 National Institute of Standards and Technology(NIST), "Special Database 32-Multiple Encounter Dataset(MEDS)."

2 Russell, *Open Standards and the Digital Age*.

3 NIST(당시는 국립표준국National Bureau of Standards, NBS이었다) 연구원들은 1960년대 후반에 연방수사국 '자동 지문 식별 시스템Automated Fingerprint Identification System'의 첫 번째 버전을 제작하기 시작했다. Garris and Wilson, "NIST Biometrics Evaluations and Developments," 1을 보라.

4 Garris and Wilson, 1.

5 Garris and Wilson, 12.

6 Sekula, "Body and the Archive," 17.

7 Sekula, 18-19.

8 Sekula, 17.

9 이를테면 Grother et al., "2017 IARPA Face Recognition Prize Challenge(FRPC)"를 보라.

10 이를테면 Ever AI, "Ever AI Leads All US Companies"를 보라.

11 Founds et al., "NIST Special Database 32."

12 Curry et al., "NIST Special Database 32 Multiple Encounter Dataset I(MEDS-I)," 8.

13 이를테면 Jaton, "We Get the Algorithms of Our Ground Truths"를 보라.

14 Nilsson, *Quest for Artificial Intelligence*, 398.

15 "ImageNet Large Scale Visual Recognition Competition(ILSVRC)."

16 1970년대 후반에 리샤르트 미할스키Ryszard Michalski는 기호 변수와 논리 규칙에 기반을 둔 알고리즘을 제작했다. 이 언어는 1980년대와 1990년대에 인기를 끌었으나 의사 결정 및 평가 규칙이 복잡해지면서 쓸모가 줄어들었다. 이와 동시에 대규모 훈련 집합의 잠재력 때문에, 이 개념적 집단화 기법에서 현대의 기계 학습 접근법으로 변화가 일어났다. Michalski, "Pattern Recognition as Rule-Guided Inductive Inference."

17 Bush, "As We May Think."
18 Light, "When Computers Were Women"; Hicks, *Programmed Inequality*(한국어판은 『계획된 불평등』, 이김, 2019).
19 Russell and Norvig, *Artificial Intelligence*, 546의 서술(한국어판은 『인공지능 : 현대적 접근방식』, 제이펍, 2016).
20 Li, "Divination Engines," 143.
21 Li, 144.
22 Brown and Mercer, "Oh, Yes, Everything's Right on Schedule, Fred."
23 Lem, "First Sally(A), or Trurl's Electronic Bard," 199(한국어판은 『사이버리아드』, 오멜라스, 2008, 56쪽).
24 Lem, 199(한국어판은 『사이버리아드』, 오멜라스, 2008, 56쪽).
25 Brown and Mercer, "Oh, Yes, Everything's Right on Schedule, Fred."
26 Marcus, Marcinkiewicz, and Santorini, "Building a Large Annotated Corpus of English."
27 Klimt and Yang, "Enron Corpus."
28 Wood, Massey, and Brownell, "FERC Order Directing Release of Information," 12.
29 Heller, "What the Enron Emails Say about Us."
30 Baker et al., "Research Developments and Directions in Speech Recognition."
31 나는 이 간극을 메우는 초기 작업에 참여했다. 이를테면 Gebru et al., "Datasheets for Datasets"를 보라. 다른 연구자들도 AI 모형을 위해 이 문제를 해결하려고 노력했다. Mitchell et al., "Model Cards for Model Reporting"; Raji and Buolamwini, "Actionable Auditing"을 보라.
32 Phillips, Rauss, and Der, "FERET(Face Recognition Technology) Recognition Algorithm Development and Test Results," 9.
33 Phillips, Rauss, and Der, 61.
34 Phillips, Rauss, and Der, 12.
35 Aslam, "Facebook by the Numbers(2019)"; "Advertising on Twitter"를 보라
36 Fei-Fei Li. Gershgorn, "Data That Transformed AI Research"에서 재인용.
37 Deng et al., "ImageNet."
38 Gershgorn, "Data That Transformed AI Research."
39 Gershgorn.
40 Markoff, "Seeking a Better Way to Find Web Images."
41 Hernandez, "CU Colorado Springs Students Secretly Photographed."
42 Zhang et al., "Multi-Target, Multi-Camera Tracking by Hierarchical

Clustering."
43 Sheridan, "Duke Study Recorded Thousands of Students' Faces."
44 Harvey and LaPlace, "Brainwash Dataset."
45 Locker, "Microsoft, Duke, and Stanford Quietly Delete Databases."
46 Murgia and Harlow, "Who's Using Your Face?". 〈파이낸셜 타임스〉에서 이 데이터 집합의 내용을 폭로하자 마이크로소프트는 집합을 인터넷에서 삭제했다. 마이크로소프트 대변인은 삭제 이유를 '연구 과제가 종료되었기 때문'이라고만 밝혔다. Locker, "Microsoft, Duke, and Stanford Quietly Delete Databases."
47 Franceschi-Bicchierai, "Redditor Cracks Anonymous Data Trove."
48 Tockar, "Riding with the Stars."
49 Crawford and Schultz, "Big Data and Due Process."
50 Franceschi-Bicchierai, "Redditor Cracks Anonymous Data Trove."
51 Nilsson, *Quest for Artificial Intelligence*, 495.
52 제프리 바우커Geoffrey Bowker의 명언이 우리에게 상기시키듯 '원자료raw data는 모순 어법이자 나쁜 개념이다. 이와 반대로 데이터는 세심하게 요리해야 한다'. Bowker, *Memory Practices in the Sciences*, 184-85.
53 Fourcade and Healy, "Seeing Like a Market," 13, emphasis added.
54 Meyer and Jepperson, "'Actors' of Modern Society."
55 Gitelman, *"Raw Data" Is an Oxymoron*, 3.
56 많은 학자들이 이 은유의 역할을 자세히 들여다보았다. 미디어학 교수 코르넬리우스 푸슈만Cornelius Puschmann과 진 버제스Jean Burgess는 통상적인 데이터 은유를 분석하여 '통제해야 하는 자연력으로서의 데이터와 소비하는 자원으로서의 데이터'라는 두 가지의 포괄적 범주를 지목했다. Puschmann and Burgess, "Big Data, Big Questions," 초록. 연구자 팀 황Tim Hwang과 캐런 리비Karen Levy에 따르면 데이터를 '새로운 석유'로 묘사하는 것은 획득 비용이 비싸다는 함의를 담고 있지만 그와 더불어 '추출 수단을 가진 사람들에게는 큰 수익'의 가능성을 시사한다. Hwang and Levy, "'The Cloud' and Other Dangerous Metaphors."
57 Stark and Hoffmann, "Data Is the New What?"
58 미디어학자 닉 쿨드리Nick Couldry와 울리세스 메지아스Ulises Mejías는 이것을 '데이터 식민주의'라고 부른다. 이것은 식민주의의 역사적이고 약탈적인 관행에 기울어 있지만 현대 연산 방법에 접목되어 있(으며 이로 인해 모호해져 있)다. 하지만 다른 연구자들이 밝혔듯 이 용어는 양날의 칼이다. 식민주의의 실질적이고 진행 중인 피해를 가릴 수 있기 때문이다. Couldry and Mejías, "Data Colonialism"; Couldry and Mejías, *Costs of Connection*; Segura and Waisbord, "Between Data Capitalism and Data Citizenship."

59 두 사람이 이 형태의 자본주의를 '초자본ubercapital'이라고 부른다. Fourcade and Healy, "Seeing Like a Market," 19.

60 Sadowski, "When Data Is Capital," 8.

61 Sadowski, 9.

62 여기서 나는 인간 피험자 검토의 역사와 (제이크 멧커프Jake Metcalf와 공저한) 대규모 데이터 연구를 근거로 삼고 있다. Metcalf and Crawford, "Where Are Human Subjects in Big Data Research?"를 보라.

63 "Federal Policy for the Protection of Human Subjects."

64 Metcalf and Crawford, "Where Are Human Subjects in Big Data Research?"를 보라.

65 Seo et al., "Partially Generative Neural Networks." Jeffrey Brantingham, one of the authors, is also a co-founder of the controversial predictive policing company PredPol. Winston and Burrington, "A Pioneer in Predictive Policing"을 보라.

66 "CalGang Criminal Intelligence System."

67 Libby, "Scathing Audit Bolsters Critics' Fears."

68 Hutson, "Artificial Intelligence Could Identify Gang Crimes."

69 Hoffmann, "Data Violence and How Bad Engineering Choices Can Damage Society."

70 Weizenbaum, *Computer Power and Human Reason*, 266.

71 Weizenbaum, 275-76.

72 Weizenbaum, 276.

73 소외된 공동체로부터 데이터와 통찰을 추출한 역사에 대해서는 Costanza-Chock, *Design Justice*; D'Ignazio and Klein, *Data Feminism*을 보라.

74 Revell, "Google DeepMind's NHS Data Deal 'Failed to Comply.'"

75 "Royal Free-Google DeepMind Trial Failed to Comply."

4 · 분류

1 Fabian, Skull Collectors.

2 Gould, *Mismeasure of Man*, 83(한국어판은 『인간에 대한 오해』, 사회평론, 2003, 113쪽).

3 Kolbert, "There's No Scientific Basis for Race."

4 Keel, "Religion, Polygenism and the Early Science of Human Origins."

5 Thomas, *Skull Wars*.

6 Thomas, 85.

7 Kendi, "History of Race and Racism in America."

8 Gould, *Mismeasure of Man*, 88(한국어판은 『인간에 대한 오해』, 사회평론, 2003, 120쪽).
9 Mitchell, "Fault in His Seeds."
10 Horowitz, "Why Brain Size Doesn't Correlate with Intelligence."
11 Mitchell, "Fault in His Seeds."
12 Gould, *Mismeasure of Man*, 58(한국어판은 『인간에 대한 오해』, 사회평론, 2003, 73, 511쪽).
13 West, "Genealogy of Modern Racism," 91.
14 Bouche and Rivard, "America's Hidden History."
15 Bowker and Star, *Sorting Things Out*, 319(한국어판은 『사물의 분류』, 현실문화, 2005, 501쪽).
16 Bowker and Star, 319(한국어판은 『사물의 분류』, 현실문화, 2005, 502쪽).
17 Nedlund, "Apple Card Is Accused of Gender Bias"; Angwin et al., "Machine Bias"; Angwin et al., "Dozens of Companies Are Using Facebook to Exclude."
18 Dougherty, "Google Photos Mistakenly Labels Black People 'Gorillas'"; Perez, "Microsoft Silences Its New A. I. Bot Tay"; McMillan, "It's Not You, It's It"; Sloane, "Online Ads for High-Paying Jobs Are Targeting Men More Than Women."
19 Benjamin, *Race after Technology*; Noble, *Algorithms of Oppression*(한국어판은 『구글은 어떻게 여성을 차별하는가』, 한스미디어, 2019)을 보라.
20 Greene, "Science May Have Cured Biased AI"; Natarajan, "Amazon and NSF Collaborate to Accelerate Fairness in AI Research."
21 Dastin, "Amazon Scraps Secret AI Recruiting Tool."
22 Dastin.
23 이것은 채용 절차 자동화를 지향하는 더 큰 추세의 일부다. 자세한 설명은 Ajunwa and Greene, "Platforms at Work"를 보라.
24 연산에서의 불평등과 차별의 역사에 대해서는 빼어난 서술이 여럿 있다. 이 주제에 대해 내 생각에 영향을 미친 문헌으로는 *Hicks, Programmed Inequality*(『계획된 불평등』, 이김, 2019); McIlwain, *Black Software*; Light, "When Computers Were Women"; Ensmenger, *Computer Boys Take Over* 등이 있다.
25 Cetina, *Epistemic Cultures*, 3.
26 Merler et al., "Diversity in Faces."
27 Buolamwini and Gebru, "Gender Shades"; Raj et al. "Saving Face."
28 Merler et al., "Diversity in Faces."
29 "YFCC100M Core Dataset."
30 Merler et al., "Diversity in Faces," 1.
31 이 주제에 대해서는 훌륭한 책이 많지만 특히 Roberts, *Fatal Invention*, 18–41; Nelson, *Social Life of DNA*, 43을 보라. Tishkoff and Kidd, "Implications of

Biogeography"도 보라.

32 Browne, "Digital Epidermalization," 135.

33 Benthall and Haynes, "Racial Categories in Machine Learning."

34 Mitchell, "Need for Biases in Learning Generalizations."

35 Dietterich and Kong, "Machine Learning Bias, Statistical Bias."

36 Domingos, "Useful Things to Know about Machine Learning."

37 *Maddox v. State*, 32 Ga. 5S7, 79 Am. Dec. 307; *Pierson v. State*, 18 Tex. App. 55S; *Hinkle v. State*, 94 Ga. 595, 21 S. E. 601.

38 Tversky and Kahneman, "Judgment under Uncertainty."

39 Greenwald and Krieger, "Implicit Bias," 951.

40 Fellbaum, *WordNet*, xviii. 아래에서 나는 트레버 패글런Trevor Paglen이 진행한 이미지넷 연구를 근거로 삼는다. Crawford and Paglen, "Excavating AI"를 보라.

41 Fellbaum, xix.

42 Nelson and Kucera, *Brown Corpus Manual*.

43 Borges, "The Analytical Language of John Wilkins."

44 이것들은 2020년 10월 1일 현재 이미지넷에서 완전히 삭제된 범주들 중 일부다.

45 Keyes, "Misgendering Machines"를 보라.

46 Drescher, "Out of DSM."

47 Bayer, *Homosexuality and American Psychiatry*를 보라.

48 Keyes, "Misgendering Machines."

49 Hacking, "Making Up People," 23.

50 Bowker and Star, *Sorting Things Out*, 196(한국어판은 『사물의 분류』, 현실문화, 2005).

51 Lakoff, *Women, Fire, and Dangerous Things*에서 발췌했다.

52 이미지넷 룰렛은 미술가 트레버 패글런Trevor Paglen과 내가 여러 해 동안 수행한 공동 연구의 산물이었다. 우리는 AI의 여러 벤치마크 훈련 집합 이면의 논리를 연구했다. 이미지넷 룰렛은 패글런의 주도하에 리프 라이지Leif Ryge가 제작한 앱으로, 이를 통해 사람들은 이미지넷의 '사람' 범주를 통해 훈련되는 신경망과 소통할 수 있었다. 사람들은 자신의 사진, 또는 뉴스 사진이나 역사적 사진을 올려 이미지넷이 어떤 라벨을 붙이는지 볼 수 있었다. 얼마나 많은 라벨이 기이하고 인종차별적이고 여성 혐오적이고, 그 밖에도 문제의 소지가 있는지 알 수 있었다. 앱은 사람들에게 이 심란한 라벨을 보여주는 한편 잠재적 결과를 사전에 경고하도록 디자인되었다. 업로드된 이미지 데이터는 처리가 끝나는 즉시 모두 삭제되었다. Crawford and Paglen, "Excavating AI"를 보라.

53 Yang et al., "Towards Fairer Datasets," paragraph 4.2.

54 Yang et al., paragraph 4.3.

55 Markoff, "Seeking a Better Way to Find Web Images."

56 Browne, *Dark Matters*, 114.

57 Scheuerman et al., "How We've Taught Algorithms to See Identity."
58 UTKFace Large Scale Face Dataset, https://susanqq.github.io/UTKFace.
59 Bowker and Star, *Sorting Things Out*, 197(한국어판은 『사물의 분류』, 현실문화, 2005, 314쪽).
60 Bowker and Star, 198(한국어판은 『사물의 분류』, 현실문화, 2005, 316~317쪽).
61 Edwards and Hecht, "History and the Technopolitics of Identity," 627.
62 Haraway, *Modest_Witness@Second_Millennium*, 234(한국어판은 『겸손한_목격자@제2의_천년.여성인간©앙코마우스™를_만나다』, 갈무리, 2007, 439~440쪽).
63 Stark, "Facial Recognition Is the Plutonium of AI," 53.
64 사례를 참고하려면 Wang and Kosinski, "Deep Neural Networks Are More Accurate than Humans"; Wu and Zhang, "Automated Inference on Criminality Using Face Images"; Angwin et al., "Machine Bias"를 보라.
65 Agüera y Arcas, Mitchell, and Todorov, "Physiognomy's New Clothes."
66 Nielsen, *Disability History of the United States*(한국어판은 『장애의 역사』, 동아시아, 2020); Kafer, *Feminist, Queer, Crip*; Siebers, *Disability Theory*(한국어판은 『장애 이론』, 학지사, 2019).
67 Whittaker et al., "Disability, Bias, and AI."
68 Hacking, "Kinds of People," 289.
69 Bowker and Star, *Sorting Things Out*, 31(한국어판은 『사물의 분류』, 현실문화, 2005, 65쪽).
70 Bowker and Star, 6(한국어판은 『사물의 분류』, 현실문화, 2005, 29쪽).
71 Eco, Infinity of Lists(한국어판은 『궁극의 리스트』, 열린책들, 2010).
72 Douglass, "West India Emancipation."

5 · 감정

1 나의 연구 조수이자 이번 장을 위한 대화 상대가 되어주었으며 에크먼과 감정의 역사에 대한 연구 결과를 공유해준 앨릭스 캠폴로Alex Campolo에게 감사한다.
2 "Emotion Detection and Recognition"; Schwartz, "Don't Look Now."
3 Ohtake, "Psychologist Paul Ekman Delights at Exploratorium."
4 Ekman, *Emotions Revealed*, 7(한국어판은 『표정의 심리학』, 바다출판사, 2020, 28쪽. 한국어판에서는 '그것은 매우 어려운 일이었다'라고 번역).
5 감정 표현이 보편적이며 AI로 예측할 수 있다는 주장의 오류를 찾아낸 연구자들에 대한 개요는 Heaven, "Why Faces Don't Always Tell the Truth"를 보라.
6 Barrett et al., "Emotional Expressions Reconsidered."
7 Nilsson, "How AI Helps Recruiters."

8 Sánchez-Monedero and Dencik, "Datafication of the Workplace," 48; Harwell, "Face-Scanning Algorithm."
9 Byford, "Apple Buys Emotient."
10 Molnar, Robbins, and Pierson, "Cutting Edge."
11 Picard, "Affective Computing Group."
12 "Affectiva Human Perception AI Analyzes Complex Human States."
13 Schwartz, "Don't Look Now."
14 이를테면 Nilsson, "How AI Helps Recruiters"를 보라.
15 "Face: An AI Service That Analyzes Faces in Images."
16 "Amazon Rekognition Improves Face Analysis"; "Amazon Rekognition – Video and Image."
17 Barrett et al., "Emotional Expressions Reconsidered," 1.
18 Sedgwick, Frank, and Alexander, *Shame and Its Sisters*, 258.
19 Tomkins, *Affect Imagery Consciousness*.
20 Tomkins.
21 Leys, *Ascent of Affect*, 18.
22 Tomkins, *Affect Imagery Consciousness*, 23.
23 Tomkins, 23.
24 Tomkins, 23.
25 루스 리스Ruth Leys가 보기에 이 '감정과 인지의 극단적 분리'는 이것이 인문학 이론가들에게 매력적인 주된 이유다. 특히 이브 코소프스키 세지윅Eve Kosofsky Sedgwick은 오류나 혼란의 경험이 새로운 형태의 자유로 재평가되도록 하고 싶어 한다. Leys, *Ascent of Affect*, 35; Sedgwick, *Touching Feeling*.
26 Tomkins, *Affect Imagery Consciousness*, 204.
27 Tomkins, 206; Darwin, *Expression of the Emotions*(한국어판은 『인간과 동물의 감정 표현』, 사이언스북스, 2020); Duchenne (de Boulogne), *Mécanisme de la physionomie humaine*.
28 Tomkins, 243. Leys, *Ascent of Affect*, 32에서 재인용.
29 Tomkins, *Affect Imagery Consciousness*, 216.
30 Ekman, *Nonverbal Messages*, 45.
31 Tuschling, "Age of Affective Computing," 186.
32 Ekman, *Nonverbal Messages*, 45.
33 Ekman, 46.
34 Ekman, 46.
35 Ekman, 46.
36 Ekman, 46.
37 Ekman, 46.

38 Ekman and Rosenberg, *What the Face Reveals*, 375.
39 Tomkins and McCarter, "What and Where Are the Primary Affects?"
40 Russell, "Is There Universal Recognition of Emotion from Facial Expression?", 116.
41 Leys, *Ascent of Affect*, 93.
42 Ekman and Rosenberg, *What the Face Reveals*, 377.
43 Ekman, Sorenson, and Friesen, "Pan-Cultural Elements in Facial Displays of Emotion," 86, 87.
44 Ekman and Friesen, "Constants across Cultures in the Face and Emotion," 128.
45 Aristotle, *Categories*, 70b8-13, 527.('Prior Analytics'의 오기로 보인다 - 옮긴이)
46 Aristotle, 805a, 27-30, 87.
47 이 작품이 오명을 뒤집어쓰기 전까지 미친 영향은 아무리 강조해도 지나치지 않다. 1810년이 되었을 때 독일어판 열여섯 종과 영어판 스무 종이 출간되어 있었다. Graham, "Lavater's Physiognomy in England," 561.
48 Gray, *About Face*, 342.
49 Courtine and Haroche, *Histoire du visage*, 132.
50 Ekman, "Duchenne and Facial Expression of Emotion."
51 Duchenne (de Boulogne), *Mécanisme de la physionomie humaine*.
52 Clarac, Massion, and Smith, "Duchenne, Charcot and Babinski," 362-63.
53 Delaporte, *Anatomy of the Passions*, 33.
54 Delaporte, 48-51.
55 Daston and Galison, *Objectivity*.
56 Darwin, *Expression of the Emotions in Man and Animals*, 12, 307(한국어판은 『인간과 동물의 감정 표현』, 사이언스북스, 2020, 47쪽).
57 Leys, *Ascent of Affect*, 85; Russell, "Universal Recognition of Emotion," 114.
58 Ekman and Friesen, "Nonverbal Leakage and Clues to Deception," 93.
59 Pontin, "Lie Detection."
60 Ekman and Friesen, "Nonverbal Leakage and Clues to Deception," 94. 에크먼과 프리즌은 각주에서 이렇게 설명했다. '우리의 연구와 시각 인식의 신경생리적 증거는 영화 프레임만큼 짧은(50분의 1초) 미세 표정이 감지될 수 있음을 강력히 시사한다. 이 미세 표정이 일반적으로 보이지 않는다는 사실은 주의를 흐트러뜨리는 다른 표정에 포함된다는 사실, 드문 빈도, 빠른 표정을 무시하는 학습된 지각 습관 때문임이 틀림없다.'
61 Ekman, Sorenson, and Friesen, "Pan-Cultural Elements in Facial Displays of Emotion," 87.

62 Ekman, Friesen, and Tomkins, "Facial Affect Scoring Technique," 40.
63 Ekman, *Nonverbal Messages*, 97.
64 Ekman, 102.
65 Ekman and Rosenberg, *What the Face Reveals*.
66 Ekman, *Nonverbal Messages*, 105.
67 Ekman, 169.
68 Eckman, 106; Aleksander, *Artificial Vision for Robots*.
69 "Magic from Invention."
70 Bledsoe, "Model Method in Facial Recognition."
71 Molnar, Robbins, and Pierson, "Cutting Edge."
72 Kanade, *Computer Recognition of Human Faces*.
73 Kanade, 16.
74 Kanade, Cohn, and Tian, "Comprehensive Database for Facial Expression Analysis," 6.
75 Kanade, Cohn, and Tian; Lyons et al., "Coding Facial Expressions with Gabor Wavelets"; Goeleven et al., "Karolinska Directed Emotional Faces"를 보라.
76 Lucey et al., "Extended Cohn-Kanade Dataset(CK+)."
77 McDuff et al., "Affectiva-MIT Facial Expression Dataset(AM-FED)."
78 McDuff et al.
79 Ekman and Friesen, *Facial Action Coding System(FACS)*.
80 Foreman, "Conversation with: Paul Ekman"; Taylor, "2009 Time 100"; Paul Ekman Group.
81 Weinberger, "Airport Security," 413.
82 Halsey, "House Member Questions $900 Million TSA 'SPOT' Screening Program."
83 Ekman, "Life's Pursuit"; Ekman, *Nonverbal Messages*, 79-81.
84 Mead, "Review of *Darwin and Facial Expression*," 209.
85 Tomkins, *Affect Imagery Consciousness*, 216.
86 Mead, "Review of *Darwin and Facial Expression*," 212. Fridlund, "Behavioral Ecology View of Facial Displays"도 보라. 에크먼은 나중에 미드의 요점 중 상당수에 동의했다. Ekman, "Argument for Basic Emotions"; Ekman, *Emotions Revealed*(한국어판은 『표정의 심리학』, 바다출판사, 2020); Ekman, "What Scientists Who Study Emotion Agree About"을 보라. 에크먼을 옹호하는 사람들도 있었다. Cowen et al., "Mapping the Passions"; Elfenbein and Ambady, "Universality and Cultural Specificity of Emotion Recognition"을 보라.

87 Fernández-Dols and Russell, *Science of Facial Expression*, 4.

88 Gendron and Barrett, *Facing the Past*, 30.

89 Vincent, "AI 'Emotion Recognition' Can't Be Trusted." 장애 연구자들은 생물학과 신체의 작동 방식에 대한 가정들도 (특히 기술을 통해 자동화될 경우) 편향에 대한 우려를 일으킬 수 있다고 지적했다. Whittaker et al., "Disability, Bias, and AI"를 보라.

90 Izard, "Many Meanings/Aspects of Emotion."

91 Leys, *Ascent of Affect*, 22.

92 Leys, 92.

93 Leys, 94.

94 Leys, 94.

95 Barrett, "Are Emotions Natural Kinds?", 28.

96 Barrett, 30.

97 이를테면 Barrett et al., "Emotional Expressions Reconsidered"를 보라.

98 Barrett et al., 40.

99 Kappas, "Smile When You Read This," 39, 강조는 저자.

100 Kappas, 40.

101 Barrett et al., 46.

102 Barrett et al., 47-48.

103 Barrett et al., 47, 강조는 저자.

104 Apelbaum, "One Thousand and One Nights."

105 이를테면 Hoft, "Facial, Speech and Virtual Polygraph Analysis"를 보라.

106 Rhue, "Racial Influence on Automated Perceptions of Emotions."

107 Barrett et al., "Emotional Expressions Reconsidered," 48.

108 이를테면 Connor, "Chinese School Uses Facial Recognition"; Du and Maki, "AI Cameras That Can Spot Shoplifters"를 보라.

6 · 국가

1 'NOFORN'은 'Not Releasable to Foreign Nationals'의 약자다. "Use of the 'Not Releasable to Foreign Nationals'(NOFORN) Caveat."

2 파이브 아이스는 오스트레일리아, 캐나다, 뉴질랜드, 영국, 미국으로 이루어진 국제적 정보 연합체다. "Five Eyes Intelligence Oversight and Review Council."

3 Galison, "Removing Knowledge," 229.

4 Risen and Poitras, "N. S. A. Report Outlined Goals for More Power";

Müller-Maguhn et al., "The NSA Breach of Telekom and Other German Firms."

5 폭스애시드는 국가안보국의 사이버 전쟁 정보 수집 부서인 '맞춤형 접근 작전실 Office of Tailored Access Operations'(현재는 '컴퓨터 네트워크 작전실Computer Network Operations')에서 개발한 소프트웨어다.

6 Schneier, "Attacking Tor." 문서는 "NSA Phishing Tactics and Man in the Middle Attacks"에서 입수 가능.

7 Swinhoe, "What Is Spear Phishing?"

8 "Strategy for Surveillance Powers."

9 Edwards, *Closed World*.

10 Edwards.

11 Edwards, 198.

12 Mbembé, *Necropolitics*, 82.

13 Bratton, *Stack*, 151.

14 미국 인터넷의 역사에 대한 탁월한 서술로는 Abbate, *Inventing the Internet*을 보라.

15 SHARE Foundation, "Serbian Government Is Implementing Unlawful Video Surveillance."

16 Department of International Cooperation Ministry of Science and Technology, "Next Generation Artificial Intelligence Development Plan."

17 Chun, *Control and Freedom*; Hu, *Prehistory of the Cloud*, 87-88.

18 Cave and ÓhÉigeartaigh, "AI Race for Strategic Advantage."

19 Markoff, "Pentagon Turns to Silicon Valley for Edge."

20 Brown, *Department of Defense Annual Report*.

21 Martinage, "Toward a New Offset Strategy," 5-16.

22 Carter, "Remarks on 'the Path to an Innovative Future for Defense'"; Pellerin, "Deputy Secretary."

23 미국의 군사적 상쇄 전략의 시초는 1952년 12월로 거슬러 올라간다. 당시 소련의 재래식 군사 부문은 미국의 열 배에 가까웠다. 드와이트 아이젠하워 대통령은 이 불균형을 '상쇄'하는 방안으로 핵 억지력에 눈을 돌렸다. 상쇄 전략은 미국 핵전력의 보복 능력 위협뿐 아니라 미국 무기 보유고의 확장 가속화를 비롯하여 장거리 제트 폭격기 개발, 수소폭탄 개발, 최종적으로 대륙간탄도유도탄 개발까지 동원했다. 첩보, 사보타주, 비밀 작전에 대한 의존도도 증가했다. 1970년대와 1980년대에 미국의 군사 전략은 분석과 병참에 대한 연산 능력 발전에 의존했는데, 그 바탕은 군사적 우위를 추구하는 로버트 맥나마라Robert McNamara 같은 군사 기획가들의 영향력이었다. 이 제2차 상쇄 전략은 1991년 걸프전 당시 '사막의 폭풍 작전' 같은 군사 작전에서 볼 수 있다. 이런 작전에서 정찰, 적 방어 진압,

정밀유도무기는 미국의 전쟁 방식뿐 아니라 전쟁에 대한 생각과 발언까지도 좌우했다. 하지만 러시아와 중국이 이 능력을 채택하여 전쟁용 디지털 네트워크를 전개하기 시작하자 새로운 전략적 이점을 재확립해야 하리라는 우려가 커졌다. McNamara and Blight, *Wilson's Ghost*를 보라.

24 Pellerin, "Deputy Secretary."

25 Gellman and Poitras, "U. S., British Intelligence Mining Data."

26 Deputy Secretary of Defense to Secretaries of the Military Departments et al.

27 Deputy Secretary of Defense to Secretaries of the Military Departments et al.

28 Michel, *Eyes in the Sky*, 134.

29 Michel, 135.

30 Cameron and Conger, "Google Is Helping the Pentagon Build AI for Drones."

31 이를테면 Gebru et al., "Fine-Grained Car Detection for Visual Census Estimation"을 보라.

32 Fang, "Leaked Emails Show Google Expected Lucrative Military Drone AI Work."

33 Bergen, "Pentagon Drone Program Is Using Google AI."

34 Shane and Wakabayashi, "'Business of War.'"

35 Smith, "Technology and the US Military."

36 제다이 계약이 결국 마이크로소프트에 돌아가자 마이크로소프트 사장 브래드 스미스Brad Smith는 마이크로소프트가 계약을 따낸 이유를 '이것을 판매 기회뿐 아니라 실은 매우 대규모의 엔지니어링 사업으로 보았기 때문'이라고 설명했다. Stewart and Carlson, "President of Microsoft Says It Took Its Bid."

37 Pichai, "AI at Google."

38 Pichai. 이후 메이븐 계획은 오큘러스 리프트Oculus Rift의 파머 러키Palmer Luckey가 설립한 비밀스러운 기술 스타트업 안두릴 인더스트리스Anduril Industries에 돌아갔다. Fang, "Defense Tech Startup."

39 Whittaker et al., *AI Now Report 2018*.

40 Schmidt. Scharre et al., "Eric Schmidt Keynote Address"에서 재인용.

41 서치먼은 이렇게 말한다. "전쟁법에 따르면 '사람을 정확하게 죽이'려면 구별의 원칙Principle of Distinction과 임박한 위협의 식별을 준수해야 한다." Suchman, "Algorithmic Warfare and the Reinvention of Accuracy," n. 18.

42 Suchman.

43 Suchman.

44 Hagendorff, "Ethics of AI Ethics."

45 Brustein and Bergen, "Google Wants to Do Business with the Military."

46 지자체가 알고리즘 플랫폼의 위험을 더 세심하게 평가해야 하는 자세한 이유로는 Green, *Smart Enough City*를 보라.

47 Thiel, "Good for Google, Bad for America."

48 Steinberger, "Does Palantir See Too Much?"

49 Weigel, "Palantir goes to the Frankfurt School."

50 Dilanian, "US Special Operations Forces Are Clamoring to Use Software."

51 "War against Immigrants."

52 Alden, "Inside Palantir, Silicon Valley's Most Secretive Company."

53 Alden, "Inside Palantir, Silicon Valley's Most Secretive Company."

54 Waldman, Chapman, and Robertson, "Palantir Knows Everything about You."

55 Joseph, "Data Company Directly Powers Immigration Raids in Workplace"; Anzilotti, "Emails Show That ICE Uses Palantir Technology to Detain Undocumented Immigrants."

56 Andrew Ferguson, 저자와의 대화, 2019년 6월 21일.

57 Brayne, "Big Data Surveillance." 브레인은 테리 대 오하이오Terry v. Ohio와 렌 대 미국Whren v. United States 같은 소송에서의 법원 판결로 경찰 기관이 있음직한 원인을 쉽게 에두를 수 있게 되었으며 단속 핑계 수색pretext stop(사소한 교통 법규 위반을 구실 삼아 지나가는 차를 세운 다음 차 안을 수색하여 총기나 마약을 찾아내는 것 - 옮긴이)이 급증한 것으로 보건대 경찰 업무에서 정보 업무로의 이전이 예측 분석으로의 전환보다도 먼저 일어났다고 지적한다.

58 Richardson, Schultz, and Crawford, "Dirty Data, Bad Predictions."

59 Brayne, "Big Data Surveillance," 997.

60 Brayne, 997.

61 이를테면 French and Browne, "Surveillance as Social Regulation"을 보라.

62 Crawford and Schultz, "AI Systems as State Actors."

63 Cohen, *Between Truth and Power*; Calo and Citron, "Automated Administrative State."

64 "Vigilant Solutions"; Maass and Lipton, "What We Learned."

65 Newman, "Internal Docs Show How ICE Gets Surveillance Help."

66 England, "UK Police's Facial Recognition System."

67 Scott, *Seeing Like a State*(한국어판은 『국가처럼 보기』, 에코리브르, 2010).

68 Haskins, "How Ring Transmits Fear to American Suburbs."

69 Haskins, "Amazon's Home Security Company."

70 Haskins.

71 Haskins, "Amazon Requires Police to Shill Surveillance Cameras."

72 Haskins, "Amazon Is Coaching Cops."

73 Haskins.

74 Haskins.

75 Hu, *Prehistory of the Cloud*, 115.

76 Hu, 115.

77 Benson, "'Kill 'Em and Sort It Out Later,'" 17.

78 Hajjar, "Lawfare and Armed Conflicts," 70.

79 Scahill and Greenwald, "NSA's Secret Role in the U. S. Assassination Program."

80 Cole, "'We Kill People Based on Metadata.'"

81 Priest, "NSA Growth Fueled by Need to Target Terrorists."

82 Gibson. Ackerman, "41 Men Targeted but 1,147 People Killed"에서 재인용.

83 Tucker, "Refugee or Terrorist?"

84 Tucker.

85 O'Neil, *Weapons of Math Destruction*, 288-326(한국어판은 『대량살상 수학무기』, 흐름출판, 2017).

86 Fourcade and Healy, "Seeing Like a Market."

87 Eubanks, *Automating Inequality*(한국어판은 『자동화된 불평등』, 북트리거, 2018).

88 Richardson, Schultz, and Southerland, "Litigating Algorithms," 19.

89 Richardson, Schultz, and Southerland, 23.

90 Agre, *Computation and Human Experience*, 240.

91 Bratton, *Stack*, 140.

92 Hu, *Prehistory of the Cloud*, 89.

93 Nakashima and Warrick, "For NSA Chief, Terrorist Threat Drives Passion."

94 Document available at Maass, "Summit Fever."

95 스노든 자료실의 미래는 불확실하다. 스노든 자료에 대한 보도로 퓰리처 상을 공동 수상한 뒤 글렌 그린월드Glenn Greenwald가 로라 포이트러스Laura Poitras, 제러미 스케이힐Jeremy Scahill과 함께 설립한 언론 매체 〈인터셉트Intercept〉는 2019년 3월, 앞으로는 스노든 자료실을 후원하지 않겠다고 발표했다. Tani, "Intercept Shuts Down Access to Snowden Trove."

맺음말 · 권력

1 Silver et al., "Mastering the Game of Go without Human Knowledge."

2 Silver et al., 357.

3 Artificial Intelligence Channel에서의 대담 전체 영상 : *Demis Hassabis, DeepMind–Learning from First Principles*. Knight, "Alpha Zero's 'Alien' Chess Shows the Power"도 보라.

4 *Demis Hassabis, DeepMind–Learning from First Principles*.

5 AI에서의 '마법' 신화에 대한 자세한 내용은 Elish and boyd, "Situating Methods in the Magic of Big Data and AI"를 보라.

6 메러디스 브루사드Meredith Broussard는 게임 수행과 지능의 동일시에 위험성이 따른다고 지적했다. 그녀는 프로그래머 조지 V. 네빌 닐George V. Neville-Neil을 인용한다. '인간 대 컴퓨터 체스 시합이 50년 가까이 벌어지고 있지만, 이것이 이 컴퓨터들 중 어느 것에든 지능이 있다는 뜻일까? 아니, 그렇지 않다. 여기에는 두 가지 이유가 있다. 첫 번째 이유는 체스가 지능에 대한 테스트가 아니라는 것이다. 체스는 특정 기술, 즉 체스를 두는 기술에 대한 테스트다. 내가 체스에서 그랜드마스터를 이길 수 있으면서도 식탁에서 당신에게 소금을 건넬 수 없다면 내게는 지능이 있을까? 두 번째 이유는 체스가 지능 테스트라는 생각이 잘못된 문화적 가정에 근거한다는 것이다. 그것은 뛰어난 체스 선수가 뛰어난 정신의 소유자이고 다른 사람들보다 재능이 많다는 가정이다. 물론 지능이 뛰어난 사람들 중 상당수가 체스에서 두각을 나타내긴 하지만, 여느 기술과 마찬가지로 체스 또한 지능을 의미하지는 않는다.' Broussard, *Artificial Unintelligence*, 206.

7 Galison, "Ontology of the Enemy."

8 Campolo and Crawford, "Enchanted Determinism."

9 Bailey, "Dimensions of Rhetoric in Conditions of Uncertainty," 30.

10 Bostrom, *Superintelligence*(한국어판은 『슈퍼인텔리전스』, 까치, 2017).

11 Bostrom.

12 Strand, "Keyword: Evil," 64-65.

13 Strand, 65.

14 Hardt and Negri, *Assembly*, 116(한국어판은 『어셈블리』, 알렙, 2020, 218쪽), 강조는 저자.

15 Wakabayashi, "Google's Shadow Work Force."

16 McNeil, "Two Eyes See More Than Nine," 23에서 재인용.

17 자본으로서의 데이터 개념에 대해서는 Sadowski, "When Data Is Capital"을 보라.

18 Harun Farocki discussed in Paglen, "Operational Images."

19 개요는 Heaven, "Why Faces Don't Always Tell the Truth"를 보라.

20 Nietzsche, *Sämtliche Werke*, 11:506.

21 Wang and Kosinski, "Deep Neural Networks Are More Accurate Than Humans"; Kleinberg et al., "Human Decisions and Machine Predictions"; Crosman, "Is AI a Threat to Fair Lending?"; Seo et al., "Partially

Generative Neural Networks."
22 Pugliese, "Death by Metadata."
23 Suchman, "Algorithmic Warfare and the Reinvention of Accuracy."
24 Simmons, "Rekor Software Adds License Plate Reader Technology."
25 Lorde, *Master's Tools*.
26 Schaake, "What Principles Not to Disrupt."
27 Jobin, Ienca, and Vayena, "Global Landscape of AI Ethics Guidelines."
28 Mattern, "Calculative Composition," 572.
29 AI 윤리 규정의 효과가 제한적인 또 다른 이유에 대해서는 Crawford et al., *AI Now 2019 Report*를 보라.
30 Mittelstadt, "Principles Alone Cannot Guarantee Ethical AI." Metcalf, Moss, and boyd, "Owning Ethics"도 보라.
31 추출과 위해를 되풀이하지 않고도 이렇게 하기 위한 중요한 현실적 단계를 다루는 최근 연구로는 Costanza-Chock, *Design Justice*를 보라.
32 Winner, *The Whale and the Reactor*, 9(한국어판은 『길을 묻는 테크놀로지』, 씨아이알, 2010, 4, 13쪽).
33 Mbembé, *Critique of Black Reason*, 3.
34 Bangstad et al., "Thoughts on the Planetary."
35 Haraway, *Simians, Cyborgs, and Women*, 161(한국어판은 『유인원, 사이보그, 그리고 여자』, 동문선, 2002, 292쪽).
36 Mohamed, Png, and Isaac, "Decolonial AI," 405.
37 "Race after Technology, Ruha Benjamin."
38 Bangstad et al., "Thoughts on the Planetary."

덧붙이며 · 우주

1 *Blue Origin's Mission*.
2 *Blue Origin's Mission*.
3 Powell, "Jeff Bezos Foresees a Trillion People."
4 Bezos, *Going to Space to Benefit Earth*.
5 Bezos.
6 Foer, "Jeff Bezos's Master Plan."
7 Foer.
8 "Why Asteroids."
9 Welch, "Elon Musk."
10 Cuthbertson, "Elon Musk Really Wants to 'Nuke Mars.'"

11 Rein, Tamayo, and Vokrouhlicky, "Random Walk of Cars."

12 Gates, "Bezos' Blue Origin Seeks Tax Incentives."

13 Marx, "Instead of Throwing Money at the Moon"; O'Neill, *High Frontier*.

14 "Our Mission."

15 Davis, "Gerard K. O'Neill on Space Colonies."

16 Meadows et al., *Limits to Growth*(한국어판은 『성장의 한계』, 갈라파고스, 2021).

17 Scharmen, *Space Settlements*, 216. 최근에 학자들은 로마 클럽의 모형들이 지나치게 낙관적이라고 주장했다. 전 세계 채굴과 자원 소비의 빠른 속도, 온실가스와 산업 폐열이 기후에 미치는 영향을 과소평가했다는 것이다. Turner, "Is Global Collapse Imminent?"를 보라.

18 지구를 버리지 않는 무성장 모형에 대한 옹호론은 성장의 한계 운동에 속한 많은 학자들에 의해 제기되었다. 이를테면 Trainer, *Renewable Energy Cannot Sustain a Consumer Society*를 보라.

19 Scharmen, *Space Settlements*, 91.

20 베이조스가 과학소설가 필립 K. 딕Philip K. Dick이 1955년에 쓴 단편소설 「오토팩Autofac」에서 영감을 받았다면 그의 목표가 어떻게 달라졌을지 궁금해하는 사람들이 있다. 그 소설에서는 종말론적 전쟁에서 살아남은 사람들이 자율적인 자기 복제 공장 기계인 '오토팩'과 함께 지구에 남는다. 전쟁 전 사회에서 오토팩의 임무는 소비재를 생산하는 것이었으나 이젠 작동을 멈출 수 없어 지구의 자원을 소비하고 마지막 남은 사람들의 생존을 위협한다. 유일한 생존법은 인공지능 기계를 속여 제품 생산에 필요한 결정적 원소인 희토류 텅스텐을 놓고 서로 싸우도록 하는 것이다. 이 방법은 성공한 것처럼 보인다. 공장 여기저기서 야생 덩굴이 자라기 시작하고 농부들은 땅으로 돌아갈 수 있게 된다. 하지만 오토팩은 지구의 내부 깊숙한 곳에서 더 많은 자원을 찾았으며 수천 개의 자기 복제 '씨앗'을 발사하여 은하계에서 채굴을 벌인다. Dick, "Autofac."

21 NASA, "Outer Space Treaty of 1967."

22 "U. S. Commercial Space Launch Competitiveness Act."

23 Wilson, "Top Lobbying Victories of 2015."

24 Shaer, "Asteroid Miner's Guide to the Galaxy."

25 마크 안드레예비치Mark Andrejevic는 이렇게 썼다. '기술적인 불멸에 대한 약속은 모든 면에서 인간의 한계를 대체할 수 있는 자동화의 약속과 떼어놓을 수 없다.' Andrejevic, *Automated Media*, 1(한국어판은 『미디어 알고리즘의 욕망』, 컬처룩, 2021, 23쪽).

26 Reichhardt, "First Photo from Space."

27 이를테면 퓰리처 상 수상자 웨인 비들Wayne Biddle의 서술을 보라. 비들은 폰 브라운을 나치 정권에서 노예노동자들에 대한 잔혹한 학대에 가담한 전쟁범죄자로 묘사한다. Biddle, *Dark Side of the Moon*.

28 Grigorieff, "Mittelwerk/Mittelbau/Camp Dora."

29 Ward, *Dr. Space*.

30 Keates, "Many Places Amazon CEO Jeff Bezos Calls Home."

31 Center for Land Use Interpretation, "Figure 2 Ranch, Texas."

| 참고문헌 |

Abbate, Janet. *Inventing the Internet*. Cambridge, Mass.: MIT Press, 1999.

Abraham, David S. *The Elements of Power: Gadgets, Guns, and the Struggle for a Sustainable Future in the Rare Metal Age*. New Haven: Yale University Press, 2017(한국어판은 『희토류 전쟁』, 동아엠앤비, 2017).

Achtenberg, Emily. "Bolivia Bets on State-Run Lithium Industry." NACLA, 2010년 11월 15일. https://nacla.org/news/bolivia-bets-state-run-lithium-industry.

Ackerman, Spencer. "41 Men Targeted but 1,147 People Killed: US Drone Strikes – the Facts on the Ground." *Guardian*, 2014년 11월 24일. https://www.theguardian.com/us-news/2014/nov/24/-sp-us-drone-strikes-kill-1147.

Adams, Guy. "Lost at Sea: On the Trail of Moby-Duck." *Independent*, 2011년 2월 27일. https://www.independent.co.uk/environment/nature/lost-at-sea-on-the-trail-of-moby-duck-2226788.html.

"Advertising on Twitter." Twitter for Business. https://business.twitter.com/en/Twitter-ads-signup.html.

"Affectiva Human Perception AI Analyzes Complex Human States." Affectiva. https://www.affectiva.com/.

Agre, Philip E. *Computation and Human Experience*. Cambridge: Cambridge University Press, 1997.

Agüera y Arcas, Blaise, Margaret Mitchell, and Alexander Todorov. "Physiognomy's New Clothes." *Medium: Artificial Intelligence*(블로그), 2017년 5월 7일. https://medium.com/@blaisea/physiognomys-new-clothes-f2d4b59fdd6a.

"AI and Compute." Open AI, 2018년 5월 16일. https://openai.com/blog/ai-

and-compute/.

Alden, William. "Inside Palantir, Silicon Valley's Most Secretive Company." Buzzfeed News, 2016년 5월 6일, https://www.buzzfeednews.com/article/williamalden/inside-palantir-silicon-valleys-most-secretive-company.

Ajunwa, Ifeoma, Kate Crawford, and Jason Schultz. "Limitless Worker Surveillance." *California Law Review* 105, no. 3(2017): 735-76. https://doi.org/10.15779/z38br8mf94.

Ajunwa, Ifeoma, and Daniel Greene. "Platforms at Work: Automated Hiring Platforms and other new Intermediaries in the Organization of Work." *Work and Labor in the Digital Age*, Steven P. Vallas and Anne Kovalainen 엮음, 66-91에 수록. Bingley, U. K.: Emerald, 2019.

"Albemarle(NYSE:ALB) Could Be Targeting These Nevada Lithium Juniors." SmallCapPower, 2016년 9월 9일. https://smallcappower.com/top-stories/albemarle-nysealb-targeting-nevada-lithium-juniors/.

Alden, William. "Inside Palantir, Silicon Valley's Most Secretive Company." *Buzzfeed News*, 2016년 5월 6일. https://www.buzzfeednews.com/article/williamalden/inside-palantir-silicon-valleys-most-secretive-company.

Aleksander, Igor, ed. *Artificial Vision for Robots*. Boston: Springer US, 1983.

"Amazon.Com Market Cap | AMZN." YCharts. https://ycharts.com/companies/AMZN/market_cap.

"Amazon Rekognition Improves Face Analysis." Amazon Web Services, 2019년 8월 12일. https://aws.amazon.com/about-aws/whats-new/2019/08/amazon-rekognition-improves-face-analysis/.

"Amazon Rekognition – Video and Image – AWS." Amazon Web Services. https://aws.amazon.com/rekognition/.

Ananny, Mike, and Kate Crawford. "Seeing without Knowing: Limitations of the Transparency Ideal and Its Application to Algorithmic Accountability." *New Media and Society* 20, no. 3(2018): 973-89. https://doi.org/10.1177/1461444816676645.

Anderson, Warwick. *The Collectors of Lost Souls: Turning Kuru Scientists into Whitemen*. 개정판. Baltimore: Johns Hopkins University Press, 2019.

Andrae, Anders A. E., and Tomas Edler. "On Global Electricity Usage of Communication Technology: Trends to 2030." *Challenges* 6, no. 1(2015): 117-57. https://www.doi.org/10.3390/challe6010117.

Andrejevic, Mark. *Automated Media*. New York: Routledge, 2020(한국어판은 『미디어 알고리즘의 욕망』, 컬처룩, 2021).

Angwin, Julia, et al. "Dozens of Companies Are Using Facebook to Exclude

Older Workers from Job Ads." *ProPublica*, 2017년 12월 20일. https://www.propublica.org/article/facebook-ads-age-discrimination-targeting.

Angwin, Julia, et al. "Machine Bias." *ProPublica*, 2016년 5월 23일. https://www.propublica.org/article/machine-bias-risk-assessments-in-criminal-sentencing.

Anzilotti, Eillie. "Emails Show That ICE Uses Palantir Technology to Detain Undocumented Immigrants," *FastCompany*(블로그), 2019년 7월 16일. https://www.fastcompany.com/90377603/ice-uses-palantir-tech-to-detain-immigrants-wnyc-report.

Apelbaum, Yaacov. "One Thousand and One Nights and Ilhan Omar's Biographical Engineering." *The Illustrated Primer*(블로그), 2019년 8월 13일. https://apelbaum.wordpress.com/2019/08/13/one-thousand-and-one-nights-and-ilhan-omars-biographical-engineering/.

Apple. "Apple Commits to Be 100 Percent Carbon Neutral for Its Supply Chain and Products by 2030," 2020년 7월 21일. https://www.apple.com/au/newsroom/2020/07/apple-commits-to-be-100-percent-carbon-neutral-for-its-supply-chain-and-products-by-2030/.

Apple. *Supplier Responsibility: 2018 Progress Report*. Cupertino, Calif.: Apple, n.d. https://www.apple.com/supplier-responsibility/pdf/Apple_SR_2018_Progress_Report.pdf.

Arboleda, Martin. *Planetary Mine: Territories of Extraction under Late Capitalism*. London: Verso, 2020.

Aristotle. *The Categories: On Interpretation*. Harold Percy Cooke and Hugh Tredennick 옮김. Loeb Classical Library 325. Cambridge, Mass.: Harvard University Press, 1938.

Aslam, Salman. "Facebook by the Numbers(2019): Stats, Demographics & Fun Facts." Omnicore, 2020년 1월 6일. https://www.omnicoreagency.com/facebook-statistics/.

Ayogu, Melvin, and Zenia Lewis. "Conflict Minerals: An Assessment of the Dodd-Frank Act." Brookings Institution, 2011년 10월 3일. https://www.brookings.edu/opinions/conflict-minerals-an-assessment-of-the-dodd-frank-act/.

Aytes, Ayhan. "Return of the Crowds: Mechanical Turk and Neoliberal States of Exception." *Digital Labor: The Internet as Playground and Factory*, Trebor Scholz 엮음에 수록. New York: Routledge, 2013.

Babbage, Charles. *On the Economy of Machinery and Manufactures*[1832]. Cambridge: Cambridge University Press, 2010.

Babich, Babette E. *Nietzsche's Philosophy of Science: Reflecting Science on the Ground of Art and Life*. Albany: State University of New York Press, 1994.

Bailey, F. G. "Dimensions of Rhetoric in Conditions of Uncertainty." *Politically Speaking: Cross-Cultural Studies of Rhetoric*, Robert Paine 엮음, 25-38에 수록. Philadelphia: ISHI Press, 1981.

Baker, Janet M., et al. "Research Developments and Directions in Speech Recognition and Understanding, Part 1." *IEEE*, 2009년 4월. https://dspace.mit.edu/handle/1721.1/51891.

Bangstad, Sindre, et al. "Thoughts on the Planetary: An Interview with Achille Mbembé." *New Frame*, 2019년 9월 5일. https://www.newframe.com/thoughts-on-the-planetary-an-interview-with-achille-mbembe/.

Barrett, Lisa Feldman. "Are Emotions Natural Kinds?" *Perspectives on Psychological Science* 1, no. 1(2006): 28-58. https://doi.org/10.1111/j.1745-6916.2006.00003.x.

Barrett, Lisa Feldman, et al. "Emotional Expressions Reconsidered: Challenges to Inferring Emotion from Human Facial Movements." *Psychological Science in the Public Interest* 20, no. 1(2019): 1-68. https://doi.org/10.1177/1529100619832930.

"Bayan Obo Deposit,…Inner Mongolia, China." Mindat.org. https://www.mindat.org/loc-720.html.

Bayer, Ronald. *Homosexuality and American Psychiatry: The Politics of Diagnosis*. Princeton, N. J.: Princeton University Press, 1987.

Bechmann, Anja, and Geoffrey C. Bowker. "Unsupervised by Any Other Name: Hidden Layers of Knowledge Production in Artificial Intelligence on Social Media." *Big Data and Society* 6, no. 1(2019): 205395171881956. https://doi.org/10.1177/2053951718819569.

Beck, Julie. "Hard Feelings: Science's Struggle to Define Emotions." *Atlantic*, 2015년 2월 24일. https://www.theatlantic.com/health/archive/2015/02/hard-feelings-sciences-struggle-to-define-emotions/385711/.

Behrmann, Elisabeth, Jack Farchy, and Sam Dodge. "Hype Meets Reality as Electric Car Dreams Run into Metal Crunch." *Bloomberg*, 2018년 1월 11일. https://www.bloomberg.com/graphics/2018-cobalt-batteries/.

Belkhir, L., and A. Elmeligi. "Assessing ICT Global Emissions Footprint: Trends to 2040 and Recommendations." *Journal of Cleaner Production* 177(2018): 448-63.

Benjamin, Ruha. *Race after Technology: Abolitionist Tools for the New Jim Code*. Cambridge: Polity, 2019.

Benson, Kristina. "'Kill 'Em and Sort It Out Later': Signature Drone Strikes and International Humanitarian Law." *Pacific McGeorge Global Business and Development Law Journal* 27, no. 1(2014): 17-51. https://www.mcgeorge.edu/documents/Publications/02_Benson_27_1.pdf.

Benthall, Sebastian, and Bruce D. Haynes. "Racial Categories in Machine Learning." FAT* '19: *Proceedings of the Conference on Fairness, Accountability, and Transparency*, 289-98에 수록. New York: ACM Press, 2019. https://dl.acm.org/doi/10.1145/3287560.3287575.

Berg, Janine, et al. *Digital Labour Platforms and the Future of Work: Towards Decent Work in the Online World*. Geneva: International Labor Organization, 2018. https://www.ilo.org/wcmsp5/groups/public/---dgreports/---dcomm/---publ/documents/publication/wcms_645337.pdf.

Bergen, Mark."Pentagon Drone Program Is Using Google AI." *Bloomberg*, 2018년 3월 6일. https://www.bloomberg.com/news/articles/2018-03-06/google-ai-used-by-pentagon-drone-program-in-rare-military-pilot.

Berman, Sanford. *Prejudices and Antipathies: A Tract on the LC Subject Heads concerning People*. Metuchen, N. J.: Scarecrow Press, 1971.

Bezos, Jeff. *Going to Space to Benefit Earth*. 영상, 2019년 5월 9일. https://www.youtube.com/watch?v=GQ98hGUe6FM&.

Biddle, Wayne. *Dark Side of the Moon: Wernher von Braun, the Third Reich, and the Space Race*. New York: W. W. Norton, 2012.

Black, Edwin. *IBM and the Holocaust: The Strategic Alliance between Nazi Germany and America's Most Powerful Corporation*. 증보판. Washington, D. C.: Dialog Press, 2012.

Bledsoe, W. W. "The Model Method in Facial Recognition." Technical report, PRI 15. Palo Alto, Calif.: Panoramic Research, 1964.

Bloomfield, Anne B. "A History of the California Historical Society's New Mission Street Neighborhood." *California History* 74, no. 4(1995-96): 372-93.

Blue, Violet. "Facebook Patents Tech to Determine Social Class." *Engadget*, 2018년 2월 9일. https://www.engadget.com/2018-02-09-facebook-patents-tech-to-determine-social-class.html.

Blue Origin's Mission. Blue Origin. 영상, 2019년 2월 1일. https://www.youtube.com/watch?v=1YOL89kY8Og.

Bond, Charles F., Jr. "Commentary: A Few Can Catch a Liar, Sometimes: Comments on Ekman and O'Sullivan(1991), as Well as Ekman, O'Sullivan, and Frank(1999)." *Applied Cognitive Psychology* 22, no. 9(2008): 1298–1300. https://doi.org/10.1002/acp.1475.

Borges, Jorge Luis. *Collected Fictions*. Andrew Hurley 옮김. New York: Penguin Books, 1998.

---. "John Wilkins' Analytical Language." *Borges: Selected Non-Fictions*, Eliot Weinberger 엮음에 수록. New York: Penguin Books, 2000.

---. *The Library of Babel*. Andrew Hurley 옮김. Boston: David R. Godine, 2000(한국어판은 『픽션들』, 민음사, 1994).

Bostrom, Nick. *Superintelligence: Paths, Dangers, Strategies*. Oxford: Oxford University Press, 2014(한국어판은 『슈퍼인텔리전스』, 까치, 2017).

Bouche, Teryn, and Laura Rivard. "America's Hidden History: The Eugenics Movement." Scitable, 2014년 9월 18일. https://www.nature.com/scitable/forums/genetics-generation/america-s-hidden-history-the-eugenics-movement-123919444/.

Bowker, Geoffrey C. *Memory Practices in the Sciences*. Cambridge, Mass.: MIT Press, 2005.

Bowker, Geoffrey C., and Susan Leigh Star. *Sorting Things Out: Classification and Its Consequences*. Cambridge, Mass.: MIT Press, 1999(한국어판은 『사물의 분류』, 현실문화, 2005).

Bratton, Benjamin H. *The Stack: On Software and Sovereignty*. Cambridge, Mass.: MIT Press, 2015.

Braverman, Harry. *Labor and Monopoly Capital: The Degradation of Work in the Twentieth Century*. 25주년 기념판. New York: Monthly Review Press, 1998.

Brayne, Sarah. "Big Data Surveillance: The Case of Policing." *American Sociological Review* 82, no. 5(2017): 977–1008. https://doi.org/10.1177/0003122417725865.

Brechin, Gray. *Imperial San Francisco: Urban Power, Earthly Ruin*. Berkeley: University of California Press, 2007.

Brewer, Eric. "Spanner, TrueTime and the CAP Theorem." Infrastructure: Google, 2017년 2월 14일. https://storage.googleapis.com/pub-tools-public-publication-data/pdf/45855.pdf.

Bridle, James. "Something Is Wrong on the Internet." *Medium*(블로그), 2017년 11월 6일. https://medium.com/@jamesbridle/something-is-wrong-on-the-internet-c39c471271d2.

Broussard, Meredith. *Artificial Unintelligence: How Computers Misunderstand the World*. Cambridge, Mass.: MIT Press, 2018(한국어판은 『페미니즘 인공지능』, 이음, 2019).

Brown, Harold. *Department of Defense Annual Report: Fiscal Year 1982*. Report AD-A-096066/6. Washington, D. C., 1982년 1월 19일. https://history.defense.gov/Portals/70/Documents/annual_reports/1982_DoD_AR.pdf?ver=2014-06-24-150904-113.

Brown, Peter, and Robert Mercer. "Oh, Yes, Everything's Right on Schedule, Fred." 강연, Twenty Years of Bitext Workshop, Empirical Methods in Natural Language Processing Conference, Seattle, Wash., 2013년 10월. http://cs.jhu.edu/~post/bitext.

Browne, Simone. *Dark Matters: On the Surveillance of Blackness*. Durham, N. C.: Duke University Press, 2015.

---. "Digital Epidermalization: Race, Identity and Biometrics." *Critical Sociology* 36, no. 1(2010년 1월): 131-50.

Brustein, Joshua, and Mark Bergen. "Google Wants to Do Business with the Military – Many of Its Employees Don't." *Bloomberg News*, 2019년 11월 21일. https://www.bloomberg.com/features/2019-google-military-contract-dilemma/.

Bullis, Kevin. "Lithium-Ion Battery." *MIT Technology Review*, 2012년 6월 19일. https://www.technologyreview.com/s/428155/lithium-ion-battery/.

Buolamwini, Joy, and Timnit Gebru. "Gender Shades: Intersectional Accuracy Disparities in Commercial Gender Classification." *Proceedings of the First Conference on Fairness, Accountability and Transparency, PLMR* 81(2018): 77-91. http://proceedings.mlr.press/v81/buolamwini18a.html.

Burke, Jason. "Congo Violence Fuels Fears of Return to 90s Bloodbath." *Guardian*, 2017년 6월 30일. https://www.theguardian.com/world/2017/jun/30/congo-violence-fuels-fears-of-return-to-90s-bloodbath.

Bush, Vannevar. "As We May Think." *Atlantic*, 1945년 7월. https://www.theatlantic.com/magazine/archive/1945/07/as-we-may-think/303881/.

Business Council for Sustainable Energy. "2019 Sustainable Energy in America Factbook." BCSE, 2019년 2월 11일. https://www.bcse.org/wp-content/uploads/2019-Sustainable-Energy-in-America-Factbook.pdf.

Byford, Sam. "Apple Buys Emotient, a Company That Uses AI to Read Emotions." *The Verge*, 2016년 1월 7일. https://www.theverge.com/2016/1/7/10731232/apple-emotient-ai-startup-acquisition.

"The CalGang Criminal Intelligence System." Sacramento: California State Auditor, Report 2015-130, 2016년 8월. https://www.auditor.ca.gov/pdfs/reports/2015-130.pdf.

Calo, Ryan, and Danielle Citron. "The Automated Administrative State: A Crisis

of Legitimacy"(2020년 3월 9일). *Emory Law Journal*(출간 예정). SSRN: https://ssrn.com/abstract=3553590에서 열람 가능.
Cameron, Dell, and Kate Conger. "Google Is Helping the Pentagon Build AI for Drones." *Gizmodo*, 2018년 3월 6일. https://gizmodo.com/google-is-helping-the-pentagon-build-ai-for-drones-1823464533.
Campolo, Alexander, and Kate Crawford. "Enchanted Determinism: Power without Responsibility in Artificial Intelligence." *Engaging Science, Technology, and Society* 6(2020): 1-19. https://doi.org/10.17351/ests2020.277.
Canales, Jimena. *A Tenth of a Second: A History*. Chicago: University of Chicago Press, 2010.
Carey, James W. "Technology and Ideology: The Case of the Telegraph." *Prospects* 8(1983): 303-25. https://doi.org/10.1017/S0361233300003793.
Carlisle, Nate. "NSA Utah Data Center Using More Water." *Salt Lake Tribune*, 2015년 2월 2일. https://archive.sltrib.com/article.php?id=2118801&itype=CMSID.
---. "Shutting Off NSA's Water Gains Support in Utah Legislature." *Salt Lake Tribune*, 2014년 11월 20일. https://archive.sltrib.com/article.php?id=1845843&itype=CMSID.
Carter, Ash. *"Remarks on 'the Path to an Innovative Future for Defense'(CSIS Third Offset Strategy Conference)."* Washington, D. C.: U. S. Department of Defense, 2016년 10월 28일. https://www.defense.gov/Newsroom/Speeches/Speech/Article/990315/remarks-on-the-path-to-an-innovative-future-for-defense-csis-third-offset-strat/.
Cave, Stephen, and Seán S. ÓhÉigeartaigh. "An AI Race for Strategic Advantage: Rhetoric and Risks." *Proceedings of the 2018 AAAI/ACM Conference on AI, Ethics, and Society*, 36-40에 수록. https://dl.acm.org/doi/10.1145/3278721.3278780.
Center for Land Use Interpretation, "Figure 2 Ranch, Texas," http://www.clui.org/ludb/site/figure-2-ranch.
Cetina, Karin Knorr. *Epistemic Cultures: How the Sciences Make Knowledge*. Cambridge, Mass.: Harvard University Press, 1999.
Champs, Emmanuelle de. "The Place of Jeremy Bentham's Theory of Fictions in Eighteenth-Century Linguistic Thought." *Journal of Bentham Studies* 2(1999). https://doi.org/10.14324/111.2045-757X.011.
"Chinese Lithium Giant Agrees to Three-Year Pact to Supply Tesla." *Bloomberg*, 2018년 9월 21일. https://www.industryweek.com/leadership/article/22026386/chinese-lithium-giant-agrees-to-threeyear-pact-to-

supply-tesla.

Chinoy, Sahil. "Opinion: The Racist History behind Facial Recognition." *New York Times*, 2019년 7월 10일. https://www.nytimes.com/2019/07/10/opinion/facial-recognition-race.html.

Chun, Wendy Hui Kyong. *Control and Freedom: Power and Paranoia in the Age of Fiber Optics*, Cambridge, Mass: MIT Press, 2005.

Citton, Yves. *The Ecology of Attention*. Cambridge: Polity, 2017.

Clarac, François, Jean Massion, and Allan M. Smith. "Duchenne, Charcot and Babinski, Three Neurologists of La Salpetrière Hospital, and Their Contribution to Concepts of the Central Organization of Motor Synergy." *Journal of Physiology-Paris* 103, no. 6(2009): 361-76. https://doi.org/10.1016/j.jphysparis.2009.09.001.

Clark, Nicola, and Simon Wallis. "Flamingos, Salt Lakes and Volcanoes: Hunting for Evidence of Past Climate Change on the High Altiplano of Bolivia." *Geology Today* 33, no. 3(2017): 101-7. https://doi.org/10.1111/gto.12186.

Clauss, Sidonie. "John Wilkins' Essay toward a Real Character: Its Place in the Seventeenth-Century Episteme." *Journal of the History of Ideas* 43, no. 4(1982): 531-53. https://doi.org/10.2307/2709342.

"'Clever Hans' Again: Expert Commission Decides That the Horse Actually Reasons.'" *New York Times*, 1904년 10월 2일. https://timesmachine.nytimes.com/timesmachine/1904/10/02/120289067.pdf.

Cochran, Susan D., et al. "Proposed Declassification of Disease Categories Related to Sexual Orientation in the International Statistical Classification of Diseases and Related Health Problems(ICD-11)." *Bulletin of the World Health Organization* 92, no. 9(2014): 672-79. https://doi.org/10.2471/BLT.14.135541.

Cohen, Julie E. *Between Truth and Power: The Legal Constructions of Informational Capitalism*. New York: Oxford University Press, 2019.

Cole, David. "'We Kill People Based on Metadata.'" *New York Review of Books*, 2014년 5월 10일. https://www.nybooks.com/daily/2014/05/10/we-kill-people-based-metadata/.

Colligan, Colette, and Margaret Linley, eds. *Media, Technology, and Literature in the Nineteenth Century: Image, Sound, Touch*. Burlington, VT: Ashgate, 2011.

"Colonized by Data: The Costs of Connection with Nick Couldry and Ulises Mejías." 북토크, 2019년 9월 19일, Berkman Klein Center for Internet and Society at Harvard University. https://cyber.harvard.edu/events/colonized-data-costs-connection-nick-couldry-and-ulises-mejias.

"Congo's Bloody Coltan." Pulitzer Center on Crisis Reporting, 2011년 1월 6일. https://pulitzercenter.org/reporting/congos-bloody-coltan.

Connolly, William E. *Climate Machines, Fascist Drives, and Truth*. Durham, N. C.: Duke University Press, 2019.

Connor, Neil. "Chinese School Uses Facial Recognition to Monitor Student Attention in Class." *Telegraph*, 2018년 5월 17일. https://www.telegraph.co.uk/news/2018/05/17/chinese-school-uses-facial-recognition-monitor-student-attention/.

"Containers Lost at Sea – 2017 Update." World Shipping Council, 2017년 7월 10일. http://www.worldshipping.org/industry-issues/safety/Containers_Lost_at_Sea_-_2017_Update_FINAL_July_10.pdf.

Cook, Gary, et al. *Clicking Clean: Who Is Winning the Race to Build a Green Internet?* Washington, D. C.: Greenpeace, 2017. http://www.clickclean.org/international/en/.

Cook, James. "Amazon Patents New Alexa Feature That Knows When You're Ill and Offers You Medicine." *Telegraph*, 2018년 10월 9일. https://www.telegraph.co.uk/technology/2018/10/09/amazon-patents-new-alexa-feature-knows-offers-medicine/.

Coole, Diana, and Samantha Frost, eds. *New Materialisms: Ontology, Agency, and Politics*. Durham, N. C.: Duke University Press, 2012.

Cooper, Carolyn C. "The Portsmouth System of Manufacture." *Technology and Culture* 25, no. 2(1984): 182-225. https://doi.org/10.2307/3104712.

Corbett, James C., et al. "Spanner: Google's Globally-Distributed Database." *Proceedings of OSDI 2012*(2012): 14.

Costanza-Chock, Sasha. *Design Justice: Community-Led Practices to Build the Worlds We Need*. Cambridge, Mass.: MIT Press, 2020.

Couldry, Nick, and Ulises A. Mejías. *The Costs of Connection: How Data Is Colonizing Human Life and Appropriating It for Capitalism*. Stanford, Calif.: Stanford University Press, 2019.

---. "Data Colonialism: Rethinking Big Data's Relation to the Contemporary Subject." *Television and New Media* 20, no. 4(2019): 336-49. https://doi.org/10.1177/1527476418796632.

"Counterpoints: An Atlas of Displacement and Resistance." *Anti-Eviction Mapping Project*(블로그), 2020년 9월 3일. https://antievictionmap.com/blog/2020/9/3/counterpoints-an-atlas-of-displacement-and-resistance.

Courtine, Jean-Jacques, and Claudine Haroche. *Histoire du visage: Exprimer et taire ses émotions(du XVIe siècle au début du XIXe siècle)*. Paris: Payot et Rivages, 2007.

Cowen, Alan, et al. "Mapping the Passions: Toward a High-Dimensional Taxonomy of Emotional Experience and Expression." *Psychological Science in the Public Interest* 20, no. 1(2019): 61-90. https://doi.org/10.1177/1529100619850176.

Crawford, Kate. "Halt the Use of Facial-Recognition Technology until It Is Regulated." *Nature* 572(2019): 565. https://doi.org/10.1038/d41586-019-02514-7.

Crawford, Kate, and Vladan Joler. "Anatomy of an AI System." Anatomy of an AI System, 2018. http://www.anatomyof.ai.

Crawford, Kate, and Jason Schultz. "AI Systems as State Actors." *Columbia Law Review* 119, no. 7(2019). https://columbialawreview.org/content/ai-systems-as-state-actors/.

---. "Big Data and Due Process: Toward a Framework to Redress Predictive Privacy Harms." *Boston College Law Review* 55, no. 1(2014). https://lawdigitalcommons.bc.edu/bclr/vol55/iss1/4.

Crawford, Kate, et al. *AI Now 2019 Report*. New York: AI Now Institute, 2019. https://ainowinstitute.org/AI_Now_2019_Report.html.

Crevier, Daniel. *AI: The Tumultuous History of the Search for Artificial Intelligence*. New York: Basic Books, 1993.

Crosman, Penny. "Is AI a Threat to Fair Lending?" *American Banker*, 2017년 9월 7일. https://www.americanbanker.com/news/is-artificial-intelligence-a-threat-to-fair-lending.

Currier, Cora, Glenn Greenwald, and Andrew Fishman. "U. S. Government Designated Prominent Al Jazeera Journalist as 'Member of Al Qaeda.'" *The Intercept*(블로그), 2015년 5월 8일. https://theintercept.com/2015/05/08/u-s-government-designated-prominent-al-jazeera-journalist-al-qaeda-member-put-watch-list/.

Curry, Steven, et al. "NIST Special Database 32: Multiple Encounter Dataset I(MEDS-I)." National Institute of Standards and Technology, NISTIR 7679, 2009년 12월. https://nvlpubs.nist.gov/nistpubs/Legacy/IR/nistir7679.pdf.

Cuthbertson, Anthony. "Elon Musk Really Wants to 'Nuke Mars.'" *Independent*, 2019년 8월 19일. https://www.independent.co.uk/life-style/gadgets-and-tech/news/elon-musk-mars-nuke-spacex-t-shirt-nuclear-weapons-space-a9069141.html.

Danowski, Déborah, and Eduardo Batalha Viveiros de Castro. *The Ends of the World*. Rodrigo Guimaraes Nunes 옮김. Malden, Mass.: Polity, 2017.

Danziger, Shai, Jonathan Levav, and Liora Avnaim-Pesso. "Extraneous Factors in Judicial Decisions." *Proceedings of the National Academy of Sciences* 108, no. 17(2011): 6889-92. https://doi.org/10.1073/pnas.1018033108.

Darwin, Charles. *The Expression of the Emotions in Man and Animals*, Joe Cain and Sharon Messenger 엮음. London: Penguin, 2009(한국어판은 『인간과 동물의 감정 표현』, 사이언스북스, 2020).

Dastin, Jeffrey. "Amazon Scraps Secret AI Recruiting Tool That Showed Bias against Women." *Reuters*, 2018년 10월 10일. https://www.reuters.com/article/us-amazon-com-jobs-automation-insight-idUSKCN1MK08G.

Daston, Lorraine. "Cloud Physiognomy." *Representations* 135, no. 1(2016): 45-71. https://doi.org/10.1525/rep.2016.135.1.45.

Daston, Lorraine, and Peter Galison. *Objectivity*. 문고판. New York: Zone Books, 2010.

Davies, Kate, and Liam Young. *Tales from the Dark Side of the City: The Breastmilk of the Volcano, Bolivia and the Atacama Desert Expedition*. London: Unknown Fields, 2016.

Davis, F. James. *Who Is Black? One Nation's Definition*. 10주년 기념판. University Park: Pennsylvania State University Press, 2001.

Davis, Monte. "Gerard K. O'Neill on Space Colonies." *Omni Magazine*, 2017년 10월 12일. https://omnimagazine.com/interview-gerard-k-oneill-space-colonies/.

Delaporte, François. *Anatomy of the Passions*. Susan Emanuel 옮김. Stanford, Calif.: Stanford University Press, 2008.

Demis Hassabis, DeepMind–Learning from First Principles–Artificial Intelligence NIPS2017. 영상, 2017년 12월 9일. https://www.youtube.com/watch?v=DXNqYSNvnjA&feature=emb_title.

Deng, Jia, et al. "ImageNet: A Large-Scale Hierarchical Image Database." *2009 IEEE Conference on Computer Vision and Pattern Recognition*, 248-55에 수록. https://doi.org/10.1109/CVPR.2009.5206848.

Department of International Cooperation, Ministry of Science and Technology. "Next Generation Artificial Intelligence Development Plan." *China Science and Technology Newsletter*, no. 17, 2017년 9월 15일. http://fi.china-embassy.org/eng/kxjs/P020171025789108009001.pdf.

Deputy Secretary of Defense to Secretaries of the Military Departments et al., 2017년 4월 26일. Memorandum: "Establishment of an Algorithmic Warfare

Cross-Functional Team(Project Maven)." https://www.govexec.com/media/gbc/docs/pdfs_edit/establishment_of_the_awcft_project_maven.pdf.

Derrida, Jacques, and Eric Prenowitz. "Archive Fever: A Freudian Impression." *Diacritics* 25, no. 2(1995): 9. https://doi.org/10.2307/465144.

Dick, Philip K. "Autofac." *Galaxy Magazine*, 1955년 11월. http://archive.org/details/galaxymagazine-1955-11.

Didi-Huberman, Georges. *Atlas, or the Anxious Gay Science: How to Carry the World on One's Back?* Chicago: University of Chicago Press, 2018.

Dietterich, Thomas, and Eun Bae Kong. "Machine Learning Bias, Statistical Bias, and Statistical Variance of Decision Tree Algorithms." 미발표 논문, Oregon State University, 1995. http://citeseerx.ist.psu.edu/viewdoc/summary?doi=10.1.1.38.2702.

D'Ignazio, Catherine, and Lauren F. Klein. *Data Feminism*. Cambridge, Mass.: MIT Press, 2020.

Dilanian, Ken. "US Special Operations Forces Are Clamoring to Use Software from Silicon Valley Company Palantir." *Business Insider*, 2015년 3월 26일. https://www.businessinsider.com/us-special-operations-forces-are-clamoring-to-use-software-from-silicon-valley-company-palantir-2015-3.

Dobbe, Roel, and Meredith Whittaker. "AI and Climate Change: How They're Connected, and What We Can Do about It." *Medium*(블로그), 2019년 10월 17일. https://medium.com/@AINowInstitute/ai-and-climate-change-how-theyre-connected-and-what-we-can-do-about-it-6aa8d0f5b32c.

Domingos, Pedro. "A Few Useful Things to Know about Machine Learning." *Communications of the ACM* 55, no. 10(2012): 78. https://doi.org/10.1145/2347736.2347755.

Dooley, Ben, Eimi Yamamitsu, and Makiko Inoue. "Fukushima Nuclear Disaster Trial Ends with Acquittals of 3 Executives." *New York Times*, 2019년 9월 19일. https://www.nytimes.com/2019/09/19/business/japan-tepco-fukushima-nuclear-acquitted.html.

Dougherty, Conor. "Google Photos Mistakenly Labels Black People 'Gorillas.'" *Bits Blog*(블로그), 2015년 7월 1일. https://bits.blogs.nytimes.com/2015/07/01/google-photos-mistakenly-labels-black-people-gorillas/.

Douglass, Frederick. "West India Emancipation." Speech delivered at

Canandaigua, N.Y., 1857년 8월 4일. https://rbscp.lib.rochester.edu/4398.
Drescher, Jack. "Out of DSM: Depathologizing Homosexuality." *Behavioral Sciences* 5, no. 4(2015): 565-75. https://doi.org/10.3390/bs5040565.
Dreyfus, Hubert L. *Alchemy and Artificial Intelligence*. Santa Monica, Calif.: RAND, 1965.
---. *What Computers Can't Do: A Critique of Artificial Reason*. New York: Harper and Row, 1972.
Dryer, Theodora. "Designing Certainty: The Rise of Algorithmic Computing in an Age of Anxiety 1920-1970." 박사 논문, University of California, San Diego, 2019.
Du, Lisa, and Ayaka Maki. "AI Cameras That Can Spot Shoplifters Even before They Steal." *Bloomberg*, 2019년 3월 4일. https://www.bloomberg.com/news/articles/2019-03-04/the-ai-cameras-that-can-spot-shoplifters-even-before-they-steal.
Duchenne (de Boulogne), G.-B. *Mécanisme de la physionomie humaine ou Analyse électro-physiologique de l'expression des passions applicable à la pratique des arts plastiques*. 제2판. Paris: Librairie J.-B. Baillière et Fils, 1876.
Eco, Umberto. *The Infinity of Lists: An Illustrated Essay*. Alastair McEwen 옮김. New York: Rizzoli, 2009(한국어판은 『궁극의 리스트』, 열린책들, 2010).
Edwards, Paul N. *The Closed World: Computers and the Politics of Discourse in Cold War America*. Cambridge, Mass.: MIT Press, 1996.
Edwards, Paul N., and Gabrielle Hecht. "History and the Technopolitics of Identity: The Case of Apartheid South Africa." *Journal of Southern African Studies* 36, no. 3(2010): 619-39. https://doi.org/10.1080/03057070.2010.507568.
Eglash, Ron. "Broken Metaphor: The Master-Slave Analogy in Technical Literature." *Technology and Culture* 48, no. 2(2007): 360-69. https://doi.org/10.1353/tech.2007.0066.
Ekman, Paul. "An Argument for Basic Emotions." *Cognition and Emotion* 6, no. 3-4(1992): 169-200.
---. "Duchenne and Facial Expression of Emotion." G.-B. Duchenne de Boulogne, *The Mechanism of Human Facial Expression*, 270-84에 수록. R. A. Cuthbertson 엮고 옮김. Cambridge: Cambridge University Press, 1990.
---. *Emotions Revealed: Recognizing Faces and Feelings to Improve Communication and Emotional Life*. New York: Times Books, 2003(한국어판은 『표정의 심리학』, 바다출판사, 2020).
---. "A Life's Pursuit." *The Semiotic Web '86: An International Yearbook*,

Thomas A. Sebeok and Jean Umiker-Sebeok 엮음, 4-46에 수록. Berlin: Mouton de Gruyter, 1987.
---. *Nonverbal Messages: Cracking the Code: My Life's Pursuit*. San Francisco: PEG, 2016.
---. *Telling Lies: Clues to Deceit in the Marketplace, Politics, and Marriage*. 제4판. New York: W. W. Norton, 2009(한국어판은 『텔링 라이즈』, 한국경제신문사, 2012).
---. "Universal Facial Expressions of Emotion." *California Mental Health Research Digest* 8, no. 4(1970): 151-58.
---. "What Scientists Who Study Emotion Agree About." *Perspectives on Psychological Science* 11, no. 1(2016): 81-88. https://doi.org/10.1177/1745691615596992.
Ekman, Paul, and Wallace V. Friesen. "Constants across Cultures in the Face and Emotion." *Journal of Personality and Social Psychology* 17, no. 2(1971): 124-29. https://doi.org/10.1037/h0030377.
---. *Facial Action Coding System(FACS): A Technique for the Measurement of Facial Action*. Palo Alto, Calif.: Consulting Psychologists Press, 1978.
---. "Nonverbal Leakage and Clues to Deception." *Psychiatry* 31, no. 1(1969): 88-106.
---. *Unmasking the Face*. Cambridge, Mass.: Malor Books, 2003(한국어판은 『언마스크, 얼굴 표정 읽는 기술』, 청림출판, 2014).
Ekman, Paul, and Harriet Oster. "Facial Expressions of Emotion." *Annual Review of Psychology* 30(1979): 527-54.
Ekman, Paul, and Maureen O'Sullivan. "Who Can Catch a Liar?" *American Psychologist* 46, no. 9(1991): 913-20. https://doi.org/10.1037/0003-066X.46.9.913.
Ekman, Paul, Maureen O'Sullivan, and Mark G. Frank. "A Few Can Catch a Liar." *Psychological Science* 10, no. 3(1999): 263-66. https://doi.org/10.1111/1467-9280.00147.
Ekman, Paul, and Erika L. Rosenberg, eds. *What the Face Reveals: Basic and Applied Studies of Spontaneous Expression Using the Facial Action Coding System(FACS)*. New York: Oxford University Press, 1997.
Ekman, Paul, E. Richard Sorenson, and Wallace V. Friesen. "Pan-Cultural Elements in Facial Displays of Emotion." *Science* 164(1969): 86-88. https://doi.org/10.1126/science.164.3875.86.
Ekman, Paul, et al. "Universals and Cultural Differences in the Judgments of Facial Expressions of Emotion." *Journal of Personality and Social Psychology* 53, no. 4(1987): 712-17.

Elfenbein, Hillary Anger, and Nalini Ambady. "On the Universality and Cultural Specificity of Emotion Recognition: A Meta-Analysis." *Psychological Bulletin* 128, no. 2(2002): 203-35. https://doi.org/10.1037/0033-2909.128.2.203.

Elish, Madeline Clare, and danah boyd. "Situating Methods in the Magic of Big Data and AI." *Communication Monographs* 85, no. 1(2018): 57-80. https://doi.org/10.1080/03637751.2017.1375130.

Ely, Chris. "The Life Expectancy of Electronics." Consumer Technology Association, 2014년 9월 16일. https://www.cta.tech/News/Blog/Articles/2014/September/The-Life-Expectancy-of-Electronics.aspx.

"Emotion Detection and Recognition(EDR) Market Size to surpass 18%+ CAGR 2020 to 2027." *MarketWatch*, 2020년 10월 5일. https://www.marketwatch.com/press-release/emotion-detection-and-recognition-edr-market-size-to-surpass-18-cagr-2020-to-2027-2020-10-05.

England, Rachel. "UK Police's Facial Recognition System Has an 81 Percent Error Rate." *Engadget*, 2019년 7월 4일. https://www.engadget.com/2019/07/04/uk-met-facial-recognition-failure-rate/.

Ensmenger, Nathan. "Computation, Materiality, and the Global Environment." *IEEE Annals of the History of Computing* 35, no. 3(2013): 80. https://www.doi.org/10.1109/MAHC.2013.33.

---. *The Computer Boys Take Over: Computers, Programmers, and the Politics of Technical Expertise*. Cambridge, Mass.: MIT Press, 2010.

Eschner, Kat. "Lie Detectors Don't Work as Advertised and They Never Did." *Smithsonian*, 2017년 2월 2일. https://www.smithsonianmag.com/smart-news/lie-detectors-dont-work-advertised-and-they-never-did-180961956/.

Estreicher, Sam, and Christopher Owens. "Labor Board Wrongly Rejects Employee Access to Company Email for Organizational Purposes." *Verdict*, 2020년 2월 19일. https://verdict.justia.com/2020/02/19/labor-board-wrongly-rejects-employee-access-to-company-email-for-organizational-purposes.

Eubanks, Virginia. *Automating Inequality: How High-Tech Tools Profile, Police, and Punish the Poor*. New York: St. Martin's, 2017(한국어판은 『자동화된 불평등』, 북트리거, 2018).

Ever AI. "Ever AI Leads All US Companies on NIST's Prestigious Facial Recognition Vendor Test." *GlobeNewswire*, 2018년 11월 27일. http://www.globenewswire.com/news-release/2018/11/27/1657221/0/en/Ever-AI-Leads-All-US-Companies-on-NIST-s-Prestigious-Facial-

Recognition-Vendor-Test.html.
Fabian, Ann. *The Skull Collectors: Race, Science, and America's Unburied Dead*. Chicago: University of Chicago Press, 2010.
"Face: An AI Service That Analyzes Faces in Images." Microsoft Azure. https://azure.microsoft.com/en-us/services/cognitive-services/face/.
Fadell, Anthony M., et al. Smart-home automation system that suggests or automatically implements selected household policies based on sensed observations. US10114351B2, 2015년 3월 5일 출원, 2018년 10월 30일 등록.
Fang, Lee. "Defense Tech Startup Founded by Trump's Most Prominent Silicon Valley Supporters Wins Secretive Military AI Contract." *The Intercept*(블로그), 2019년 3월 9일. https://theintercept.com/2019/03/09/anduril-industries-project-maven-palmer-luckey/.
---. "Leaked Emails Show Google Expected Lucrative Military Drone AI Work to Grow Exponentially." *The Intercept*(블로그), 2018년 5월 31일. https://theintercept.com/2018/05/31/google-leaked-emails-drone-ai-pentagon-lucrative/.
"Federal Policy for the Protection of Human Subjects." *Federal Register*, 2015년 9월 8일. https://www.federalregister.gov/documents/2015/09/08/2015-21756/federal-policy-for-the-protection-of-human-subjects.
Federici, Silvia. *Wages against Housework*. 제6판. London: Power of Women Collective and Falling Walls Press, 1975.
Fellbaum, Christiane, ed. *WordNet: An Electronic Lexical Database*. Cambridge, Mass.: MIT Press, 1998.
Fernández-Dols, José-Miguel, and James A. Russell, eds. *The Science of Facial Expression*. New York: Oxford University Press, 2017.
Feuer, William. "Palantir CEO Alex Karp Defends His Company's Relationship with Government Agencies." *CNBC*, 2020년 1월 23일. https://www.cnbc.com/2020/01/23/palantir-ceo-alex-karp-defends-his-companys-work-for-the-government.html.
"Five Eyes Intelligence Oversight and Review Council." U. S. Office of the Director of National Intelligence. https://www.dni.gov/index.php/who-we-are/organizations/enterprise-capacity/chco/chco-related-menus/chco-related-links/recruitment-and-outreach/217-about/organization/icig-pages/2660-icig-fiorc.
Foer, Franklin. "Jeff Bezos's Master Plan." *Atlantic*, 2019년 11월. https://www.theatlantic.com/magazine/archive/2019/11/what-jeff-bezos-

wants/598363/.

Foreman, Judy. "A Conversation with: Paul Ekman; The 43 Facial Muscles That Reveal Even the Most Fleeting Emotions." *New York Times*, 2003년 8월 5일. https://www.nytimes.com/2003/08/05/health/conversation-with-paul-ekman-43-facial-muscles-that-reveal-even-most-fleeting.html.

Forsythe, Diana E. "Engineering Knowledge: The Construction of Knowledge in Artificial Intelligence." *Social Studies of Science* 23, no. 3(1993): 445-77. https://doi.org/10.1177/0306312793023003002.

Fortunati, Leopoldina. "Robotization and the Domestic Sphere." *New Media and Society* 20, no. 8(2018): 2673-90. https://doi.org/10.1177/1461444817729366.

Foucault, Michel. *Discipline and Punish: The Birth of the Prison*. 제2판. New York: Vintage Books, 1995(한국어판은 『감시와 처벌』, 나남, 2020).

Founds, Andrew P., et al. "NIST Special Database 32: Multiple Encounter Dataset II(MEDS-II)." National Institute of Standards and Technology, NISTIR 7807, 2011년 2월. https://tsapps.nist.gov/publication/get_pdf.cfm?pub_id=908383.

Fourcade, Marion, and Kieran Healy. "Seeing Like a Market." *Socio-Economic Review* 15, no. 1(2016): 9-29. https://doi.org/10.1093/ser/mww033.

Franceschi-Bicchierai, Lorenzo. "Redditor Cracks Anonymous Data Trove to Pinpoint Muslim Cab Drivers." *Mashable*, 2015년 1월 28일. https://mashable.com/2015/01/28/redditor-muslim-cab-drivers/.

Franklin, Ursula M. *The Real World of Technology*. 개정판. Toronto, Ont.: House of Anansi Press, 2004.

Franklin, Ursula M., and Michelle Swenarchuk. *The Ursula Franklin Reader: Pacifism as a Map*. Toronto, Ont.: Between the Lines, 2006.

French, Martin A., and Simone A. Browne. "Surveillance as Social Regulation: Profiles and Profiling Technology." *Criminalization, Representation, Regulation: Thinking Differently about Crime*, Deborah R. Brock, Amanda Glasbeek, and Carmela Murdocca 엮음, 251-84에 수록. North York, Ont.: University of Toronto Press, 2014.

Fridlund, Alan. "A Behavioral Ecology View of Facial Displays, 25 Years Later." *Emotion Researcher*, 2015년 8월. https://emotionresearcher.com/the-behavioral-ecology-view-of-facial-displays-25-years-later/.

Fussell, Sidney. "The Next Data Mine Is Your Bedroom." *Atlantic*, 2018년 11월 17일. https://www.theatlantic.com/technology/archive/2018/11/google-patent-bedroom-privacy-smart-home/576022/.

Galison, Peter. *Einstein's Clocks, Poincaré's Maps: Empires of Time*. New York: W. W. Norton, 2003(한국어판은 『아인슈타인의 시계, 푸앵카레의 지도』, 동아시아, 2017).

---. "The Ontology of the Enemy: Norbert Wiener and the Cybernetic Vision." *Critical Inquiry* 21, no. 1(1994): 228-66.

---. "Removing Knowledge." *Critical Inquiry* 31, no. 1(2004): 229-43. https://doi.org/10.1086/427309.

Garris, Michael D., and Charles L. Wilson. "NIST Biometrics Evaluations and Developments." National Institute of Standards and Technology, NISTIR 7204, 2005년 2월. https://www.govinfo.gov/content/pkg/GOVPUB-C13-1ba4778e3b87bdd6ce660349317d3263/pdf/GOVPUB-C13-1ba4778e3b87bdd6ce660349317d3263.pdf.

Gates, Dominic. "Bezos's Blue Origin Seeks Tax Incentives to Build Rocket Engines Here." *Seattle Times*, 2016년 1월 14일. https://www.seattletimes.com/business/boeing-aerospace/bezoss-blue-origin-seeks-tax-incentives-to-build-rocket-engines-here/.

Gebru, Timnit, et al. "Datasheets for Datasets." *ArXiv:1803.09010[Cs]*, 2018년 3월 23일. http://arxiv.org/abs/1803.09010.

---. "Fine-Grained Car Detection for Visual Census Estimation." *Proceedings of the Thirty-First AAAI Conference on Artificial Intelligence, AAAI '17*, 4502-8에 수록.

Gee, Alastair. "San Francisco or Mumbai? UN Envoy Encounters Homeless Life in California." *Guardian*, 2018년 1월 22일. https://www.theguardian.com/us-news/2018/jan/22/un-rapporteur-homeless-san-francisco-california.

Gellman, Barton, and Laura Poitras. "U. S., British Intelligence Mining Data from Nine U. S. Internet Companies in Broad Secret Program." *Washington Post*, 2013년 6월 7일. https://www.washingtonpost.com/investigations/us-intelligence-mining-data-from-nine-us-internet-companies-in-broad-secret-program/2013/06/06/3a0c0da8-cebf-11e2-8845-d970ccb04497_story.html.

Gendron, Maria, and Lisa Feldman Barrett. *Facing the Past*. Vol. 1. New York: Oxford University Press, 2017.

George, Rose. *Ninety Percent of Everything: Inside Shipping, the Invisible Industry That Puts Clothes on Your Back, Gas in Your Car, and Food on Your Plate*. New York: Metropolitan Books, 2013.

Gershgorn, Dave. "The Data That Transformed AI Research – and Possibly the World." *Quartz*, 2017년 7월 26일. https://qz.com/1034972/the-datathat-changed-the-direction-of-ai-research-and-possibly-the-world/.

Ghaffary, Shirin. "More Than 1,000 Google Employees Signed a Letter Demanding the Company Reduce Its Carbon Emissions." *Recode*, 2019년 11월 4일. https://www.vox.com/recode/2019/11/4/20948200/google-employees-letter-demand-climate-change-fossil-fuels-carbon-emissions.

Gill, Karamjit S. *Artificial Intelligence for Society*. New York: John Wiley and Sons, 1986.

Gillespie, Tarleton. *Custodians of the Internet: Platforms, Content Moderation, and the Hidden Decisions That Shape Social Media*. New Haven: Yale University Press, 2018.

Gillespie, Tarleton, Pablo J. Boczkowski, and Kirsten A. Foot, eds. *Media Technologies: Essays on Communication, Materiality, and Society*. Cambridge. Mass.: MIT Press, 2014.

Gitelman, Lisa, ed. *"Raw Data" Is an Oxymoron*. Cambridge, Mass.: MIT Press, 2013.

Goeleven, Ellen, et al. "The Karolinska Directed Emotional Faces: A Validation Study." *Cognition and Emotion* 22, no. 6(2008): 1094–18. https://doi.org/10.1080/02699930701626582.

Goenka, Aakash, et al. Database systems and user interfaces for dynamic and interactive mobile image analysis and identification. US10339416B2, 2018년 7월 5일 출원, 2019년 7월 2일 등록.

"Google Outrage at 'NSA Hacking.'" *BBC News*, 2013년 10월 31일. https://www.bbc.com/news/world-us-canada-24751821.

Gora, Walter, Ulrich Herzog, and Satish Tripathi. "Clock Synchronization on the Factory Floor(FMS)." *IEEE Transactions on Industrial Electronics* 35, no. 3(1988): 372–80. https://doi.org/10.1109/41.3109.

Gould, Stephen Jay. *The Mismeasure of Man*. 개정 증보판. New York: W. W. Norton, 1996.

Graeber, David. *The Utopia of Rules: On Technology, Stupidity, and the Secret Joys of Bureaucracy*. Brooklyn, N.Y.: Melville House, 2015(한국어판은 『관료제 유토피아』, 메디치미디어, 2016).

Graham, John. "Lavater's Physiognomy in England." *Journal of the History of Ideas* 22, no. 4(1961): 561. https://doi.org/10.2307/2708032.

Graham, Mark, and Håvard Haarstad. "Transparency and Development: Ethical Consumption through Web 2.0 and the Internet of Things."

Information Technologies and International Development 7, no. 1(2011): 1-18.

Gray, Mary L., and Siddharth Suri. *Ghost Work: How to Stop Silicon Valley from Building a New Global Underclass*. Boston: Houghton Mifflin Harcourt, 2019(한국어판은 『고스트워크』, 한스미디어, 2019).

---. "The Humans Working behind the AI Curtain." *Harvard Business Review*, 2017년 1월 9일. https://hbr.org/2017/01/the-humans-working-behind-the-ai-curtain.

Gray, Richard T. *About Face: German Physiognomic Thought from Lavater to Auschwitz*. Detroit, Mich.: Wayne State University Press, 2004.

Green, Ben. *Smart Enough City: Taking Off Our Tech Goggles and Reclaiming the Future of Cities*. Cambridge, Mass.: MIT Press, 2019.

Greenberger, Martin, ed. *Management and the Computer of the Future*. New York: Wiley, 1962.

Greene, Tristan. "Science May Have Cured Biased AI." The Next Web, 2017년 10월 26일. https://thenextweb.com/artificial-intelligence/2017/10/26/scientists-may-have-just-created-the-cure-for-biased-ai/.

Greenhouse, Steven. "McDonald's Workers File Wage Suits in 3 States." *New York Times*, 2014년 3월 13일. https://www.nytimes.com/2014/03/14/business/mcdonalds-workers-in-three-states-file-suits-claiming-underpayment.html.

Greenwald, Anthony G., and Linda Hamilton Krieger. "Implicit Bias: Scientific Foundations." *California Law Review* 94, no. 4(2006): 945. https://doi.org/10.2307/20439056.

Gregg, Melissa. Counterproductive: *Time Management in the Knowledge Economy*. Durham, N. C.: Duke University Press, 2018.

"A Grey Goldmine: Recent Developments in Lithium Extraction in Bolivia and Alternative Energy Projects." Council on Hemispheric Affairs, 2009년 11월 17일. http://www.coha.org/a-grey-goldmine-recent-developments-in-lithium-extraction-in-bolivia-and-alternative-energy-projects/.

Grigorieff, Paul. "The Mittelwerk/Mittelbau/Camp Dora." V2rocket.com. http://www.v2rocket.com/start/chapters/mittel.html.

Grother, Patrick, et al. "The 2017 IARPA Face Recognition Prize Challenge(FRPC)." National Institute of Standards and Technology, NISTIR 8197, 2017년 11월. https://nvlpubs.nist.gov/nistpubs/ir/2017/NIST.IR.8197.pdf.

Grothoff, Christian, and J. M. Porup. "The NSA's SKYNET Program May Be

Killing Thousands of Innocent People." Ars Technica, 2016년 2월 16일. https://arstechnica.com/information-technology/2016/02/the-nsas-skynet-program-may-be-killing-thousands-of-innocent-people/.

Guendelsberger, Emily. *On the Clock: What Low-Wage Work Did to Me and How It Drives America Insane*. New York: Little, Brown, 2019.

Gurley, Lauren Kaori. "60 Amazon Workers Walked Out over Warehouse Working Conditions." *Vice*(블로그), 2019년 10월 3일. https://www.vice.com/en_us/article/pa7qny/60-amazon-workers-walked-out-over-warehouse-working-conditions.

Hacking, Ian. "Kinds of People: Moving Targets." *Proceedings of the British Academy* 151(2007): 285-318.

---. "Making Up People." *London Review of Books*, 2006년 8월 17일, 23-26.

Hagendorff, Thilo. "The Ethics of AI Ethics: An Evaluation of Guidelines." *Minds and Machines* 30(2020): 99-120. https://doi.org/10.1007/s11023-020-09517-8.

Haggerty, Kevin D., and Richard V. Ericson. "The Surveillant Assemblage." *British Journal of Sociology* 51, no. 4(2000): 605-22. https://doi.org/10.1080/00071310020015280.

Hajjar, Lisa. "Lawfare and Armed Conflicts: A Comparative Analysis of Israeli and U. S. Targeted Killing Policies." *Life in the Age of Drone Warfare*, Lisa Parks and Caren Kaplan 엮음, 59-88에 수록. Durham, N. C.: Duke University Press, 2017.

Halsey III, Ashley. "House Member Questions $900 Million TSA 'SPOT' Screening Program." *Washington Post*, 2013년 11월 14일. https://www.washingtonpost.com/local/trafficandcommuting/house-member-questions-900-million-tsa-spot-screening-program/2013/11/14/ad194cfe-4d5c-11e3-be6b-d3d28122e6d4_story.html.

Hao, Karen. "AI Is Sending People to Jail – and Getting It Wrong." *MIT Technology Review*, 2019년 1월 21일. https://www.technologyreview.com/s/612775/algorithms-criminal-justice-ai/.

---. "The Technology behind OpenAI's Fiction-Writing, Fake-News-Spewing AI, Explained." *MIT Technology Review*, 2019년 2월 16일. https://www.technologyreview.com/s/612975/ai-natural-language-processing-explained/.

---. "Three Charts Show How China's AI Industry Is Propped Up by Three Companies." *MIT Technology Review*, 2019년 1월 22일. https://www.technologyreview.com/s/612813/the-future-of-chinas-ai-industry-is-

in-the-hands-of-just-three-companies/.
Haraway, Donna J. *Modest_Witness@Second_Millennium.FemaleMan_Meets_OncoMouse: Feminism and Technoscience*. New York: Routledge, 1997(한국어판은 『겸손한_목격자@제2의_천년.여성인간©앙코마우스™를_만나다』, 갈무리, 2007).
---. *Simians, Cyborgs, and Women: The Reinvention of Nature*. New York: Routledge, 1990(한국어판은 『유인원, 사이보그, 그리고 여자』, 동문선, 2002).
---. *When Species Meet*. Minneapolis: University of Minnesota Press, 2008.
Hardt, Michael, and Antonio Negri. *Assembly*. New York: Oxford University Press, 2017(한국어판은 『어셈블리』, 알렙, 2020).
Harrabin, Roger. "Google Says Its Carbon Footprint Is Now Zero." *BBC News*, 2020년 9월 14일. https://www.bbc.com/news/technology-54141899.
Harvey, Adam R. "MegaPixels." MegaPixels. https://megapixels.cc/.
Harvey, Adam, and Jules LaPlace. "Brainwash Dataset." MegaPixels. https://megapixels.cc/brainwash/.
Harwell, Drew. "A Face-Scanning Algorithm Increasingly Decides Whether You Deserve the Job." *Washington Post*, 2019년 11월 7일. https://www.washingtonpost.com/technology/2019/10/22/ai-hiring-face-scanning-algorithm-increasingly-decides-whether-you-deserve-job/.
Haskins, Caroline. "Amazon Is Coaching Cops on How to Obtain Surveillance Footage without a Warrant." *Vice*(블로그), 2019년 8월 5일. https://www.vice.com/en_us/article/43kga3/amazon-is-coaching-cops-on-how-to-obtain-surveillance-footage-without-a-warrant.
---. "Amazon's Home Security Company Is Turning Everyone into Cops." *Vice*(블로그), 2019년 2월 7일. https://www.vice.com/en_us/article/qvyvzd/amazons-home-security-company-is-turning-everyone-into-cops.
---. "How Ring Transmits Fear to American Suburbs." *Vice*(블로그), 2019년 7월 12일. https://www.vice.com/en/article/ywaa57/how-ring-transmits-fear-to-american-suburbs.
Heaven, Douglas. "Why Faces Don't Always Tell the Truth about Feelings." *Nature*, 2020년 2월 26일. https://www.nature.com/articles/d41586-020-00507-5.
Heller, Nathan. "What the Enron Emails Say about Us." *New Yorker*, 2017년 7월 17일. https://www.newyorker.com/magazine/2017/07/24/what-the-enron-e-mails-say-about-us.
Hernandez, Elizabeth. "CU Colorado Springs Students Secretly Photographed for Government-Backed Facial-Recognition Research." *Denver Post*, 2019년 5월 27일. https://www.denverpost.com/2019/05/27/

cu-colorado-springs-facial-recognition-research/.
Heyn, Edward T. "Berlin's Wonderful Horse; He Can Do Almost Everything but Talk – How He Was Taught." *New York Times*, 1904년 9월 4일. https://timesmachine.nytimes.com/timesmachine/1904/09/04/101396572.pdf.
Hicks, Mar. *Programmed Inequality: How Britain Discarded Women Technologists and Lost Its Edge in Computing*. Cambridge, Mass.: MIT Press, 2017(한국어판은 『계획된 불평등』, 이김, 2019).
Hird, M. J. "Waste, Landfills, and an Environmental Ethics of Vulnerability." *Ethics and the Environment* 18, no. 1(2013): 105–24. https://www.doi.org/10.2979/ethicsenviro.18.1.105.
Hodal, Kate. "Death Metal: Tin Mining in Indonesia." *Guardian*, 2012년 11월 23일. https://www.theguardian.com/environment/2012/nov/23/tin-mining-indonesia-bangka.
Hoffmann, Anna Lauren. "Data Violence and How Bad Engineering Choices Can Damage Society." *Medium*(블로그), 2018년 4월 30일. https://medium.com/s/story/data-violence-and-how-bad-engineering-choices-can-damage-society-39e44150e1d4.
Hoffower, Hillary. "We Did the Math to Calculate How Much Money Jeff Bezos Makes in a Year, Month, Week, Day, Hour, Minute, and Second." *Business Insider*, 2019년 1월 9일. https://www.businessinsider.com/what-amazon-ceo-jeff-bezos-makes-every-day-hour-minute-2018-10.
Hoft, Joe. "Facial, Speech and Virtual Polygraph Analysis Shows Ilhan Omar Exhibits Many Indications of a Compulsive Fibber!!!" The Gateway Pundit, 2019년 7월 21일. https://www.thegatewaypundit.com/2019/07/facial-speech-and-virtual-polygraph-analysis-shows-ilhan-omar-exhibits-many-indications-of-a-compulsive-fibber/.
Hogan, Mél. "Data Flows and Water Woes: The Utah Data Center." *Big Data and Society*(2015년 12월). https://www.doi.org/10.1177/2053951715592429.
Holmqvist, Caroline. *Policing Wars: On Military Intervention in the Twenty-First Century*. London: Palgrave Macmillan, 2014.
Horne, Emily, and Tim Maly. *The Inspection House: An Impertinent Field Guide to Modern Surveillance*. Toronto: Coach House Books, 2014.
Horowitz, Alexandra. "Why Brain Size Doesn't Correlate with Intelligence." *Smithsonian*, 2013년 12월. https://www.smithsonianmag.com/science-nature/why-brain-size-doesnt-correlate-with-intelligence-180947627/.
House, Brian. "Synchronizing Uncertainty: Google's Spanner and Cartographic Time." *Executing Practices*, Helen Pritchard, Eric

Snodgrass, and Magda Tyzlik-Carver 엮음, 117-26에 수록. London: Open Humanities Press, 2018.
"How Does a Lithium-Ion Battery Work?" Energy.gov, 2017년 9월 14일. https://www.energy.gov/eere/articles/how-does-lithium-ion-battery-work.
Hu, Tung-Hui. *A Prehistory of the Cloud*. Cambridge, Mass.: MIT Press, 2015.
Huet, Ellen. "The Humans Hiding behind the Chatbots." *Bloomberg*, 2016년 4월 18일. https://www.bloomberg.com/news/articles/2016-04-18/the-humans-hiding-behind-the-chatbots.
Hutson, Matthew. "Artificial Intelligence Could Identify Gang Crimes – and Ignite an Ethical Firestorm." *Science*, 2018년 2월 28일. https://www.sciencemag.org/news/2018/02/artificial-intelligence-could-identify-gang-crimes-and-ignite-ethical-firestorm.
Hwang, Tim, and Karen Levy. "'The Cloud' and Other Dangerous Metaphors." *Atlantic*, 2015년 1월 20일. https://www.theatlantic.com/technology/archive/2015/01/the-cloud-and-other-dangerous-metaphors/384518/.
"ImageNet Large Scale Visual Recognition Competition(ILSVRC)." http://image-net.org/challenges/LSVRC/.
"Intel's Efforts to Achieve a Responsible Minerals Supply Chain." Intel, 2019년 5월. https://www.intel.com/content/www/us/en/corporate-responsibility/conflict-minerals-white-paper.html.
Irani, Lilly. "Difference and Dependence among Digital Workers: The Case of Amazon Mechanical Turk." *South Atlantic Quarterly* 114, no. 1(2015): 225-34. https://doi.org/10.1215/00382876-2831665.
---. "The Hidden Faces of Automation." *XRDS* 23, no. 2(2016): 34-37. https://doi.org/10.1145/3014390.
Izard, Carroll E. "The Many Meanings/Aspects of Emotion: Definitions, Functions, Activation, and Regulation." *Emotion Review* 2, no. 4(2010): 363-70. https://doi.org/10.1177/1754073910374661.
Jaton, Florian. "We Get the Algorithms of Our Ground Truths: Designing Referential Databases in Digital Image Processing." *Social Studies of Science* 47, no. 6(2017): 811-40. https://doi.org/10.1177/0306312717730428.
Jin, Huafeng, and Shuo Wang. Voice-based determination of physical and emotional characteristics of users. US10096319B1, n.d.
Jobin, Anna, Marcello Ienca, and Effy Vayena. "The Global Landscape of AI Ethics Guidelines." *Nature Machine Intelligence* 1(2019): 389-99. https://

doi.org/10.1038/s42256-019-0088-2.
Jones, Nicola. "How to Stop Data Centres from Gobbling Up the World's Electricity." *Nature*, 2018년 9월 12일. https://www.nature.com/articles/d41586-018-06610-y.
Joseph, George. "Data Company Directly Powers Immigration Raids in Workplace." *WNYC*, 2019년 7월 16일. https://www.wnyc.org/story/palantir-directly-powers-ice-workplace-raids-emails-show/.
June, Laura. "YouTube Has a Fake Peppa Pig Problem." *The Outline*, 2017년 3월 16일. https://theoutline.com/post/1239/youtube-has-a-fake-peppa-pig-problem.
Kafer, Alison. *Feminist, Queer, Crip*. Bloomington: Indiana University Press, 2013.
Kak, Amba, ed. "Regulating Biometrics: Global Approaches and Urgent Questions." AI Now Institute, 2020년 9월 1일. https://ainowinstitute.org/regulatingbiometrics.html.
Kanade, Takeo. *Computer Recognition of Human Faces*. Basel: Birkhäuser Boston, 2013.
Kanade, T., J. F. Cohn, and Yingli Tian. "Comprehensive Database for Facial Expression Analysis." *Proceedings Fourth IEEE International Conference on Automatic Face and Gesture Recognition*, 46-53에 수록. 2000. https://doi.org/10.1109/AFGR.2000.840611.
Kappas, A. "Smile When You Read This, Whether You Like It or Not: Conceptual Challenges to Affect Detection." *IEEE Transactions on Affective Computing* 1, no. 1(2010): 38-41. https://doi.org/10.1109/T-AFFC.2010.6.
Katz, Lawrence F., and Alan B. Krueger. "The Rise and Nature of Alternative Work Arrangements in the United States, 1995-2015." *ILR Review* 72, no. 2(2019): 382-416.
Keates, Nancy. "The Many Places Amazon CEO Jeff Bezos Calls Home." *Wall Street Journal*, 2019년 1월 9일. https://www.wsj.com/articles/the-many-places-amazon-ceo-jeff-bezos-calls-home-1507204462.
Keel, Terence D. "Religion, Polygenism and the Early Science of Human Origins." *History of the Human Sciences* 26, no. 2(2013): 3-32. https://doi.org/10.1177/0952695113482916.
Kelly, Kevin. *What Technology Wants*. New York: Penguin Books, 2011(한국어판은 『기술의 충격』, 민음사, 2011).
Kemeny, John, and Thomas Kurtz. "Dartmouth Timesharing." *Science*

162(1968): 223-68.

Kendi, Ibram X. "A History of Race and Racism in America, in 24 Chapters." *New York Times*, 2017년 2월 22일. https://www.nytimes.com/2017/02/22/books/review/a-history-of-race-and-racism-in-america-in-24-chapters.html.

Kerr, Dara. "Tech Workers Protest in SF to Keep Attention on Travel Ban." *CNET*, 2017년 2월 13일. https://www.cnet.com/news/trump-immigration-ban-tech-workers-protest-no-ban-no-wall/.

Keyes, Os. "The Misgendering Machines: Trans/HCI Implications of Automatic Gender Recognition." *Proceedings of the ACM on Human-Computer Interaction* 2, Issue CSCW(2018): art에 수록. 88. https://doi.org/10.1145/3274357.

Kleinberg, Jon, et al. "Human Decisions and Machine Predictions." *Quarterly Journal of Economics* 133, no. 1(2018): 237-93. https://doi.org/10.1093/qje/qjx032.

Klimt, Bryan, and Yiming Yang. "The Enron Corpus: A New Dataset for Email Classification Research." *Machine Learning: ECML 2004*, Jean-François Boulicat et al. 엮음, 217-26에 수록. Berlin: Springer, 2004.

Klose, Alexander. *The Container Principle: How a Box Changes the Way We Think*. Charles Marcrum 옮김. Cambridge, Mass.: MIT Press, 2015.

Knight, Will. "Alpha Zero's 'Alien' Chess Shows the Power, and the Peculiarity, of AI." *MIT Technology Review*, 2017년 12월 8일. https://www.technologyreview.com/s/609736/alpha-zeros-alien-chess-shows-the-power-and-the-peculiarity-of-ai/.

Kolbert, Elizabeth. "There's No Scientific Basis for Race – It's a Made-Up Label." *National Geographic*, 2018년 3월 12일. https://www.nationalgeographic.com/magazine/2018/04/race-genetics-science-africa/.

Krizhevsky, Alex, Ilya Sutskever, and Geoffrey E. Hinton. "ImageNet Classification with Deep Convolutional Neural Networks." *Communications of the ACM* 60, no. 6(2017): 84-90. https://doi.org/10.1145/3065386.

Labban, Mazen. "Deterritorializing Extraction: Bioaccumulation and the Planetary Mine." *Annals of the Association of American Geographers* 104, no. 3(2014): 560-76. https://www.jstor.org/stable/24537757.

Lakoff, George. *Women, Fire, and Dangerous Things: What Categories Reveal about the Mind*. Chicago: University of Chicago Press, 1987.

Lambert, Fred. "Breakdown of Raw Materials in Tesla's Batteries and Possible Breaknecks," electrek, 2016년 11월 1일. https://electrek.co/2016/11/01/breakdown-raw-materials-tesla-batteries-possible-bottleneck/.

Lapuschkin, Sebastian, et al. "Unmasking Clever Hans Predictors and Assessing What Machines Really Learn." *Nature Communications* 10, no. 1(2019): 1-8. https://doi.org/10.1038/s41467-019-08987-4.

Latour, Bruno. "Tarde's Idea of Quantification." *The Social after Gabriel Tarde: Debates and Assessments*, Matei Candea 엮음, 147-64에 수록. New York: Routledge, 2010.

Lem, Stainslaw. "The First Sally(A), or Trurl's Electronic Bard." *From Here to Forever*, vol. 4, *The Road to Science Fiction*, James Gunn 엮음에 수록. Lanham, Md.: Scarecrow, 2003.

Leys, Ruth. *The Ascent of Affect: Genealogy and Critique*. Chicago: University of Chicago Press, 2017.

Li, Xiaochang. "Divination Engines: A Media History of Text Prediction." 박사 논문, New York University, 2017.

Libby, Sara. "Scathing Audit Bolsters Critics' Fears about Secretive State Gang Database." *Voice of San Diego*, 2016년 8월 11일. https://www.voiceofsandiego.org/topics/public-safety/scathing-audit-bolsters-critics-fears-secretive-state-gang-database/.

Light, Jennifer S. "When Computers Were Women." *Technology and Culture* 40, no. 3(1999): 455-83. https://www.jstor.org/stable/25147356.

Lingel, Jessa, and Kate Crawford. "Alexa, Tell Me about Your Mother: The History of the Secretary and the End of Secrecy." *Catalyst: Feminism, Theory, Technoscience* 6, no. 1(2020). https://catalystjournal.org/index.php/catalyst/article/view/29949.

Liu, Zhiyi. "Chinese Mining Dump Could Hold Trillion-Dollar Rare Earth Deposit." China Dialogue, 2012년 12월 14일. https://www.chinadialogue.net/article/show/single/en/5495-Chinese-mining-dump-could-hold-trillion-dollar-rare-earth-deposit.

Lloyd, G. E. R. "The Development of Aristotle's Theory of the Classification of Animals." *Phronesis* 6, no. 1-2(1961): 59-81. https://doi.org/10.1163/156852861X00080.

Lo, Chris. "The False Monopoly: China and the Rare Earths Trade." *Mining Technology, Mining News and Views Updated Daily*(블로그), 2015년 8월 19일. https://www.mining-technology.com/features/featurethe-false-monopoly-china-and-the-rare-earths-trade-4646712/.

Locker, Melissa. "Microsoft, Duke, and Stanford Quietly Delete Databases with Millions of Faces." *Fast Company*, 2019년 6월 6일. https://www.fastcompany.com/90360490/ms-celeb-microsoft-deletes-10m-faces-from-face-database.

Lorde, Audre. *The Master's Tools Will Never Dismantle the Master's House*. London: Penguin Classics, 2018.

Lucey, Patrick, et al. "The Extended Cohn-Kanade Dataset(CK+): A Complete Dataset for Action Unit and Emotion-Specified Expression." *2010 IEEE Computer Society Conference on Computer Vision and Pattern Recognition–Workshops*, 94-101에 수록. https://doi.org/10.1109/CVPRW.2010.5543262.

Luxemburg, Rosa. "Practical Economies: Volume 2 of Marx's Capital." *The Complete Works of Rosa Luxemburg*, Peter Hudis 엮음, 421-60에 수록. London: Verso, 2013.

Lyons, M., et al. "Coding Facial Expressions with Gabor Wavelets." *Proceedings Third IEEE International Conference on Automatic Face and Gesture Recognition*, 200-205에 수록. 1998. https://doi.org/10.1109/AFGR.1998.670949.

Lyotard, Jean François. "Presenting the Unpresentable: The Sublime." *Artforum*, 1982년 4월.

Maass, Peter. "Summit Fever." *The Intercept*(블로그), 2012년 6월 25일. https://www.documentcloud.org/documents/2088979-summit-fever.html.

Maass, Peter, and Beryl Lipton. "What We Learned." *MuckRock*, 2018년 11월 15일. https://www.muckrock.com/news/archives/2018/nov/15/alpr-what-we-learned/.

MacKenzie, Donald A. *Inventing Accuracy: A Historical Sociology of Nuclear Missile Guidance*. Cambridge, Mass.: MIT Press, 2001.

"Magic from Invention." Brunel University London. https://www.brunel.ac.uk/research/Brunel-Innovations/Magic-from-invention.

Mahdawi, Arwa. "The Domino's 'Pizza Checker' Is Just the Beginning – Workplace Surveillance Is Coming for You." *Guardian*, 2019년 10월 15일. https://www.theguardian.com/commentisfree/2019/oct/15/the-dominos-pizza-checker-is-just-the-beginning-workplace-surveillance-is-coming-for-you.

Marcus, Mitchell P., Mary Ann Marcinkiewicz, and Beatrice Santorini. "Building a Large Annotated Corpus of English: The Penn Treebank." *Computational Linguistics* 19, no. 2(1993): 313-30. https://dl.acm.org/doi/

abs/10.5555/972470.972475.

Markoff, John. "Pentagon Turns to Silicon Valley for Edge in Artificial Intelligence." *New York Times*, 2016년 5월 11일. https://www.nytimes.com/2016/05/12/technology/artificial-intelligence-as-the-pentagons-latest-weapon.html.

---. "Seeking a Better Way to Find Web Images." *New York Times*, 2012년 11월 19일. https://www.nytimes.com/2012/11/20/science/for-web-images-creating-new-technology-to-seek-and-find.html.

---. "Skilled Work, without the Worker." *New York Times*, 2012년 8월 18일. https://www.nytimes.com/2012/08/19/business/new-wave-of-adept-robots-is-changing-global-industry.html.

Martinage, Robert. "Toward a New Offset Strategy: Exploiting U. S. Long-Term Advantages to Restore U. S. Global Power Projection Capability." Washington, D. C.: Center for Strategic and Budgetary Assessments, 2014. https://csbaonline.org/uploads/documents/Offset-Strategy-Web.pdf.

Marx, Karl. *Das Kapital: A Critique of Political Economy*. Chicago: H. Regnery, 1959(한국어판은 『자본론』, 비봉출판사, 2015).

---. *The Poverty of Philosophy*. New York: Progress, 1955.

Marx, Karl, and Friedrich Engels. *The Marx-Engels Reader*, Robert C. Tucker 엮음. 제2판. New York: W. W. Norton, 1978.

Marx, Paris. "Instead of Throwing Money at the Moon, Jeff Bezos Should Try Helping Earth." *NBC News*, 2019년 5월 15일. https://www.nbcnews.com/think/opinion/jeff-bezos-blue-origin-space-colony-dreams-ignore-plight-millions-ncna1006026.

Masanet, Eric, Arman Shehabi, Nuoa Lei, Sarah Smith, and Jonathan Koomey. "Recalibrating Global Data Center Energy-Use Estimates." *Science* 367, no. 6481(2020): 984-86.

Matney, Lucas. "More than 100 Million Alexa Devices Have Been Sold." *TechCrunch*(블로그), 2019년 1월 4일. http://social.techcrunch.com/2019/01/04/more-than-100-million-alexa-devices-have-been-sold/.

Mattern, Shannon. "Calculative Composition: The Ethics of Automating Design." *The Oxford Handbook of Ethics of AI*, Markus D. Dubber, Frank Pasquale, and Sunit Das 엮음, 572-92에 수록. Oxford: Oxford University Press, 2020.

---. *Code and Clay, Data and Dirt: Five Thousand Years of Urban Media*.

Minneapolis: University of Minnesota Press, 2017.

Maughan, Tim. "The Dystopian Lake Filled by the World's Tech Lust." BBC Future, 2015년 4월 2일. https://www.bbc.com/future/article/20150402-the-worst-place-on-earth.

Mayhew, Claire, and Michael Quinlan. "Fordism in the Fast Food Industry: Pervasive Management Control and Occupational Health and Safety Risks for Young Temporary Workers." *Sociology of Health and Illness* 24, no. 3(2002): 261-84. https://doi.org/10.1111/1467-9566.00294.

Mayr, Ernst. *The Growth of Biological Thought: Diversity, Evolution, and Inheritance*. Cambridge, Mass.: Harvard University Press, 1982.

Mbembé, Achille. *Critique of Black Reason*. Durham, N. C.: Duke University Press, 2017.

---. *Necropolitics*. Durham, N. C.: Duke University Press, 2019.

Mbembé, Achille, and Libby Meintjes. "Necropolitics." *Public Culture* 15, no. 1(2003): 11-40. https://www.muse.jhu.edu/article/39984.

McCorduck, Pamela. *Machines Who Think: A Personal Inquiry into the History and Prospects of Artificial Intelligence*. Natick, Mass.: A. K. Peters, 2004.

McCurry, Justin. "Fukushima Disaster: Japanese Power Company Chiefs Cleared of Negligence." *Guardian*, 2019년 9월 19일. https://www.theguardian.com/environment/2019/sep/19/fukushima-disaster-japanese-power-company-chiefs-cleared-of-negligence.

---. "Fukushima Nuclear Disaster: Former Tepco Executives Go on Trial." *Guardian*, 2017년 6월 30일. https://www.theguardian.com/environment/2017/jun/30/fukushima-nuclear-crisis-tepco-criminal-trial-japan.

McDuff, Daniel, et al. "Affectiva-MIT Facial Expression Dataset(AM-FED): Naturalistic and Spontaneous Facial Expressions Collected 'In-the-Wild.'" *2013 IEEE Conference on Computer Vision and Pattern Recognition Workshops*, 881-88에 수록. https://doi.org/10.1109/CVPRW.2013.130.

McIlwain, Charlton. *Black Software: The Internet and Racial Justice, from the AfroNet to Black Lives Matter*. New York: Oxford University Press, 2019.

McLuhan, Marshall. *Understanding Media: The Extensions of Man*. 복간본. Cambridge, Mass.: MIT Press, 1994(한국어판은 『미디어의 이해』, 민음사, 2002).

McMillan, Graeme. "It's Not You, It's It: Voice Recognition Doesn't Recognize Women." *Time*, 2011년 6월 1일. http://techland.time.com/2011/06/01/its-not-you-its-it-voice-recognition-doesnt-recognize-women/.

McNamara, Robert S., and James G. Blight. *Wilson's Ghost: Reducing the Risk of*

Conflict, Killing, and Catastrophe in the 21st Century. New York: Public Affairs, 2001.

McNeil, Joanne. "Two Eyes See More Than Nine." *Jon Rafman: Nine Eyes*, Kate Steinmann 엮음. Los Angeles: New Documents, 2016.

Mead, Margaret. Review of *Darwin and Facial Expression: A Century of Research in Review*, Paul Ekman 엮음. *Journal of Communication* 25, no. 1(1975): 209-40. https://doi.org/10.1111/j.1460-2466.1975.tb00574.x.

Meadows, Donella H., et al. *The Limits to Growth*. New York: Signet, 1972(한국어판은 『성장의 한계』, 갈라파고스, 2021).

Menabrea, Luigi Federico, and Ada Lovelace. "Sketch of the Analytical Engine Invented by Charles Babbage." The Analytical Engine. https://www.fourmilab.ch/babbage/sketch.html.

Merler, Michele, et al. "Diversity in Faces." *ArXiv:1901.10436[Cs]*, 2019년 4월 8일. http://arxiv.org/abs/1901.10436.

Metcalf, Jacob, and Kate Crawford. "Where Are Human Subjects in Big Data Research? The Emerging Ethics Divide." *Big Data and Society* 3, no. 1(2016): 1-14. https://doi.org/10.1177/2053951716650211.

Metcalf, Jacob, Emanuel Moss, and danah boyd. "Owning Ethics: Corporate Logics, Silicon Valley, and the Institutionalization of Ethics." *International Quarterly* 82, no. 2(2019): 449-76.

Meulen, Rob van der. "Gartner Says 8.4 Billion Connected 'Things' Will Be in Use in 2017, Up 31 Percent from 2016." *Gartner*, 2017년 2월 7일. https://www.gartner.com/en/newsroom/press-releases/2017-02-07-gartner-says-8-billion-connected-things-will-be-in-use-in-2017-up-31-percent-from-2016.

Meyer, John W., and Ronald L. Jepperson. "The 'Actors' of Modern Society: The Cultural Construction of Social Agency." *Sociological Theory* 18, no. 1(2000): 100-120. https://doi.org/10.1111/0735-2751.00090.

Mezzadra, Sandro, and Brett Neilson. "On the Multiple Frontiers of Extraction: Excavating Contemporary Capitalism." *Cultural Studies* 31, no. 2-3(2017): 185-204. https://doi.org/10.1080/09502386.2017.1303425.

Michalski, Ryszard S. "Pattern Recognition as Rule-Guided Inductive Inference." *IEEE Transactions on Pattern Analysis Machine Intelligence* 2, no. 4(1980): 349-61. https://doi.org/10.1109/TPAMI.1980.4767034.

Michel, Arthur Holland. *Eyes in the Sky: The Secret Rise of Gorgon Stare and How It Will Watch Us All*. Boston: Houghton Mifflin Harcourt, 2019.

Mikel, Betsy. "WeWork Just Made a Disturbing Acquisition; It Raises a Lot of

Flags about Workers' Privacy." Inc.com, 2019년 2월 17일. https://www.inc.com/betsy-mikel/wework-is-trying-a-creepy-new-strategy-it-just-might-signal-end-of-workplace-as-we-know-it.html.

Mirzoeff, Nicholas. *The Right to Look: A Counterhistory of Visuality*. Durham, N. C.: Duke University Press, 2011.

Mitchell, Margaret, et al. "Model Cards for Model Reporting." *FAT* '19: Proceedings of the Conference on Fairness, Accountability, and Transparency*, 220-29에 수록. Atlanta: ACM Press, 2019. https://doi.org/10.1145/3287560.3287596.

Mitchell, Paul Wolff. "The Fault in His Seeds: Lost Notes to the Case of Bias in Samuel George Morton's Cranial Race Science." *PLOS Biology* 16, no. 10(2018): e2007008. https://doi.org/10.1371/journal.pbio.2007008.

Mitchell, Tom M. "The Need for Biases in Learning Generalizations." Working paper, Rutgers University, 1980년 5월.

Mitchell, W. J. T. *Picture Theory: Essays on Verbal and Visual Representation*. Chicago.: University of Chicago Press, 1994.

Mittelstadt, Brent. "Principles Alone Cannot Guarantee Ethical AI." *Nature Machine Intelligence* 1, no. 11(2019): 501-7. https://doi.org/10.1038/s42256-019-0114-4.

Mohamed, Shakir, Marie-Therese Png, and William Isaac. "Decolonial AI: Decolonial Theory as Sociotechnical Foresight in Artificial Intelligence." *Philosophy and Technology*(2020): 405. https://doi.org/10.1007/s13347-020-00405-8.

Moll, Joana. "CO2GLE." http://www.janavirgin.com/CO2/.

Molnar, Phillip, Gary Robbins, and David Pierson. "Cutting Edge: Apple's Purchase of Emotient Fuels Artificial Intelligence Boom in Silicon Valley." *Los Angeles Times*, 2016년 1월 17일. https://www.latimes.com/business/technology/la-fi-cutting-edge-facial-recognition-20160117-story.html.

Morris, David Z. "Major Advertisers Flee YouTube over Videos Exploiting Children." *Fortune*, 2017년 11월 26일. https://fortune.com/2017/11/26/advertisers-flee-youtube-child-exploitation/.

Morton, Timothy. *Hyperobjects: Philosophy and Ecology after the End of the World*. Minneapolis: University of Minnesota Press, 2013.

Mosco, Vincent. *To the Cloud: Big Data in a Turbulent World*. Boulder, Colo.: Paradigm, 2014(한국어판은 『클라우드와 빅데이터의 정치경제학』, 커뮤니케이션북스, 2015).

Müller-Maguhn, Andy, et al. "The NSA Breach of Telekom and Other German

Firms." *Spiegel*, 2014년 9월 14일. https://www.spiegel.de/international/world/snowden-documents-indicate-nsa-has-breached-deutsche-telekom-a-991503.html.

Mumford, Lewis. "The First Megamachine." *Diogenes* 14, no. 55(1966): 1-15. https://doi.org/10.1177/039219216601405501.

---. *The Myth of the Machine*. Vol. 1: *Technics and Human Development*. New York: Harcourt Brace Jovanovich, 1967(한국어판은 『기계의 신화 I : 기술과 인류의 발달』, 아카넷, 2013).

---. *Technics and Civilization*. Chicago: University of Chicago Press, 2010(한국어판은 『기술과 문명』, 책세상, 2013).

Murgia, Madhumita, and Max Harlow. "Who's Using Your Face? The Ugly Truth about Facial Recognition." *Financial Times*, 2019년 4월 19일. https://www.ft.com/content/cf19b956-60a2-11e9-b285-3acd5d43599e.

Muse, Abdi. "Organizing Tech." AI Now 2019 Symposium, AI Now Institute, 2019. https://ainowinstitute.org/symposia/2019-symposium.html.

Nakashima, Ellen, and Joby Warrick. "For NSA Chief, Terrorist Threat Drives Passion to 'Collect It All.'" *Washington Post*, 2013년 7월 14일. https://www.washingtonpost.com/world/national-security/for-nsa-chief-terrorist-threat-drives-passion-to-collect-it-all/2013/07/14/3d26ef80-ea49-11e2-a301-ea5a8116d211_story.html.

NASA. "Outer Space Treaty of 1967." NASA History, 1967. https://history.nasa.gov/1967treaty.html.

Nassar, Nedal, et al. "Evaluating the Mineral Commodity Supply Risk of the US Manufacturing Sector." *Science Advances* 6, no. 8(2020): eaa8647. https://www.doi.org/10.1126/sciadv.aay8647.

Natarajan, Prem. "Amazon and NSF Collaborate to Accelerate Fairness in AI Research." *Alexa Blogs*(블로그), 2019년 3월 25일. https://developer.amazon.com/blogs/alexa/post/1786ea03-2e55-4a93-9029-5df88c200ac1/amazon-and-nsf-collaborate-to-accelerate-fairness-in-ai-research.

National Institute of Standards and Technology(NIST). "Special Database 32 – Multiple Encounter Dataset(MEDS)." https://www.nist.gov/itl/iad/image-group/special-database-32-multiple-encounter-dataset-meds.

Nedlund, Evelina. "Apple Card Is Accused of Gender Bias; Here's How That Can Happen." *CNN*, 2019년 11월 12일. https://edition.cnn.com/2019/11/12/business/apple-card-gender-bias/index.html.

Negroni, Christine. "How to Determine the Power Rating of Your Gadget's Batteries." *New York Times*, 2016년 12월 26일. https://www.nytimes.

com/2016/12/26/business/lithium-ion-battery-airline-safety.html.
"Neighbors by Ring: Appstore for Android." Amazon. https://www.amazon.com/Ring-Neighbors-by/dp/B07V7K49QT.
Nelson, Alondra. *The Social Life of DNA: Race, Reparations, and Reconciliation after the Genome*. Boston: Beacon, 2016.
Nelson, Alondra, Thuy Linh N. Tu, and Alicia Headlam Hines. "Introduction: Hidden Circuits." *Technicolor: Race, Technology, and Everyday Life*, Alondra Nelson, Thuy Linh N. Tu, and Alicia Headlam Hines, 1-12에 수록. New York: New York University Press 2001.
Nelson, Francis W., and Henry Kucera. *Brown Corpus Manual: Manual of Information to Accompany a Standard Corpus of Present-Day Edited American English for Use with Digital Computers*. Providence, R.I.: Brown University, 1979. http://icame.uib.no/brown/bcm.html.
Nelson, Robin. "Racism in Science: The Taint That Lingers." *Nature* 570(2019): 440-41. https://doi.org/10.1038/d41586-019-01968-z.
Newman, Lily Hay. "Internal Docs Show How ICE Gets Surveillance Help From Local Cops." *Wired*, 2019년 3월 13일. https://www.wired.com/story/ice-license-plate-surveillance-vigilant-solutions/.
Nielsen, Kim E. *A Disability History of the United States*. Boston: Beacon, 2012.
Nietzsche, Friedrich. *Sämtliche Werke*. Vol. 11. Berlin: de Gruyter, 1980.
Nilsson, Nils J. *The Quest for Artificial Intelligence: A History of Ideas and Achievements*. New York: Cambridge University Press, 2009.
Nilsson, Patricia. "How AI Helps Recruiters Track Jobseekers' Emotions." *Financial Times*, 2018년 2월 28일. https://www.ft.com/content/e2e85644-05be-11e8-9650-9c0ad2d7c5b5.
Noble, Safiya Umoja. *Algorithms of Oppression: How Search Engines Reinforce Racism*. New York: NYU Press, 2018(한국어판은 『구글은 어떻게 여성을 차별하는가』, 한스미디어, 2019).
"NSA Phishing Tactics and Man in the Middle Attacks." *The Intercept*(블로그), 2014년 3월 12일. https://theintercept.com/document/2014/03/12/nsa-phishing-tactics-man-middle-attacks/.
"Off Now: How Your State Can Help Support the Fourth Amendment." OffNow.org. https://s3.amazonaws.com/TAChandbooks/OffNow-Handbook.pdf.
Ohm, Paul. "Don't Build a Database of Ruin." *Harvard Business Review*, 2012년 8월 23일. https://hbr.org/2012/08/dont-build-a-database-of-ruin.
Ohtake, Miyoko. "Psychologist Paul Ekman Delights at Exploratorium."

WIRED, 2008년 1월 28일. https://www.wired.com/2008/01/psychologist-pa/.

O'Neil, Cathy. *Weapons of Math Destruction: How Big Data Increases Inequality and Threatens Democracy*. New York: Crown, 2016(한국어판은 『대량살상 수학무기』, 흐름출판, 2017).

O'Neill, Gerard K. *The High Frontier: Human Colonies in Space*. 제3판. Burlington, Ont.: Apogee Books, 2000.

"One-Year Limited Warranty for Amazon Devices or Accessories." Amazon. https://www.amazon.com/gp/help/customer/display.html?nodeId=201014520.

"An Open Letter." https://ethuin.files.wordpress.com/2014/09/09092014-open-letter-final-and-list.pdf.

Organizing Tech. Video, AI Now Institute, 2019. https://www.youtube.com/watch?v=jLeOyIS1jwc&feature=emb_title.

Osumi, Magdalena. "Former Tepco Executives Found Not Guilty of Criminal Negligence in Fukushima Nuclear Disaster." *Japan Times Online*, 2019년 9월 19일. https://www.japantimes.co.jp/news/2019/09/19/national/crime-legal/tepco-trio-face-tokyo-court-ruling-criminal-case-stemming-fukushima-nuclear-disaster/.

"Our Mission." Blue Origin. https://www-dev.blueorigin.com/our-mission.

Paglen, Trevor. "Operational Images." *e-flux*, 2014년 11월. https://www.e-flux.com/journal/59/61130/operational-images/.

Palantir. "Palantir Gotham." https://palantir.com/palantir-gotham/index.html.

"Palantir and Cambridge Analytica: What Do We Know?" *WikiTribune*, 2018년 3월 27일. https://www.wikitribune.com/wt/news/article/58386/.

Pande, Vijay. "Artificial Intelligence's 'Black Box' Is Nothing to Fear." *New York Times*, 2018년 1월 25일. https://www.nytimes.com/2018/01/25/opinion/artificial-intelligence-black-box.html.

Papert, Seymour A. "The Summer Vision Project." 1966년 7월 1일. https://dspace.mit.edu/handle/1721.1/6125.

Parikka, Jussi. *A Geology of Media*. Minneapolis: University of Minnesota Press, 2015.

Pasquale, Frank. *The Black Box Society: The Secret Algorithms That Control Money and Information*. Cambridge, Mass.: Harvard University Press, 2015.

Patterson, Scott, and Alexandra Wexler. "Despite Cleanup Vows, Smartphones and Electric Cars Still Keep Miners Digging by Hand in

Congo." *Wall Street Journal*, 2018년 9월 13일. https://www.wsj.com/articles/smartphones-electric-cars-keep-miners-digging-by-hand-in-congo-1536835334.

Paul Ekman Group. https://www.paulekman.com/.

Pellerin, Cheryl. "Deputy Secretary: Third Offset Strategy Bolsters America's Military Deterrence." Washington, D. C.: U. S. Department of Defense, 2016년 10월 31일. https://www.defense.gov/Explore/News/Article/Article/991434/deputy-secretary-third-offset-strategy-bolsters-americas-military-deterrence/.

Perez, Sarah. "Microsoft Silences Its New A.I. Bot Tay, after Twitter Users Teach It Racism[Updated]." *TechCrunch*(블로그), 2016년 3월 24일. http://social.techcrunch.com/2016/03/24/microsoft-silences-its-new-a-i-bot-tay-after-twitter-users-teach-it-racism/.

Pfungst, Oskar. *Clever Hans(The Horse of Mr. von Osten): A Contribution to Experimental Animal and Human Psychology*. Carl L. Rahn 옮김. New York: Henry Holt, 1911.

Phillips, P. Jonathon, Patrick J. Rauss, and Sandor Z. Der. "FERET(Face Recognition Technology) Recognition Algorithm Development and Test Results." Adelphi, Md.: Army Research Laboratory, 1996년 10월. https://apps.dtic.mil/dtic/tr/fulltext/u2/a315841.pdf.

Picard, Rosalind. "Affective Computing Group." MIT Media Lab. https://affect.media.mit.edu/.

Pichai, Sundar. "AI at Google: Our Principles." Google, 2018년 6월 7일. https://blog.google/technology/ai/ai-principles/.

Plumwood, Val. "The Politics of Reason: Towards a Feminist Logic." *Australasian Journal of Philosophy* 71, no. 4(1993): 436-62. https://doi.org/10.1080/00048409312345432.

Poggio, Tomaso, et al. "Why and When Can Deep – but not Shallow – Networks Avoid the Curse of Dimensionality: A Review." *International Journal of Automation and Computing* 14, no. 5(2017): 503-19. https://link.springer.com/article/10.1007/s11633-017-1054-2.

Pontin, Jason. "Artificial Intelligence, with Help from the Humans." *New York Times*, 2007년 3월 25일. https://www.nytimes.com/2007/03/25/business/yourmoney/25Stream.html.

Pontin, Mark Williams. "Lie Detection." *MIT Technology Review*, 2009년 4월 21일. https://www.technologyreview.com/s/413133/lie-detection/.

Powell, Corey S. "Jeff Bezos Foresees a Trillion People Living in Millions of

Space Colonies." *NBC News*, 2019년 5월 15일. https://www.nbcnews.com/mach/science/jeff-bezos-foresees-trillion-people-living-millions-space-colonies-here-ncna1006036.

"Powering the Cloud: How China's Internet Industry Can Shift to Renewable Energy." Greenpeace, 2019년 9월 9일. https://storage.googleapis.com/planet4-eastasia-stateless/2019/11/7bfe9069-7bfe9069-powering-the-cloud-_-english-briefing.pdf.

Pratt, Mary Louise. "Arts of the Contact Zone." *Profession, Ofession*(1991): 33-40.

---. *Imperial Eyes: Travel Writing and Transculturation*. 제2판. London: Routledge, 2008(한국어판은 『제국의 시선』, 현실문화, 2015).

Priest, Dana. "NSA Growth Fueled by Need to Target Terrorists." *Washington Post*, 2013년 7월 21일. https://www.washingtonpost.com/world/national-security/nsa-growth-fueled-by-need-to-target-terrorists/2013/07/21/24c93cf4-f0b1-11e2-bed3-b9b6fe264871_story.html.

Pryzbylski, David J. "Changes Coming to NLRB's Stance on Company E-Mail Policies?" *National Law Review*, 2018년 8월 2일. https://www.natlawreview.com/article/changes-coming-to-nlrb-s-stance-company-e-mail-policies.

Puar, Jasbir K. *Terrorist Assemblages: Homonationalism in Queer Times*. 제2판. Durham, N. C.: Duke University Press, 2017.

Pugliese, Joseph. "Death by Metadata: The Bioinformationalisation of Life and the Transliteration of Algorithms to Flesh." *Security, Race, Biopower: Essays on Technology and Corporeality*, Holly Randell-Moon and Ryan Tippet 엮음, 3-20에 수록. London: Palgrave Macmillan, 2016.

Puschmann, Cornelius, and Jean Burgess. "Big Data, Big Questions: Metaphors of Big Data." *International Journal of Communication* 8(2014): 1690-1709.

Qiu, Jack. *Goodbye iSlave: A Manifesto for Digital Abolition*. Urbana: University of Illinois Press, 2016.

Qiu, Jack, Melissa Gregg, and Kate Crawford. "Circuits of Labour: A Labour Theory of the iPhone Era." *TripleC: Communication, Capitalism and Critique* 12, no. 2(2014). https://doi.org/10.31269/triplec.v12i2.540.

"Race after Technology, Ruha Benjamin." Meeting minutes, Old Guard of Princeton, N. J., 2018년 11월 14일. https://www.theoldguardofprinceton.org/11-14-2018.html.

Raji, Inioluwa Deborah, and Joy Buolamwini. "Actionable Auditing: Investigating the Impact of Publicly Naming Biased Performance

Results of Commercial AI Products." *Proceedings of the 2019 AAAI/ACM Conference on AI, Ethics, and Society*, 429-35에 수록. 2019.

Raji, Inioluwa Deborah, Timnit Gebru, Margaret Mitchell, Joy Buolamwini, Joonseok Lee, and Emily Denton. "Saving Face: Investigating the Ethical Concerns of Facial Recognition Auditing." *Proceedings of the AAAI/ACM Conference on AI, Ethics, and Society*, 145-51에 수록. 2020.

Ramachandran, Vilayanur S., and Diane Rogers-Ramachandran. "Aristotle's Error." *Scientific American*, 2010년 3월 1일. https://doi.org/10.1038/scientificamericanmind0310-20.

Rankin, Joy Lisi. *A People's History of Computing in the United States*. Cambridge, Mass.: Harvard University Press, 2018.

---. "Remembering the Women of the Mathematical Tables Project." *The New Inquiry*(블로그), 2019년 3월 14일. https://thenewinquiry.com/blog/remembering-the-women-of-the-mathematical-tables-project/.

Rehmann, Jan. "Taylorism and Fordism in the Stockyards." *Max Weber: Modernisation as Passive Revolution*, 24-29에 수록. Leiden, Netherlands: Brill, 2015.

Reichhardt, Tony. "First Photo from Space." *Air and Space Magazine*, 2006년 10월 24일. https://www.airspacemag.com/space/the-first-photo-from-space-13721411/.

Rein, Hanno, Daniel Tamayo, and David Vokrouhlicky. "The Random Walk of Cars and Their Collision Probabilities with Planets." *Aerospace* 5, no. 2(2018): 57. https://doi.org/10.3390/aerospace5020057.

"Responsible Minerals Policy and Due Diligence." Philips. https://www.philips.com/a-w/about/company/suppliers/supplier-sustainability/our-programs/responsible-sourcing-of-minerals.html.

"Responsible Minerals Sourcing." Dell. https://www.dell.com/learn/us/en/uscorp1/conflict-minerals?s=corp.

Revell, Timothy. "Google DeepMind's NHS Data Deal 'Failed to Comply' with Law." *New Scientist*, 2017년 7월 3일. https://www.newscientist.com/article/2139395-google-deepminds-nhs-data-deal-failed-to-comply-with-law/.

Rhue, Lauren. "Racial Influence on Automated Perceptions of Emotions." 2018년 11월 9일. https://dx.doi.org/10.2139/ssrn.3281765.

Richardson, Rashida, Jason M. Schultz, and Kate Crawford. "Dirty Data, Bad Predictions: How Civil Rights Violations Impact Police Data, Predictive Policing Systems, and Justice." *NYU Law Review Online* 94, no. 15(2019):

15-55. https://www.nyulawreview.org/wp-content/uploads/2019/04/NYULawReview-94-Richardson-Schultz-Crawford.pdf.

Richardson, Rashida, Jason M. Schultz, and Vincent M. Southerland. "Litigating Algorithms: 2019 US Report." AI Now Institute, September 2019. https://ainowinstitute.org/litigatingalgorithms-2019-us.pdf.

Risen, James, and Laura Poitras. "N. S. A. Report Outlined Goals for More Power." *New York Times*, 2013년 11월 22일. https://www.nytimes.com/2013/11/23/us/politics/nsa-report-outlined-goals-for-more-power.html.

Robbins, Martin. "How Can Our Future Mars Colonies Be Free of Sexism and Racism?" *Guardian*, 2015년 5월 6일. https://www.theguardian.com/science/the-lay-scientist/2015/may/06/how-can-our-future-mars-colonies-be-free-of-sexism-and-racism.

Roberts, Dorothy. *Fatal Invention: How Science, Politics, and Big Business Re-Create Race in the Twenty-First Century*. New York: New Press, 2011.

Roberts, Sarah T. *Behind the Screen: Content Moderation in the Shadows of Social Media*. New Haven: Yale University Press, 2019.

Romano, Benjamin. "Suits Allege Amazon's Alexa Violates Laws by Recording Children's Voices without Consent." *Seattle Times*, 2019년 6월 12일. https://www.seattletimes.com/business/amazon/suit-alleges-amazons-alexa-violates-laws-by-recording-childrens-voices-without-consent/.

Romm, Tony. "U. S. Government Begins Asking Foreign Travelers about Social Media." *Politico*, 2016년 12월 22일. https://www.politico.com/story/2016/12/foreign-travelers-social-media-232930.

Rouast, Philipp V., Marc Adam, and Raymond Chiong. "Deep Learning for Human Affect Recognition: Insights and New Developments." *IEEE Transactions on Affective Computing*, 2019, 1에 수록. https://doi.org/10.1109/TAFFC.2018.2890471.

"Royal Free-Google DeepMind Trial Failed to Comply with Data Protection Law." Information Commissioner's Office, 2017년 7월 3일. https://ico.org.uk/about-the-ico/news-and-events/news-and-blogs/2017/07/royal-free-google-deepmind-trial-failed-to-comply-with-data-protection-law/.

Russell, Andrew. *Open Standards and the Digital Age: History, Ideology, and Networks*. New York: Cambridge University Press, 2014.

Russell, James A. "Is There Universal Recognition of Emotion from Facial Expression? A Review of the Cross-Cultural Studies." *Psychological*

Bulletin 115, no. 1(1994): 102–41. https://doi.org/10.1037/0033-2909.115.1.102.

Russell, Stuart J., and Peter Norvig. *Artificial Intelligence: A Modern Approach*. 제3판. Upper Saddle River, N. J.: Pearson, 2010(한국어판은 『인공지능』, 제이펍, 2016).

Sadowski, Jathan. "When Data Is Capital: Datafication, Accumulation, and Extraction." *Big Data and Society* 6, no. 1(2019): 1–12. https://doi.org/10.1177/2053951718820549.

Sadowski, Jathan. "Potemkin AI." *Real Life*, 2018년 8월 6일.

Sample, Ian. "What Is the Internet? 13 Key Questions Answered." *Guardian*, 2018년 10월 22일. https://www.theguardian.com/technology/2018/oct/22/what-is-the-internet-13-key-questions-answered.

Sánchez-Monedero, Javier, and Lina Dencik. "The Datafication of the Workplace." Working paper, Data Justice Lab, Cardiff University, 2019년 5월 9일. https://datajusticeproject.net/wp-content/uploads/sites/30/2019/05/Report-The-datafication-of-the-workplace.pdf.

Sanville, Samantha. "Towards Humble Geographies." *Area*(2019): 1–9. https://doi.org/10.1111/area.12664.

Satisky, Jake. "A Duke Study Recorded Thousands of Students' Faces; Now They're Being Used All over the World." *Chronicle*, 2019년 6월 12일. https://www.dukechronicle.com/article/2019/06/duke-university-facial-recognition-data-set-study-surveillance-video-students-china-uyghur.

Scahill, Jeremy, and Glenn Greenwald. "The NSA's Secret Role in the U. S. Assassination Program." *The Intercept*(블로그), 2014년 2월 10일. https://theintercept.com/2014/02/10/the-nsas-secret-role/.

Schaake, Marietje. "What Principles Not to Disrupt: On AI and Regulation." *Medium*(블로그), 2019년 11월 5일. https://medium.com/@marietje.schaake/what-principles-not-to-disrupt-on-ai-and-regulation-cabbd92fd30e.

Schaffer, Simon. "Babbage's Calculating Engines and the Factory System." *Réseaux: Communication–Technologie–Société* 4, no. 2(1996): 271–98. https://doi.org/10.3406/reso.1996.3315.

Scharmen, Fred. *Space Settlements*. New York: Columbia University Press, 2019.

Scharre, Paul, et al. "Eric Schmidt Keynote Address at the Center for a New American Security Artificial Intelligence and Global Security Summit." Center for a New American Security, 2017년 11월 13일. https://www.

cnas.org/publications/transcript/eric-schmidt-keynote-address-at-the-center-for-a-new-american-security-artificial-intelligence-and-global-security-summit.

Scheuerman, Morgan Klaus, et al. "How We've Taught Algorithms to See Identity: Constructing Race and Gender in Image Databases for Facial Analysis." *Proceedings of the ACM on Human-Computer Interaction* 4, issue CSCW1(2020): 1-35. https://doi.org/10.1145/3392866.

Scheyder, Ernest. "Tesla Expects Global Shortage of Electric Vehicle Battery Minerals." *Reuters*, 2019년 5월 2일. https://www.reuters.com/article/us-usa-lithium-electric-tesla-exclusive-idUSKCN1S81QS.

Schlanger, Zoë. "If Shipping Were a Country, It Would Be the Sixth-Biggest Greenhouse Gas Emitter." *Quartz*, 2018년 4월 17일. https://qz.com/1253874/if-shipping-were-a-country-it-would-the-worlds-sixth-biggest-greenhouse-gas-emitter/.

Schmidt, Eric. "I Used to Run Google; Silicon Valley Could Lose to China." *New York Times*, 2020년 2월 27일. https://www.nytimes.com/2020/02/27/opinion/eric-schmidt-ai-china.html.

Schneier, Bruce. "Attacking Tor: How the NSA Targets Users' Online Anonymity." *Guardian*, 2013년 10월 4일. https://www.theguardian.com/world/2013/oct/04/tor-attacks-nsa-users-online-anonymity.

Schwartz, Oscar. "Don't Look Now: Why You Should Be Worried about Machines Reading Your Emotions." *Guardian*, 2019년 3월 6일. https://www.theguardian.com/technology/2019/mar/06/facial-recognition-software-emotional-science.

Scott, James C. *Seeing Like a State: How Certain Schemes to Improve the Human Condition Have Failed*. New Haven: Yale University Press, 1998(한국어판은 『국가처럼 보기』, 에코리브르, 2010).

Sedgwick, Eve Kosofsky. *Touching Feeling: Affect, Pedagogy, Performativity*. Durham, N. C.: Duke University Press, 2003.

Sedgwick, Eve Kosofsky, Adam Frank, and Irving E. Alexander, eds. *Shame and Its Sisters: A Silvan Tomkins Reader*. Durham, N. C.: Duke University Press, 1995.

Sekula, Allan. "The Body and the Archive." *October* 39(1986): 3-64. https://doi.org/10.2307/778312.

Senechal, Thibaud, Daniel McDuff, and Rana el Kaliouby. "Facial Action Unit Detection Using Active Learning and an Efficient Non-Linear Kernel Approximation." *2015 IEEE International Conference on Computer Vision*

Workshop(ICCVW), 10-18에 수록. https://doi.org/10.1109/ICCVW.2015.11.
Senior, Ana. "John Hancock Leaves Traditional Life Insurance Model Behind to Incentivize Longer, Healthier Lives." 보도자료, John Hancock, 2018년 9월 19일.
Seo, Sungyong, et al. "Partially Generative Neural Networks for Gang Crime Classification with Partial Information." *Proceedings of the 2018 AAAI/ACM Conference on AI, Ethics, and Society*, 257-263에 수록. https://doi.org/10.1145/3278721.3278758.
Shaer, Matthew. "The Asteroid Miner's Guide to the Galaxy." *Foreign Policy*(블로그), 2016년 4월 28일. https://foreignpolicy.com/2016/04/28/the-asteroid-miners-guide-to-the-galaxy-space-race-mining-asteroids-planetary-research-deep-space-industries/.
Shane, Scott, and Daisuke Wakabayashi. "'The Business of War': Google Employees Protest Work for the Pentagon." *New York Times*, 2018년 4월 4일. https://www.nytimes.com/2018/04/04/technology/google-letter-ceo-pentagon-project.html.
Shankleman, Jessica, et al. "We're Going to Need More Lithium." *Bloomberg*, 2017년 9월 7일. https://www.bloomberg.com/graphics/2017-lithium-battery-future/.
SHARE Foundation. "Serbian Government Is Implementing Unlawful Video Surveillance with Face Recognition in Belgrade." 정책 브리핑, 개정. https://www.sharefoundation.info/wp-content/uploads/Serbia-Video-Surveillance-Policy-brief-final.pdf.
Siebers, Tobin. *Disability Theory*. Ann Arbor: University of Michigan Press, 2008(한국어판은 『장애 이론』, 학지사, 2019).
Siegel, Erika H., et al. "Emotion Fingerprints or Emotion Populations? A Meta-Analytic Investigation of Autonomic Features of Emotion Categories." *Psychological Bulletin* 144, no. 4(2018): 343-93. https://doi.org/10.1037/bul0000128.
Silberman, M. S., et al. "Responsible Research with Crowds: Pay Crowdworkers at Least Minimum Wage." *Communications of the ACM* 61, no. 3(2018): 39-41. https://doi.org/10.1145/3180492.
Silver, David, et al. "Mastering the Game of Go without Human Knowledge." *Nature* 550(2017): 354-59. https://doi.org/10.1038/nature24270.
Simmons, Brandon. "Rekor Software Adds License Plate Reader Technology to Home Surveillance, Causing Privacy Concerns." *WKYC*, 2020년 1월 31일. https://www.wkyc.com/article/tech/rekor-software-adds-license-

plate-reader-technology-to-home-surveillance-causing-privacy-concerns/95-7c9834d9-5d54-4081-b983-b2e6142a3213.

Simpson, Cam. "The Deadly Tin inside Your Smartphone." *Bloomberg*, 2012년 8월 24일. https://www.bloomberg.com/news/articles/2012-08-23/the-deadly-tin-inside-your-smartphone.

Singh, Amarjot. *Eye in the Sky: Real-Time Drone Surveillance System(DSS) for Violent Individuals Identification*. 영상, 2018년 6월 2일. https://www.youtube.com/watch?time_continue=1&v=zYypJPJipYc.

"SKYNET: Courier Detection via Machine Learning." *The Intercept*(블로그), 2015년 5월 8일. https://theintercept.com/document/2015/05/08/skynet-courier/.

Sloane, Garett. "Online Ads for High-Paying Jobs Are Targeting Men More Than Women." *AdWeek*(블로그), 2015년 7월 7일. https://www.adweek.com/digital/seemingly-sexist-ad-targeting-offers-more-men-women-high-paying-executive-jobs-165782/.

Smith, Adam. *An Inquiry into the Nature and Causes of the Wealth of Nations*. Chicago: University of Chicago Press, 1976(한국어판은 『국부론』, 비봉출판사, 2007).

Smith, Brad. "Microsoft Will Be Carbon Negative by 2030." *Official Microsoft Blog*(블로그), 2020년 1월 20일. https://blogs.microsoft.com/blog/2020/01/16/microsoft-will-be-carbon-negative-by-2030/.

---. "Technology and the US Military." *Microsoft on the Issues*(블로그), 2018년 10월 26일. https://blogs.microsoft.com/on-the-issues/2018/10/26/technology-and-the-us-military/.

"Snowden Archive: The SIDtoday Files." *The Intercept*(블로그), 2019년 5월 29일. https://theintercept.com/snowden-sidtoday/.

Solon, Olivia. "Facial Recognition's 'Dirty Little Secret': Millions of Online Photos Scraped without Consent." *NBC News*, 2019년 3월 12일. https://www.nbcnews.com/tech/internet/facial-recognition-s-dirty-little-secret-millions-online-photos-scraped-n981921.

Souriau, Étienne. *The Different Modes of Existence*. Erik Beranek and Tim Howles 옮김. Minneapolis: University of Minnesota Press, 2015.

Spangler, Todd. "Listen to the Big Ticket with Marc Malkin." IHeartRadio, 2019년 5월 3일. https://www.iheart.com/podcast/28955447/.

Spargo, John. *Syndicalism, Industrial Unionism, and Socialism* [1913]. St. Petersburg, Fla.: Red and Black, 2009.

Specht, Joshua. *Red Meat Republic: A Hoof-to-Table History of How Beef Changed America*. Princeton, N. J.: Princeton University Press, 2019.

Standage, Tom. *The Turk: The Life and Times of the Famous Eighteenth-Century Chess-Playing Machine*. New York: Walker, 2002.

Stark, Luke. "Facial Recognition Is the Plutonium of AI." *XRDS: Crossroads, The ACM Magazine for Students* 25, no. 3(2019). https://doi.org/10.1145/3313129.

Stark, Luke, and Anna Lauren Hoffmann. "Data Is the New What? Popular Metaphors and Professional Ethics in Emerging Data Culture." *Journal of Cultural Analytics* 1, no. 1(2019). https://doi.org/10.22148/16.036.

Starosielski, Nicole. *The Undersea Network*. Durham, N. C.: Duke University Press, 2015.

Steadman, Philip. "Samuel Bentham's Panopticon." *Journal of Bentham Studies* 2(2012): 1-30. https://doi.org/10.14324/111.2045-757X.044.

Steinberger, Michael. "Does Palantir See Too Much?" *New York Times Magazine*, 2020년 10월 21일. https://www.nytimes.com/interactive/2020/10/21/magazine/palantir-alex-karp.html.

Stewart, Ashley, and Nicholas Carlson. "The President of Microsoft Says It Took Its Bid for the $10 Billion JEDI Cloud Deal as an Opportunity to Improve Its Tech – and That's Why It Beat Amazon." *Business Insider*, 2020년 1월 23일. https://www.businessinsider.com/brad-smith-microsofts-jedi-win-over-amazon-was-no-surprise-2020-1.

Stewart, Russell. *Brainwash Dataset*. Stanford Digital Repository, 2015. https://purl.stanford.edu/sx925dc9385.

Stoller, Bill. "Why the Northern Virginia Data Center Market Is Bigger Than Most Realize." Data Center Knowledge, 2019년 2월 14일. https://www.datacenterknowledge.com/amazon/why-northern-virginia-data-center-market-bigger-most-realize.

Strand, Ginger Gail. "Keyword: Evil." *Harper's Magazine*, 2008년 3월. https://harpers.org/archive/2008/03/keyword/.

"A Strategy for Surveillance Powers." *New York Times*, 2012년 2월 23일. https://www.nytimes.com/interactive/2013/11/23/us/politics/23nsa-sigint-strategy-document.html.

"Street Homelessness." San Francisco Department of Homelessness and Supportive Housing. http://hsh.sfgov.org/street-homelessness/.

Strubell, Emma, Ananya Ganesh, and Andrew McCallum. "Energy and Policy Considerations for Deep Learning in NLP." *ArXiv:1906.02243[Cs]*, 2019년 6월 5일. http://arxiv.org/abs/1906.02243.

Suchman, Lucy. "Algorithmic Warfare and the Reinvention of Accuracy." *Critical Studies on Security*(2020): n. 18. https://doi.org/10.1080/21624887.202

0.1760587.

Sullivan, Mark. "Fact: Apple Reveals It Has 900 Million iPhones in the Wild." *Fast Company*, 2019년 1월 29일. https://www.fastcompany.com/90298944/fact-apple-reveals-it-has-900-million-iphones-in-the-wild.

Sutton, Rich. "The Bitter Lesson." 2019년 3월 13일. http://www.incompleteideas.net/IncIdeas/BitterLesson.html.

Swinhoe, Dan. "What Is Spear Phishing? Why Targeted Email Attacks Are So Difficult to Stop." CSO Online, 2019년 1월 21일. https://www.csoonline.com/article/3334617/what-is-spear-phishing-why-targeted-email-attacks-are-so-difficult-to-stop.html.

Szalai, Jennifer. "How the 'Temp' Economy Became the New Normal." *New York Times*, 2018년 8월 22일. https://www.nytimes.com/2018/08/22/books/review-temp-louis-hyman.html.

Tani, Maxwell. "The Intercept Shuts Down Access to Snowden Trove." *Daily Beast*, 2019년 3월 14일. https://www.thedailybeast.com/the-intercept-shuts-down-access-to-snowden-trove.

Taylor, Astra. "The Automation Charade." *Logic Magazine*, 2018년 8월 1일. https://logicmag.io/failure/the-automation-charade/.

---. *The People's Platform: Taking Back Power and Culture in the Digital Age*. London: Picador, 2015.

Taylor, Frederick Winslow. *The Principles of Scientific Management*. New York: Harper and Brothers, 1911(한국어판은 『과학적 관리법』, 21세기북스, 2010).

Taylor, Jill Bolte. "The 2009 Time 100." *Time*, 2009년 4월 30일. http://content.time.com/time/specials/packages/article/0,28804,1894410_1893209_1893475,00.html.

Theobald, Ulrich. "Liji." *Chinaknowledge.de*, 2010년 7월 24일. http://www.chinaknowledge.de/Literature/Classics/liji.html.

Thiel, Peter. "Good for Google, Bad for America." *New York Times*, 2019년 8월 1일. https://www.nytimes.com/2019/08/01/opinion/peter-thiel-google.html.

Thomas, David Hurst. *Skull Wars: Kennewick Man, Archaeology, and the Battle for Native American Identity*. New York: Basic Books, 2002.

Thompson, Edward P. "Time, Work-Discipline, and Industrial Capitalism." *Past and Present* 38(1967): 56-97.

Tishkoff, Sarah A., and Kenneth K. Kidd. "Implications of Biogeography of Human Populations for 'Race' and Medicine." *Nature Genetics* 36, no. 11(2004): S21-S27. https://doi.org/10.1038/ng1438.

Tockar, Anthony. "Riding with the Stars: Passenger Privacy in the NYC Taxicab Dataset." 2014년 9월 15일. https://agkn.wordpress.com/2014/09/15/riding-with-the-stars-passenger-privacy-in-the-nyc-taxicab-dataset/.

Tomkins, Silvan S. *Affect Imagery Consciousness: The Complete Edition*. New York: Springer, 2008.

Tomkins, Silvan S., and Robert McCarter. "What and Where Are the Primary Affects? Some Evidence for a Theory." *Perceptual and Motor Skills* 18, no. 1(1964): 119-58. https://doi.org/10.2466/pms.1964.18.1.119.

Toscano, Marion E., and Elizabeth Maynard. "Understanding the Link: 'Homosexuality,' Gender Identity, and the DSM." *Journal of LGBT Issues in Counseling* 8, no. 3(2014): 248-63. https://doi.org/10.1080/15538605.2014.897296.

Trainer, Ted. *Renewable Energy Cannot Sustain a Consumer Society*. Dordrecht, Netherlands: Springer, 2007.

"Transforming Intel's Supply Chain with Real-Time Analytics." Intel, 2017년 9월. https://www.intel.com/content/dam/www/public/us/en/documents/white-papers/transforming-supply-chain-with-real-time-analytics-whitepaper.pdf.

Tronchin, Lamberto. "The 'Phonurgia Nova' of Athanasius Kircher: The Marvellous Sound World of 17th Century." 학술 대회 발표 자료, 155th Meeting Acoustical Society of America, 2008년 1월. https://doi.org/10.1121/1.2992053.

Tsukayama, Hayley. "Facebook Turns to Artificial Intelligence to Fight Hate and Misinformation in Myanmar." *Washington Post*, 2018년 8월 15일. https://www.washingtonpost.com/technology/2018/08/16/facebook-turns-artificial-intelligence-fight-hate-misinformation-myanmar/.

Tucker, Patrick. "Refugee or Terrorist? IBM Thinks Its Software Has the Answer." Defense One, 2016년 1월 27일. https://www.defenseone.com/technology/2016/01/refugee-or-terrorist-ibm-thinks-its-software-has-answer/125484/.

Tully, John. "A Victorian Ecological Disaster: Imperialism, the Telegraph, and Gutta-Percha." *Journal of World History* 20, no. 4(2009): 559-79. https://doi.org/10.1353/jwh.0.0088.

Turing, A. M. "Computing Machinery and Intelligence." *Mind*, 1950년 10월 1일, 433-60. https://doi.org/10.1093/mind/LIX.236.433(한국어판은 『지능에 관하여』, 에이치비프레스, 2019, 65~112쪽).

Turner, Graham. "Is Global Collapse Imminent? An Updated Comparison of The Limits to Growth with Historical Data." Research Paper no. 4, Melbourne Sustainable Society Institute, University of Melbourne, 2014년 8월.

Turner, H. W. "Contribution to the Geology of the Silver Peak Quadrangle, Nevada." *Bulletin of the Geological Society of America* 20, no. 1(1909): 223-64.

Tuschling, Anna. "The Age of Affective Computing." *Timing of Affect: Epistemologies, Aesthetics, Politics*, Marie-Luise Angerer, Bernd Bösel, and Michaela Ott 엮음, 179-90에 수록. Zurich: Diaphanes, 2014.

Tversky, Amos, and Daniel Kahneman. "Judgment under Uncertainty: Heuristics and Biases." *Science* 185(1974): 1124-31. https://doi.org/10.1126/science.185.4157.1124.

Ullman, Ellen. *Life in Code: A Personal History of Technology*. New York: MCD, 2017(한국어판은 『코드와 살아가기』, 글항아리사이언스, 2020).

United Nations Conference on Trade and Development. *Review of Maritime Transport, 2017*. https://unctad.org/en/PublicationsLibrary/rmt2017_en.pdf.

U. S. Commercial Space Launch Competitiveness Act. Pub. L. No. 114-90, 114th Cong.(2015). https://www.congress.gov/114/plaws/publ90/PLAW-114publ90.pdf.

U. S. Congress. Senate Select Committee on Intelligence Activities. *Covert Action in Chile, 1963-1973*. Staff Report, 1975년 12월 18일. https://www.archives.gov/files/declassification/iscap/pdf/2010-009-doc17.pdf.

U. S. Energy Information Administration, "What Is U. S. Electricity Generation by Energy Source?" https://www.eia.gov/tools/faqs/faq.php?id=427&t=21.

"Use of the 'Not Releasable to Foreign Nationals'(NOFORN) Caveat on Department of Defense(DoD) Information." U. S. Department of Defense, 2005년 5월 17일. https://fas.org/sgp/othergov/dod/noforn051705.pdf.

"UTKFace – Aicip." http://aicip.eecs.utk.edu/wiki/UTKFace.

Vidal, John. "Health Risks of Shipping Pollution Have Been 'Underestimated.'" *Guardian*, 2009년 4월 9일. https://www.theguardian.com/environment/2009/apr/09/shipping-pollution.

"Vigilant Solutions." NCPA. http://www.ncpa.us/Vendors/Vigilant%20 Solutions.

Vincent, James. "AI 'Emotion Recognition' Can't Be Trusted.'" *The Verge*,

2019년 7월 25일. https://www.theverge.com/2019/7/25/8929793/emotion-recognition-analysis-ai-machine-learning-facial-expression-review.
---. "Drones Taught to Spot Violent Behavior in Crowds Using AI." *The Verge*, 2018년 6월 6일. https://www.theverge.com/2018/6/6/17433482/ai-automated-surveillance-drones-spot-violent-behavior-crowds.
Vollmann, William T. "Invisible and Insidious." *Harper's Magazine*, 2015년 3월. https://harpers.org/archive/2015/03/invisible-and-insidious/.
von Neumann, John. *The Computer and the Brain*. New Haven: Yale University, 1958.
Wade, Lizzie. "Tesla's Electric Cars Aren't as Green as You Might Think." *Wired*, 2016년 3월 31일. https://www.wired.com/2016/03/teslas-electric-cars-might-not-green-think/.
Wajcman, Judy. "How Silicon Valley Sets Time." *New Media and Society* 21, no. 6(2019): 1272–89. https://doi.org/10.1177/1461444818820073.
---. *Pressed for Time: The Acceleration of Life in Digital Capitalism*. Chicago: University of Chicago Press, 2015.
Wakabayashi, Daisuke. "Google's Shadow Work Force: Temps Who Outnumber Full-Time Employees." *New York Times*, 2019년 5월 28일. https://www.nytimes.com/2019/05/28/technology/google-temp-workers.html.
Wald, Ellen. "Tesla Is a Battery Business, Not a Car Business." *Forbes*, 2017년 4월 15일. https://www.forbes.com/sites/ellenrwald/2017/04/15/tesla-is-a-battery-business-not-a-car-business/.
Waldman, Peter, Lizette Chapman, and Jordan Robertson. "Palantir Knows Everything about You." *Bloomberg*, 2018년 4월 19일. https://www.bloomberg.com/features/2018-palantir-peter-thiel/.
Wang, Yilun, and Michal Kosinski. "Deep Neural Networks Are More Accurate Than Humans at Detecting Sexual Orientation from Facial Images." *Journal of Personality and Social Psychology* 114, no. 2(2018): 246–57. https://doi.org/10.1037/pspa0000098.
"The War against Immigrants: Trump's Tech Tools Powered by Palantir." *Mijente*, 2019년 8월. https://mijente.net/wp-content/uploads/2019/08/Mijente-The-War-Against-Immigrants_-Trumps-Tech-Tools-Powered-by-Palantir_.pdf.
Ward, Bob. *Dr. Space: The Life of Wernher von Braun*. Annapolis, Md.: Naval Institute Press, 2009.
Weigel, Moira. "Palantir goes to the Frankfurt School." *boundary* 2(블로그), 2020

년 7월 10일. https://www.boundary2.org/2020/07/moira-weigel-palantir-goes-to-the-frankfurt-school/.
Weinberger, Sharon. "Airport Security: Intent to Deceive?" *Nature* 465(2010): 412-15. https://doi.org/10.1038/465412a.
Weizenbaum, Joseph. *Computer Power and Human Reason: From Judgment to Calculation*. San Francisco: W. H. Freeman, 1976.
---. "On the Impact of the Computer on Society: How Does One Insult a Machine?" *Science*, n. s., 176(1972): 609-14.
Welch, Chris. "Elon Musk: First Humans Who Journey to Mars Must 'Be Prepared to Die.'" *The Verge*, 2016년 9월 27일. https://www.theverge.com/2016/9/27/13080836/elon-musk-spacex-mars-mission-death-risk.
Werrett, Simon. "Potemkin and the Panopticon: Samuel Bentham and the Architecture of Absolutism in Eighteenth Century Russia." *Journal of Bentham Studies* 2(1999). https://doi.org/10.14324/111.2045-757X.010.
West, Cornel. "A Genealogy of Modern Racism." *Race Critical Theories: Text and Context*, Philomena Essed and David Theo Goldberg 엮음, 90-112에 수록. Malden, Mass.: Blackwell, 2002.
West, Sarah Myers. "Redistribution and Rekognition: A Feminist Critique of Fairness." *Catalyst: Feminism, Theory, and Technoscience*(출간 예정, 2020).
West, Sarah Myers, Meredith Whittaker, and Kate Crawford. "Discriminating Systems: Gender, Race, and Power in AI." AI Now Institute, 2019년 4월. https://ainowinstitute.org/discriminatingsystems.pdf.
Whittaker, Meredith, et al. *AI Now Report 2018*. AI Now Institute, 2018년 12월. https://ainowinstitute.org/AI_Now_2018_Report.pdf.
---. "Disability, Bias, and AI." AI Now Institute, 2019년 11월. https://ainowinstitute.org/disabilitybiasai-2019.pdf.
"Why Asteroids." Planetary Resources. https://www.planetaryresources.com/why-asteroids/.
Wilson, Mark. "Amazon and Target Race to Revolutionize the Cardboard Shipping Box." *Fast Company*, 2019년 5월 6일. https://www.fastcompany.com/90342864/rethinking-the-cardboard-box-has-never-been-more-important-just-ask-amazon-and-target.
Wilson, Megan R. "Top Lobbying Victories of 2015." The Hill, 2015년 12월 16일. https://thehill.com/business-a-lobbying/business-a-lobbying/263354-lobbying-victories-of-2015.
Winston, Ali, and Ingrid Burrington. "A Pioneer in Predictive Policing Is Starting a Troubling New Project." *The Verge*(블로그), 2018년 4월 26일.

https://www.theverge.com/2018/4/26/17285058/predictive-policing-predpol-pentagon-ai-racial-bias.

Winner, Langdon. *The Whale and the Reactor: A Search for Limits in an Age of High Technology*. Chicago: University of Chicago Press, 2001.

Wood, Bryan. "What Is Happening with the Uighurs in China?" PBS NewsHour. https://www.pbs.org/newshour/features/uighurs/.

Wood III, Pat, William L. Massey, and Nora Mead Brownell. "FERC Order Directing Release of Information." Federal Energy Regulatory Commission, 2003년 3월 21일. https://www.caiso.com/Documents/FERCOrderDirectingRelease-InformationinDocketNos_PA02-2-000_etal__Manipulation-ElectricandGasPrices_.pdf.

Wu, Xiaolin, and Xi Zhang. "Automated Inference on Criminality Using Face Images." *arXiv:1611.04135v1[cs.CV]*, 2016년 11월 13일. https://arxiv.org/abs/1611.04135v1.

Yahoo! "Datasets." https://webscope.sandbox.yahoo.com/catalog.php?datatype=i&did=67&guccounter=1.

Yang, Kaiyu, et al. "Towards Fairer Datasets: Filtering and Balancing the Distribution of the People Subtree in the ImageNet Hierarchy." *FAT* '20: Proceedings of the 2020 Conference on Fairness, Accountability, and Transparency*, 547-558에 수록. New York: ACM Press, 2020. https://dl.acm.org/doi/proceedings/10.1145/3351095.

"YFCC100M Core Dataset." Multimedia Commons Initiative, 2015년 12월 4일. https://multimediacommons.wordpress.com/yfcc100m-core-dataset/.

Yuan, Li. "How Cheap Labor Drives China's A.I. Ambitions." *New York Times*, 2018년 11월 25일. https://www.nytimes.com/2018/11/25/business/china-artificial-intelligence-labeling.html.

Zhang, Zhimeng, et al. "Multi-Target, Multi-Camera Tracking by Hierarchical Clustering: Recent Progress on DukeMTMC Project." *arXiv:1712.09531[cs.CV]*, 2017년 12월 27일. https://arxiv.org/abs/1712.09531.

Zuboff, Shoshana. *The Age of Surveillance Capitalism: The Fight for a Human Future at the New Frontier of Power*. New York: PublicAffairs, 2019(한국어판은 『감시 자본주의 시대』, 문학사상, 2021).

---. "Big Other: Surveillance Capitalism and the Prospects of an Information Civilization." *Journal of Information Technology* 30, no. 1(2015): 75-89. https://doi.org/10.1057/jit.2015.5.

※ 쪽수 뒤의 'f'는 그림, 'n'은 주를 가리킨다.

| ㄴ |

| ㄷ |

| ㄹ |

| ㅁ |

| ㅂ |

| ㅇ |

| ㅈ |

| ㅊ |

| ㅋ |

| ㅌ |

| ㅍ |

| ㅎ |

AI 지도책

초판 1쇄 발행 | 2022년 11월 29일
초판 5쇄 발행 | 2023년 9월 26일

지은이 | 케이트 크로퍼드
옮긴이 | 노승영
펴낸이 | 박남숙

펴낸곳 | 소소의책
출판등록 | 2017년 5월 10일 제2017-000117호
주소 | 03961 서울특별시 마포구 방울내로9길 24 301호(망원동)
전화 | 02-324-7488
팩스 | 02-324-7489
이메일 | sosopub@sosokorea.com

ISBN 979-11-88941-89-6 03500
책값은 뒤표지에 있습니다.